순환골재 콘크리트 실무지침

대체골재콘크리트위원회

사단법인 한국콘크리트학회
Korea Concrete Institute

발간사

최근 우리나라의 연간 골재 소비량은 2억 5천만 ㎥를 상회하고 있고 앞으로도 이 정도의 수요가 당분간 지속될 것으로 예측됩니다. 그러나 골재의 공급환경은 매년 어려워지고 있습니다. 하천에서의 골재 채취는 거의 불가능해지고, 해상에서의 채취도 매우 제한적인 상황이 되었습니다. 또한 대부분의 수요를 공급하고 있는 쇄석골재도 지자체의 신규 허가 불허 정책에 의해 공급을 증가시키기 곤란한 상황에 직면하였습니다.

이에 반하여 기존 구조물의 해체 과정에서 발생하는 콘크리트 폐기물은 연간 4,000만 톤이며, 그 양은 앞으로 꾸준히 증가할 것이므로 점점 더 중요한 골재원이 되고 있습니다. 현재 콘크리트 폐기물은 순환골재로 가공되어 대부분 성복토재와 같이 지반에 매립되는 용도로 사용됩니다. 그러나 우리나라에서는 총 골재의 72%가 콘크리트용으로 사용되는 것과 순환골재를 매립용으로 사용할 경우 지반 및 수질오염의 염려가 있다는 것을 고려하면, 순환골재의 대부분을 콘크리트용으로 활용하는 것이 지극히 당연할 것입니다.

이에 대체골재 콘크리트 위원회에서는 폐콘크리트를 콘크리트용 순환골재로 만들어 가기 위한 최근의 기술과 순환골재를 사용한 콘크리트의 적절한 특성 및 기술적 사항을 정리하여 콘크리트공학자들이 활용할 수 있는 실무지침서로 만들었습니다. 본 지침이 앞으로 일반적으로 접하게 될 순환골재 콘크리트를 안정적으로 활용하는데 있어서 중요한 참고자료가 되기를 희망합니다.

더불어 이 지침이 만들어지기까지 대체골재위원회 김진만 회원을 비롯한 집필위원들의 노고에 감사를 드리며, 세심한 검토를 해주신 콘크리트실무지침편찬 특별위원회 위원 여러분에게 감사의 말씀을 드립니다.

2019. 12

사단법인 한국콘크리트학회

콘크리트실무지침편찬특별위원회 위원장 김 진 근

학회 회장(16대) 이 재 훈

머리말

콘크리트에서 가장 많은 비율을 점유하고 있는 골재는 원래 우리 생활 주변에서 쉽게 얻을 수 있는 흔한 것이었으므로 가격이 싼 것이 가장 중요한 가치 기준이었습니다. 그러나 골재가 시멘트 페이스트의 경화 시 발생하는 치수 변화에 저항하여 콘크리트의 체적 안정성을 향상시킬 뿐만 아니라 내구성 있는 콘크리트를 만드는 데 있어서 매우 중요한 역할을 하는 것에 대하여 콘크리트 관련 종사자들이 보다 잘 이해하게 되고, 골재의 수급환경 악화에 의해 양질의 골재가 점점 줄어들어 골재의 품질에 대한 사회적 관심이 높아지고 있습니다.

순환골재는 폐콘크리트로부터 적절한 가공과정을 거쳐 불순물이 일정한 비율 이하로 혼입되어 있고, 밀도 및 흡수율 등에서 일정한 기준에 만족하는 것을 의미합니다. 순환골재콘크리트는 콘크리트용 순환골재의 품질 기준에 적합한 순환골재를 일정한 비율 이하로 혼입하여 만들어진 콘크리트를 의미합니다. 앞으로 천연골재의 공급환경은 지속적으로 악화되겠지만, 순환골재의 생산량은 지속적으로 증가하고 또한 그 활용을 위한 환경은 지속적으로 강화될 것이기 때문에 건설시공에서 순환골재콘크리트의 사용은 곧 일반화될 것으로 예상됩니다. 이에 본 지침은 범용으로 사용되는 순환골재콘크리트를 염두에 두고, 콘크리트 기술자 및 연구자들이 활용할 때 반드시 알아야 할 사항을 정리한 것입니다.

본 지침의 1장에서는 순환골재 생산 시스템을 수록하였습니다. 순환골재의 일반적 처리 및 제조 과정과 콘크리트용의 품질을 갖기까지의 파·분쇄 및 분리선별 과정을 다루었고, 특히 고품질의 순환골재를 얻기 위해 국내외에서 연구되고 있는 특수한 생산방식을 수록하였습니다.

2장에서는 순환골재의 특성을 수록하였습니다. 순환골재의 시험방법과 순환골재의 공학적인 특성을 수록하였고, 특히 최근에 연구되고 있는 순환골재의 품질을 향상시키기 위한 표면 강화 기술을 수록하였습니다. 이와 함께 New ITZ와 같은 순환골재에 관련된 새로운 이론을 소개하였습니다.

3장에서는 순환골재 콘크리트의 다양한 공학적 특성에 관해서 기술하였습니다. 굳지않은 상태 및 경화상태에서의 다양한 공학적 특성뿐만 아니라 최근 많이 연구되고 있는 크리프, 건조수축 등의 장기거동과 순환골재 콘크리트의 공학적 특성을 개선하기 위해 시도되고 있는 새로운 이론들을 소개하였습니다.

4장에서는 순환골재 콘크리트 구조 거동을 다루고 있습니다. 보, 기둥, 보-기둥 접합부 및 콘크리트와 철근의 부착에 관련된 국내외에서 현재 진행되고 있는 다양한 연구의 성과를 정리하였습니다. 각 연구에서 사용한 시험체의 상세와 시험방법 및 결과를 정리하여 순환골재 콘크리트의 역학적 특성을 기존 콘크리와 비교하여 수록하였습니다.

5장에서는 RILEM, 유럽, 중국, 일본의 표준 및 시방을 소개하여 순환골재의 활용을 위한 각국의 노력을 이해하고자 하였습니다. 또한 지난 20여 년간 순환골재에 관한 다양한 연구성과를 기반으로 국내에서 만들어진 순환골재 관련 표준과 순환골재콘크리트 관련 시방서를 모두 수록하였습니다.

이와 같은 다양한 순환골재 및 순환골재콘크리트 관련 전문적인 지식은 앞으로 순환골재콘크리트의 활용을 위한 중요한 지침서가 될 것입니다.

본 순환골재 실무지침서 발간을 위해 집필위원으로 활동해 주신 공주대학교 이도헌 교수, 군산대학교 양인환 교수, 우석대학교 강석표 교수, 가천대학교 유성원 교수, 가천대학교 최원창 교수, 서울대학교 강현구 교수, 공주대학교 김길희 교수, 충남대학교 윤현도 교수, 충남대학교 김선우 교수, 한국생활환경시험연구원 조영근 박사, 한국자원협회 라철성 박사에게 감사의 말씀을 올리며, 원고 수집, 정리 및 편집을 담당한 공주대학교 최홍범 군에게도 감사를 드립니다. 또한 최초 집필 주관을 담당하고 전체 구성을 기획하여 본 지침이 작성될 수 있는 기반을 만드신 한경대학교 최동욱 교수와 본 실무지침의 완성도를 높이기 위해 마지막까지 격려와 조언을 아끼지 않으신 콘크리트실무지침편찬특별위원회 김진근 위원장에게 깊은 감사의 말씀을 드립니다.

2019. 12

대체골재위원회 집필책임자 김 진 만

| 집필위원 |

집필책임자	김진만 (공주대학교)
집 필 위 원	최동욱 (한경대학교) 양인환 (군산대학교) 유성원 (가천대학교) 강현구 (서울대학교) 윤현도 (충남대학교) 김선우 (충남대학교) 이도헌 (공주대학교) 라철성 (한국건설자원협회) 강석표 (우석대학교) 최원창 (가천대학교) 김길희 (공주대학교) 조영근 (한국생활환경시험연구원)

| 검토위원 |

검 토 위 원	김상철 (한서대학교) 한천구 (청주대학교 교수)

| 발간물심의위원회 |

위 원 장	이정윤(성균관대학교)
위 원	권승희(명지대학교), 김진만(공주대학교), 김한수(건국대학교), 노화성(전북대학교) 문도영(경성대학교), 이기학(세종대학교), 장승엽(한국교통대학교), 조재열(서울대학교)

기획 | 실무지침편찬특별위원회 |

위 원 장	김진근(KAIST)
부 위 원 장	홍건호(호서대학교)
간 사	이기학(세종대학교)
위 원	강현구(서울대학교), 권승희(명지대학교), 김강수(서울시립대학교) 김대호(㈜한국구조물안전기술사사무소), 김상식(인하대학교), 김상철(한서대학교) 김순환((주)창민우컨설턴트), 김승훈(한밭대학교), 김영진(한국콘크리트학회) 김지상(서경대학교), 김태훈(삼성물산(주) 건설부문), 문도영(경성대학교) 신현목(성균관대학교), 연규석(강원대학교), 이건철(한국교통대학교) 이도형(배재대학교), 이재훈(㈜도화구조), 이창홍(㈜포스코건설), 정 란(단국대학교) 정영수(중앙대학교), 정하선(전우구조기술사무소), 조창근(조선대학교) 최병한(한국농어촌공사 농어촌연구원), 한천구(청주대학교)

차 례

01 장 순환골재 생산 시스템

02장 순환골재의 특성

03장 순환골재 콘크리트의 특성

04 장 순환골재 콘크리트 구조 거동

제1장 순환골재 생산 시스템

1.1 서론

1.1.1 개요

순환골재란 콘크리트 구조물의 노후화 및 교체 등으로 인하여 발생되는 폐콘크리트를 파쇄·가공하여 그 속에 포함되어 있는 골재를 추출하여 용도에 맞는 품질을 확보하도록 만들어진 것을 말한다. 즉 건설폐기물 중의 하나인 대량으로 발생되는 폐콘크리트를 재활용하지 않고 그냥 버리게 된다면 환경적으로 막대한 폐해를 가져올 뿐만 아니라 소중한 자원을 낭비하는 결과를 초래하게 된다. 그러나 폐콘크리트 속에 포함되어 있는 골재를 다시 건설용 골재(순환골재)로 재활용하게 된다면 경제적·환경적으로 매우 좋은 효과를 기대할 수 있다.

또한 순환골재는 폐콘크리트에서 추출하는 것이므로 표면에 붙어 있는 모르타르나 각종 이물질 등을 충분히 제거할수록 품질이 향상되고, 그에 따라 부가가치를 더욱 높일 수 있다.

순환골재의 품질을 향상시키기 위해서는 순환골재 생산 시스템의 고도화가 필요하다. 여기에서는 국내에서 발생되는 건설폐기물의 발생 및 처리현황과 순환골재를 제조하기 위한 기본적인 생산 시스템 및 순환골재의 품질향상을 위한 국내·외 제조 기술 현황을 기술하고자 한다.

1.1.2 건설폐기물의 발생 및 처리 현황

우리나라의 폐기물관리법에서는 폐기물의 종류를 [그림 1.1]과 같이 구분하고 있는데, 폐기물 통계를 작성할 경우에는 일반적으로 생활폐기물, 사업장배출시설계폐기물(사업장일반폐기물), 건설폐기물의 3가지로 분류한다.

우리나라는 세계적으로 유례없는 비약적인 경제산업 발전을 성취하였다. 그러나 이러한 개발중심의 성장과정에서, 각종 산업 분야에서 배출되는 폐기물의 발생량도 동시에 급격히 증가되어 왔다. 환경부에서는 한국환경공단과 공동으로 매년 전국 폐기물 발생 및 처리현황을 통계·조사하고 있는데, 1998년부터 2017년까지 19년 동안 전국 폐기물의 종류별 발생량 변화 추이를 나타내면 [표 1.1] 및 [그림 1.2]와 같다. 여기에서와 같이 우리나라의 총 폐기물 발생량은 매년 증가 추세에 있으나 생활폐기물 발생량은 거의 변화가 없고, 사업장일반폐기물은 다소 증가한 반면, 건설폐기물 발생량은 대폭적으로 증가하여 총 폐기물 발생량 증가에 크게 영향을 미치고 있다. 이것은 주택보급률 향상을 위해 정부에서 주택건설 부양정책을 추진함에 따라 신규주택의 건설과 동시에 노후주택의 해체물량이 크게 증가되어 온 것이 대표적인 원인이라고 볼 수 있다. 그러나 2005년경부터 전국의 주택보급률이 100%를 초과하는 시점에 접어들면서 각종 건설경기가 둔화되고 그에 따라 건설폐기물 발생량의 증가추세도 크게 둔화되고 있다.

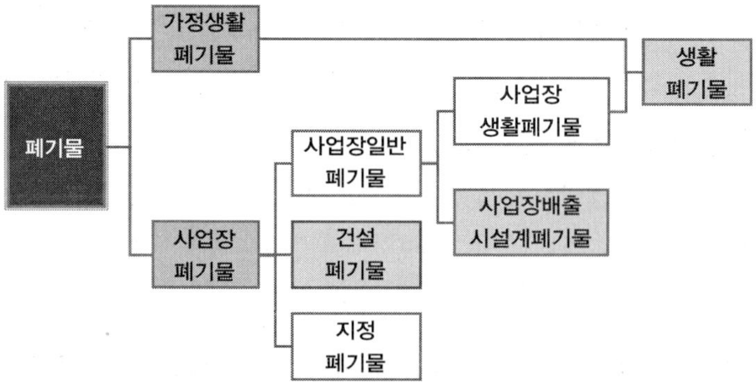

[그림 1.1] 폐기물의 분류(폐기물관리법)

그럼에도 불구하고 그 발생량은 2017년 기준으로 하루 약 20만 톤에 달하고 있어 정부에서는 폐기물 감량화 및 재활용 촉진을 위한 다양한 정책을 시행해 왔으며, 아울러 산학연에서 관련기술의 개발과 재활용을 추진하도록 유도해 왔다.

[표 1.1] 폐기물의 종류별 발생량 변화(천 톤/일)[1.1)]

구 분	'98	'00	'02	'04	'06	'08	'10	'12	'14	'16
총 발생량	185.0	226.7	269.5	303.5	318.9	359.3	365.2	382.0	388.5	415.3
건설폐기물	47.7	78.8	120.1	148.5	169.0	176.4	178.1	186.6	185.4	199.4
사업장 일반폐기물	92.7	101.5	99.5	105.0	101.1	130.8	137.9	146.4	153.2	162.1
생활폐기물	44.6	46.4	49.9	50.0	48.8	52.1	49.2	49.0	49.9	53.8

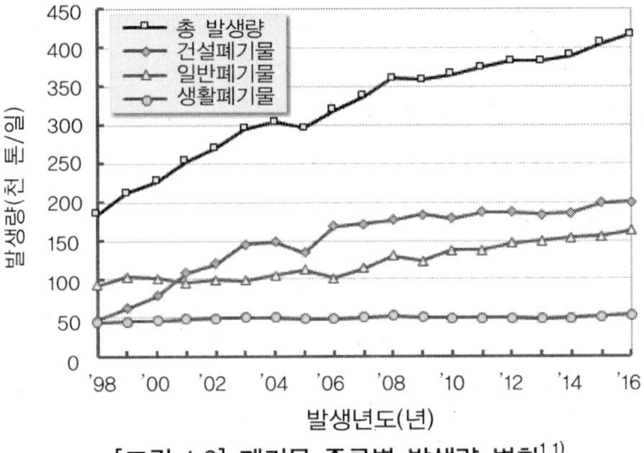

[그림 1.2] 폐기물 종류별 발생량 변화[1.1)]

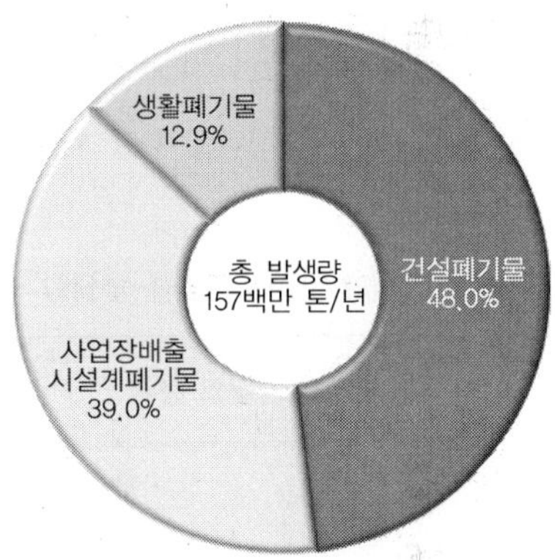

[그림 1.3] 폐기물 종류별 발생량[1.1)]

[그림 1.3]은 2017년도에 발생한 폐기물의 종류별 구성비율을 나타내고 있다. 총 폐기물 발생량 151,338천 톤 중에서 건설폐기물(71,636천 톤) 47.3%, 사업장일반폐기물(60,179천 톤) 39.8%, 생활폐기물(19,524천 톤) 12.9%로써 건설폐기물이 총 폐기물의 거의 절반을 차지하고 있다. 이렇게 발생된 폐기물은 크게 3가지 방법(매립 · 소각 · 재활용)으로 처리된다. [그림 1.4]는 1996년부터 2017년까지 폐기물의 종류별 처리현황 추이를 나타내는데, 정부의 적극적인 폐기물 재활용 정책 추진에 의해 약 20년 동안 각종 폐기물의 매립비율은 급격히 감소하고 재활용률이 크게 증가되었음을 알 수 있다. 특히 건설폐기물은 매립률과 소각률이 극히 낮고, 대부분 재활용되고 있는 것으로 나타났다. 또한, [표 1.2] 및 [그림 1.5]는 2017년도 건설폐기물의 종류별 발생량을

나타내는데, 건설폐기물 중에서도 순환골재로 재활용이 가능한 폐콘크리트 및 폐아스팔트콘크리트(이하 폐아스콘으로 표기함)가 약 81.1%를 차지하고 있다. 그러므로 건설폐기물의 발생량을 원천적으로 감소시키는 것과 더불어 이를 적절한 용도로 유용하게 재활용하는 것은 불법폐기에 의한 환경적 측면 및 경제적 측면에서 유·무형의 가치가 매우 크며, 특히 폐콘크리트 및 폐아스콘을 파쇄·가공하여 순환골재로 재활용해야 할 필요성이 매우 크다.

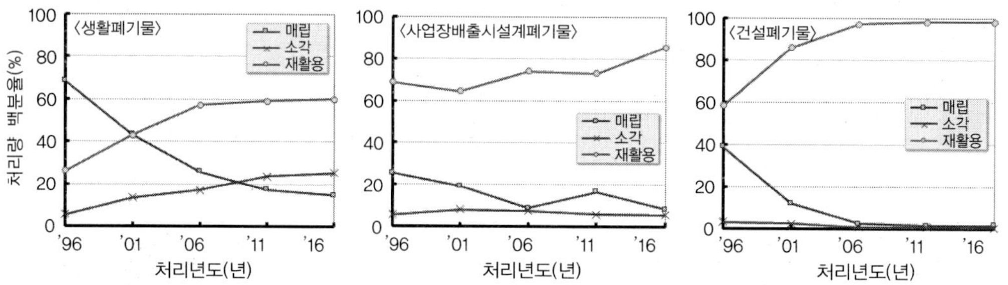

[그림 1.4] 각종 폐기물의 처리방법별 처리비율 변화 추이[1.1)]

[표 1.2] 건설폐기물의 종류별 발생량 및 구성비율(2016년)[1.1)]

건설폐기물의 종류		발생량 (톤/일)	구성비 (%)	소계 (톤/일)	구성비 (%)
건설폐재류	폐콘크리트	128,092	64.2	166,494	83.5
	폐아스콘	35,192	17.6		
	기 타	3,210	1.6		
가연성 건설폐기물	폐목재	806	0.4	2,237	1.1
	폐합성수지	1,420	0.7		
	기 타	11	0.0		
비가연성 건설폐기물	건설오니	1,922	1.0	2,012	1.0
	기 타	90	0.0		
건설폐토석		6,478	3.2	6,478	3.9
혼합건설폐기물		22,223	11.1	22,223	3.2
계		199,444	100.0	199,444	11.1

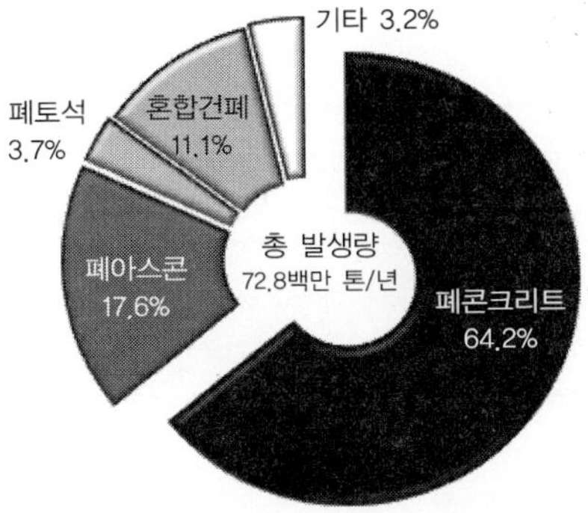

[그림 1.5] 건설폐기물 종류별 발생비율(2016년)[1.1)]

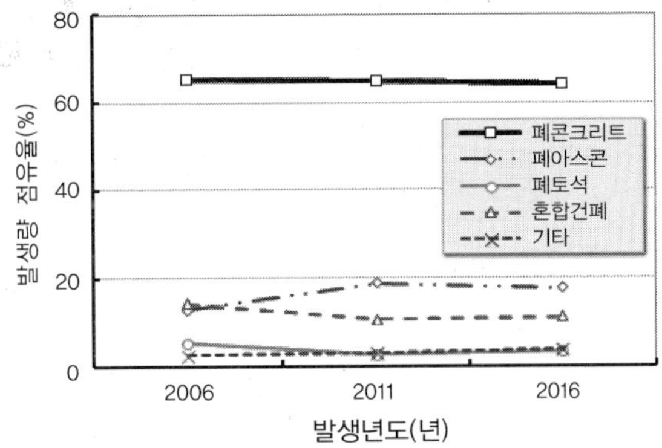

[그림 1.6] 건설폐기물 종류별 발생량 점유율[1.1)]

[그림 1.6]은 2005년부터 2017년까지 12년 동안의 건설폐기물 종류별 발생량 점유율의 변화추이를 나타내는데, 재활용이 쉬운 폐콘크리트 및 폐아스팔트콘크리트의 점유율은 다소 증가한데 비하여 혼합건설폐기물의 점유율은 크게 낮아졌다. 이것은 혼합건설폐기물은 재활용하기도 어려울 뿐만 아니라 처리단가가 상대적으로 매우 높기 때문에 정부의 혼합건설폐기물 발생 억제정책에 따라 관련업체에서 혼합폐기물 발생량을 감소시키기 위한 폐기물의 분리 · 선별에 많은 노력을 기울였기 때문이다.

1.1.3 순환골재의 용도 및 재활용 현황

위에서 기술한 바와 같이 건설폐기물은 매년 많은 양이 발생되며, 이러한 경향을 고려하여 정부에서는 건설폐기물 감량화 및 재활용을 위해 다양한 정책을 다각적으로 추진해 왔다. 2003년 12월에는 건설폐기물을 친환경적으로 적정처리하고, 천연골재의 대체자원으로 활용가능한 양질의 순환골재 생산을 유도하기 위하여 "건설폐기물의 재활용 촉진에 관한 법률"(이하 건폐법이라고 함)을 특별법으로 제정하였다.

건폐법에서는 순환골재의 재활용 촉진을 위한 의무사용량 규정, 순환골재의 품질확보를 위한 품질기준 및 재활용용도 등을 규정하고 있는데, 건폐법 시행령 별표 1에는 건설폐기물의 종류를 [그림 1.7]과 같이 총 18종으로 구분하여 정하고 있다.

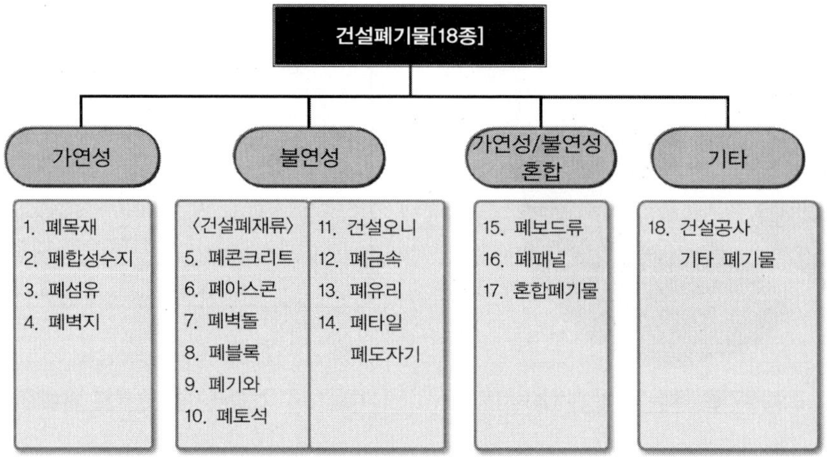

[그림 1.7] 건설폐기물의 종류(건폐법 시행령 별표)[1.1)]

[표 1.3] 건설폐기물의 재활용 용도(건폐법 시행령, 별지 제1호 서식)

종 류	용 도	
순환골재 (12종)	도로용 (5종)	도로기층용/도로 보조기층용/동상방지층 및 차단층용/노상용/노체용
	콘크리트용 (3종)	콘크리트용/콘크리트제품 제조용/ 아스팔트콘크리트용
	기 타 (4종)	하수관거 설치용/모래대체 잔골재/되메우기 및 뒷채움용/성토용 · 복토용/매립시설의 복토용
순환골재 재활용 제품 (6종)		순환아스팔트콘크리트/블록/벽돌/도로경계석/ 배수로용/기타

폐콘크리트 및 폐아스팔트콘크리트를 파쇄 · 가공한 순환골재의 재활용 용도는 기본적으로 기존의 천연골재 및 석산 골재의 용도와 거의 동일하다. 그러나 폐콘크리트에서 추출하는 것이므로 순환골재를 천연골재나 석산 골재와 동등한 품질을 가지도록 제조하기는 매우 어려울 뿐만 아니라 경우에 따라서는 재활용 용도를 고려하여 적정한 품질의 순환골재를 재활용하는 것이 순환골재의 재활용을 극대화시키는 방법이기도 하다.

건폐법 시행규칙에서는 배출신고자의 건설폐기물 재활용 실적 보고서식 내용에 순환골재의 재활용 용도를 [표 1.3]과 같이 분류하고 있다.

[표 1.4] 및 [그림 1.8]은 국내 건설폐기물 중간처리업체에서 생산되는 순환골재의 생산 및 판매현황에 관하여 2005년과 2016년의 통계치를 비교한 것이다. 2005년에는

각종 건설폐기물 재활용 관련제도의 시행 초기단계였으므로 순환골재 생산량 중에서 판매량(보관량 포함)이 건설폐기물 총 발생량의 13.8%에 불과하였다. 그러나 그로부터 11년이 지난 2016년에는 99.0%로 순환골재 생산량이 획기적으로 증가하였다.

단, 2016년도 건설폐기물 총 발생량 중에서 순환골재의 원료가 되는 폐콘크리트와 폐아스팔트콘크리트의 발생량 점유율이 81.9%였다는 점을 고려하면, 통계조사 데이터의 신뢰성은 재고의 여지가 있다. 그럼에도 불구하고 순환골재 생산량의 괄목할만한 증가추세는 정부의 적극적인 건설폐기물 재활용 정책에 부응하여 순환골재로 생산 가능한 물질은 거의 대부분 폐기처리되지 않고 순환골재로 생산되어 재활용될 수 있게 되었다.

[표 1.4] 2005년 및 2016년도 순환골재 생산현황[1,2)]

구 분	2005년		2016년	
	수량(천 톤/년)	점유율(%)	수량(천 톤/년)	점유율(%)
건설폐기물 총 발생량	47294	100	72,797	100
순환골재 판매량	5,545	11.7	60,229	82.7
순환골재 보관량	1,004	2.1	11,819	16.2

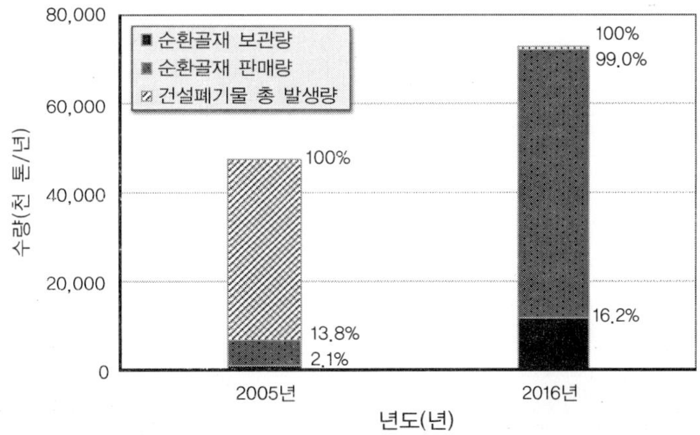

[그림 1.8] 2005년 및 2016년도 순환골재 생산현황 비교[1,2)]

[표 1.5] 순환골재의 용도별 판매현황[1,2)]

용도	2005년		2016년	
	판매량 (천 톤/년)	점유율(%)	판매량 (천 톤/년)	점유율(%)
도로기층용	122.5	2.2	10,008.5	16.6
도로보조기층용	806.9	14.6	7,650.5	12.7
하수관거설치용 모래대체 잔골재	–	–	711.4	1.2
재생아스팔트콘크리트	–	–	4,218.3	7.0
콘크리트제품(벽돌, 기타)	–	–	849.1	1.4
콘크리트용	74.4	1.3	727.2	1.2
콘크리트제품 제조용	212.5	3.8	1,772.5	2.9
아스팔트콘크리트용	–	0.0	1,247.6	2.1
동상방지층/차단층용	–	0.0	965.0	1.6
노상용	10.0	0.2	266.3	0.4
노체용	36.3	0.7	133.4	0.2
되메우기/뒷채움용	486.7	8.8	7,910.4	13.1
성토용/복토용	3,795.7	68.5	23,643.4	39.3
매립시설의 복토용	–	–	125.3	0.2
계	5,545.1	100.0	60,228.8	100.0

한편 이렇게 생산된 순환골재의 2005년도와 2016년도의 용도별 판매현황을 살펴보면 [표 1.5] 및 [그림 1.9]와 같다. 여기에서 2005년도에 비하여 2016년도에는 순환골재가 판매된 용도구분이 다양화되고 있다. 특히 성토용 및 복토용 점유율이 68.5%에서 39.3%로 감소하고, 도로기층용 및 재생아스팔트콘크리트용 등의 점유율이 크게 증가하는 추세를 보이면서 점차 부가가치가 높은 고품질 순환골재의 판매량이 증가하는 경향이 나타난다.

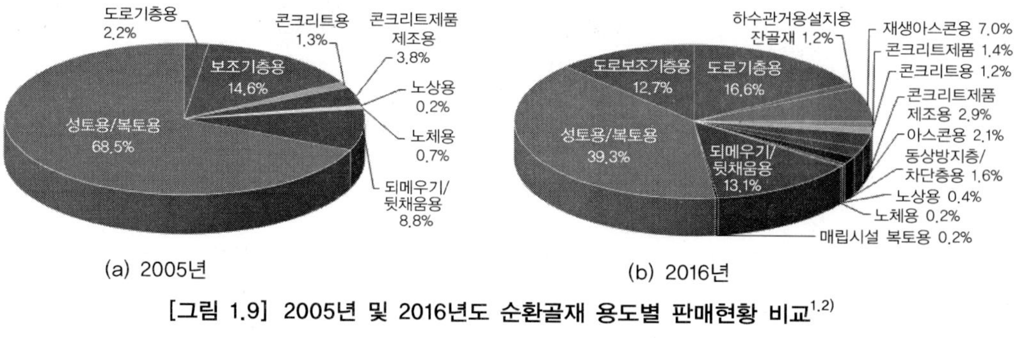

(a) 2005년　　　(b) 2016년

[그림 1.9] 2005년 및 2016년도 순환골재 용도별 판매현황 비교[1,2)]

1.2 일반적인 제조 기술 및 공정

순환골재 생산 시스템의 기본형은 부순 골재 생산 시스템이다. 그러나 천연암석을 원료로 하는 부순 골재 생산 시스템과 달리 순환골재 생산 시스템은 다양한 이물질이 혼재되는 폐콘크리트 덩어리를 주원료로 한다. 이로 인하여 추가 설비가 필요하거나 또는 순환골재의 품질목표에 따라 생산 시스템의 구성 및 각종 설비의 성능사양, 운전방법 등이 달라진다.

1.2.1 건설폐기물 처리과정

폐콘크리트를 파쇄하여 생산되는 순환골재는 원재료의 차이로 인하여 일반 천연골재에 비하여 다소 열등한 품질을 나타내게 되는데, 이와 같은 순환골재의 기본특성을 요약하여 나타내면 다음과 같다.

첫째, 골재의 표면에 모르타르가 부착되어 있다.

둘째, 원료에 포함되어 있던 다양한 이물질의 일부가 포함될 수 있다.

셋째, 순환골재를 추출하기 위한 생산과정에서 발생하는 미세한 입자가 포함될 수 있다.

건설폐기물의 일반적인 처리과정은 [그림 1.10]과 같이 3단계의 과정을 거친다. 즉 콘크리트 구조물 해체현장에서는 구조물을 해체하기 이전에 각각의 성상별로 해체한 후에 선별하는 분별해체(선분리-후해체) 방법과 구조물을 해체한 이후에 성상별로 분리 선별하는 일반해체(선해체-후분리) 방법이 있다. 그러나 현재까지 각종 성상별로 분별해체는 기술이 확립되어 있지 않거나 비용이 크게 증가될 가능성 등으로 인하여 일부를 제외하고는 분별해체가 시행되지 않고 일반해체 방법이 주종을 이룬다.

중간처리업체에서는 해체현장에서 반입된 건설폐기물을 다시 성상별로 분리 선별하여, 폐콘크리트는 순환골재 생산 시스템에 투입된다. 여기에서는 파쇄 및 선별 등의 가공공정을 거쳐 보다 엄밀하게 가연성폐기물, 혼합폐기물, 재활용 자재의 3가지 성상으로 분리하여 최종처분장으로 반출되며, 이때 산출되는 순환골재는 재활용 자재로 분류되어 건설현장에서 재활용된다.

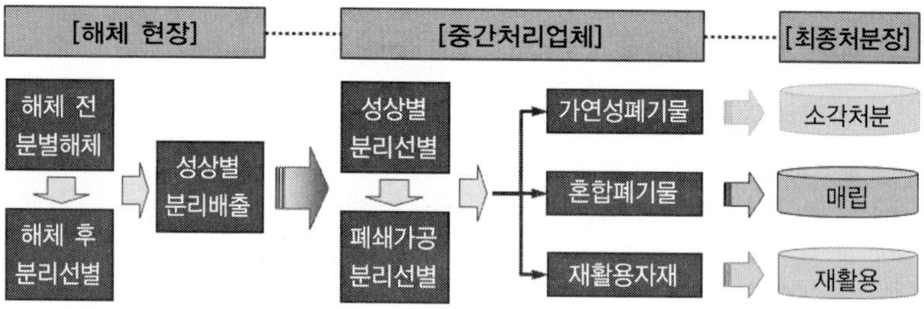

[그림 1.10] 건설폐기물 처리과정

1.2.2 순환골재 생산 시스템 기본 공정

폐콘크리트를 파쇄하여 추출되는 순환골재는 그 품질에 따라 사용용도가 달라진다. 일반적으로 성토용이나 뒷채움용보다 도로 보조기층용이나 기층용이 더욱 좋은 품질을 요구하며, 특히 콘크리트용은 일반 골재의 품질에 필적할 만한 최상의 품질이어야 한다.

그러므로 생산하고자 하는 순환골재의 용도에 따라 생산 시스템의 설비수준 및 운전방법 등이 결정된다. 또한 건설폐기물 중간처리업체에서는 순환골재만을 생산하는 경우가 많은데, 순환 굵은골재와 순환 잔골재를 동시에 생산하는 업체도 있으며, 후자의 경우의 생산 시스템을 개략적으로 나타내면 [그림 1.11]과 같다. [그림 1.12] 및 [그림 1.13]은 국내 건설폐기물 중간처리업체의 순환골재 습식생산 시스템과 건식생산 시스템의 일례를 나타낸다.

폐콘크리트를 파쇄하여 추출되는 순환골재는 그 품질에 따라 사용용도가 다르다. 건설폐기물이 중간처리업체에 반입되면 순환골재 생산 시스템에 투입되기 이전에 백호나 트롬멜 등으로 이물질 등을 선별하여 순환골재를 생산하기 위한 폐콘크리트 덩어리는 따로 분리하고, 폐콘크리트 덩어리는 압쇄기나 브레이커 등으로 크러셔에 투입할 수 있는 크기로 작게 부순다.

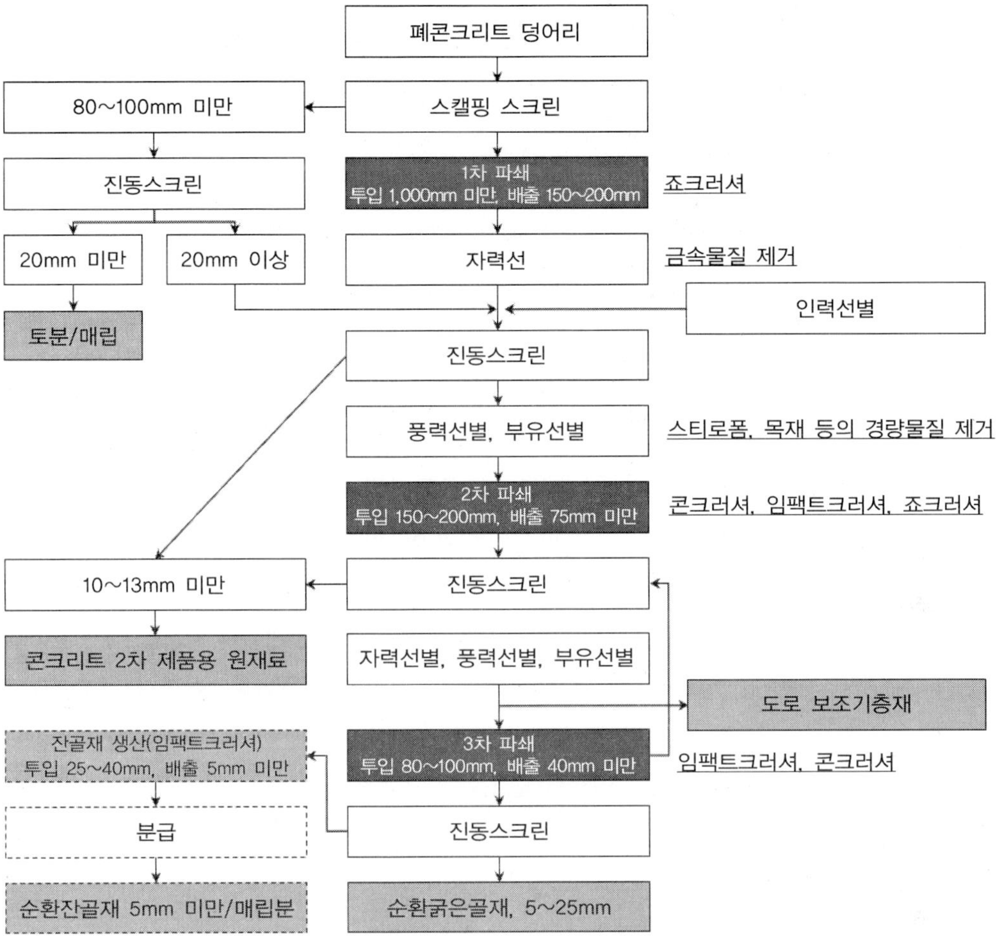

[그림 1.11] 순환골재 생산 시스템 프로세스의 일례

[그림 1.12] 순환골재 습식생산 시스템 전경

[그림 1.13] 순환골재 건식생산 시스템 전경

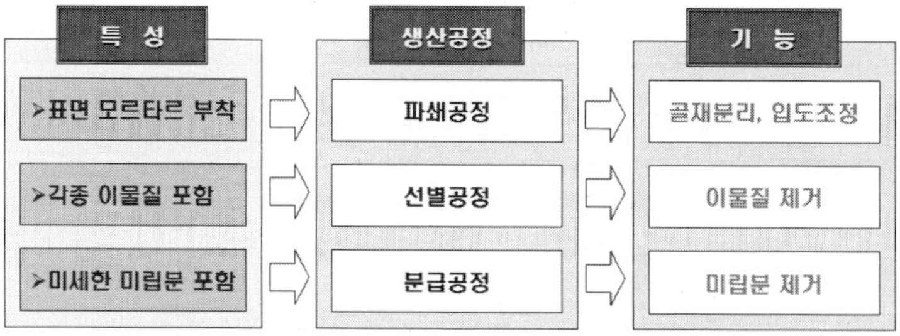

[그림 1.14] 순환골재 생산 시스템 기본 공정

양질의 순환골재를 제조하기 위해서는 1.2.1의 건설폐기물 처리과정에서 기술한 3가지 순환골재 기본특성을 개선하기 위한 가공공정이 순환골재 생산 시스템의 중간 과정에 포함되어야 하는데, 이 기본 공정을 도식화하면 [그림 1.14]와 같다. 즉, 폐콘크리트 표면에 붙어 있는 모르타르는 파쇄기에 의한 파쇄과정을 통하여 제거하고, 각종 이물질은 각종 선별기에 의한 선별과정을 거쳐 분리시키며, 파쇄공정에서 부산물로 산출되는 미세한 입자는 분급기에 의한 분급과정을 거쳐 제거함으로써 양질의 순환골재를 생산하게 된다. 또한 여기에 순환골재의 세척 및 미립분 제거 시 발생되는 탁수의 수처리 공정이 추가된다.

한편, 순환골재 생산 시스템은 건식과 습식으로 구분할 수 있다. 순환 굵은골재만을 생산하는 경우 국내 대부분의 업체에서는 골재의 세척 및 이물질 선별 등을 위하여 물을 사용하는 습식생산 시스템을 채용하고 있는데, 물을 사용하지 않는 건식생산 시스템을 채용하고 있는 업체도 있다. 또한 순환 잔골재를 생산할 경우에는 미립분 분급방법에 따라 습식시스템과 건식시스템으로 구분되는데, 국내에서는 대부분 순환 잔골재의 품질 확보가 유리한 습식시스템을 채용하고 있다.

1.3 기본 공정에 사용되는 설비

순환골재 생산 시스템의 각 공정에 사용되는 설비 및 장치를 나타내면 [그림 1.15]와 같다. 이와 같이 순환골재를 생산하기 위해서는 넓은 야적장과 각종 장비가 필요하다. 즉, 앞에서 기술한 바와 같이 중간처리업체에서의 일반적인 순환골재 생산 시스템 기본 공정은 파쇄공정, 선별공정, 분급공정으로 구분되며, 여기에 순환 잔골재를 습식으로 생산할 경우에는 수처리 공정을 추가로 갖추어야 된다. 그러므로 성토용이나 뒤채움용 등과 같은 저품질의 순환 굵은골재를 생산하기 위한 시스템에서는 분급설비 및 수처리 설비를 갖추지 않아도 되지만, 반대로 도로 기층용이나 콘크리트용의 고품질 순환 굵은골재 및 순환 잔골재를 생산하는 경우에는 분급 및 수처리 설비를 포함하는 등 여러 가지 추가설비를 갖추어야 한다.

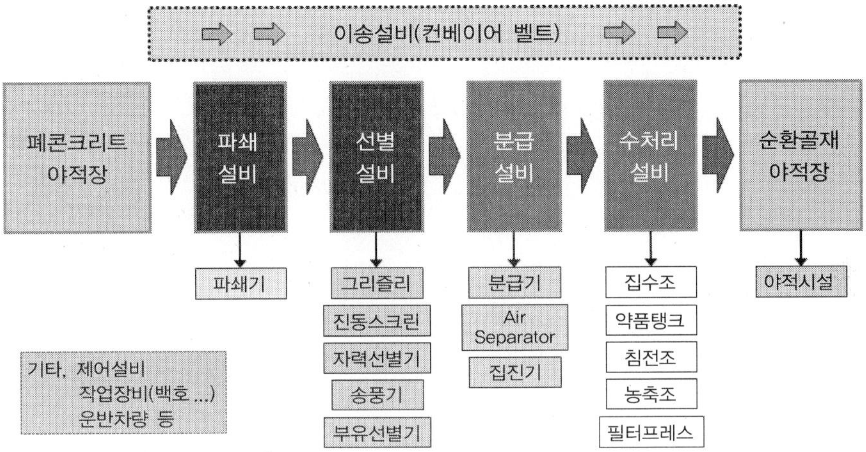

[그림 1.15] 중간처리업체 생산 공정 기본설비

1.3.1 파쇄 설비

파쇄장치는 폐콘크리트 덩어리를 일정한 크기로 잘게 부수어 필요한 용도의 순환골재 입자크기로 제조하기 위한 설비이다. 순환골재 생산용 파쇄기는 일반 석산골재 생산용 파쇄기와 거의 유사하다고 볼 수 있다. 순환골재는 재활용 용도에 따라 5mm 이하의 순환 잔골재에서부터 최대치수 40mm 정도의 순환 굵은골재가 생산된다. 그러나 중간처리업체에 반입되는 순환골재의 원재료는 크게는 수 m에 이르는 폐콘크리트 덩어리도 있으므로 적절한 크기의 순환골재를 생산하려면 수차례의 파쇄과정을 거쳐야 한다. 또한 순환골재의 생산에 필요한 파쇄기는 원료의 크기 및 파쇄기의 성능과 파쇄메커니즘 등에 따라 적합한 기종을 선정하는 것이 순환골재의 품질 및 생산성 향상에 매우 중요하다. 순환골재의 생산에 사용되는 파쇄기의 종류를 처리방식, 파쇄단계, 용도, 파쇄메커니즘에 따라 분류하면 [표 1.6]과 같다.

[표 1.6] 순환골재 제조용 파쇄장치의 분류[1,3)]

<table>
<tr><th>처리방식</th><th>파쇄단계</th><th>용 도</th><th>파쇄메커니즘</th><th>파쇄기 종류</th></tr>
<tr><td rowspan="9">파쇄방식</td><td rowspan="3">1차 파쇄</td><td rowspan="3">대립용 파쇄기
(원료 500~2,000㎜)
(제품 150~500㎜)</td><td>압축력</td><td>죠 크러셔</td></tr>
<tr><td>압축력</td><td>롤 크러셔</td></tr>
<tr><td>압축력, 충격력</td><td>1차용 자이레토리 크러셔</td></tr>
<tr><td rowspan="6">2차 파쇄</td><td rowspan="6">중립용 파쇄기
(원료 150~500㎜)
(제품 20~150㎜)</td><td>압축력</td><td>롤 크러셔</td></tr>
<tr><td>압축력, 충격력</td><td>2차용 자이레토리 크러셔</td></tr>
<tr><td>고속 압축력, 충격력</td><td>콘 크러셔</td></tr>
<tr><td rowspan="3">충격력</td><td>2차용 임팩트 크러셔</td></tr>
<tr><td>해머 크러셔</td></tr>
<tr><td>2차용 케이지 밀</td></tr>
<tr><td rowspan="9">마쇄방식</td><td rowspan="9">3차 파쇄</td><td rowspan="4">세립용 파쇄기
(원료 20~150㎜)
(제품 20㎜ 이하)</td><td rowspan="4">충격력</td><td>해머 밀</td></tr>
<tr><td>로드 밀</td></tr>
<tr><td>임팩트 크러셔</td></tr>
<tr><td>3차용 케이지밀</td></tr>
<tr><td rowspan="4">입형개선용 파쇄기
(원료 20~150㎜)</td><td>골재간섭 충격력</td><td>임팩트 크러셔</td></tr>
<tr><td rowspan="3">골재간섭 마쇄력</td><td>포라우다형 마광기</td></tr>
<tr><td>스크류식 고도처리기</td></tr>
<tr><td>원통마쇄식 고도처리기</td></tr>
<tr><td>모래제조용 파쇄기
(원료 10~60㎜)</td><td>기계식 마찰력</td><td>제사기</td></tr>
</table>

파쇄기는 파쇄방식과 마쇄방식의 파쇄기로 구분할 수 있는데, 원료 및 생산제품의 크기에 따라 1차 파쇄기, 2차 파쇄기, 3차 파쇄기로 구분하는 것이 일반적이다. 우리나라에서 순환골재의 생산에 사용되는 1차 파쇄기는 대부분 죠 크러셔(Jaw crusher)가 사용되며, 자이레토리 크러셔(Gyratory crusher)도 사용될 수 있다. 2차 파쇄기는 콘 크러셔가 가장 많이 사용되며, 임팩트 크러셔(Impact crusher)와 자이레토리 크러셔 및 롤 크러셔(Roll crusher)가 사용되기도 한다. 3차 파쇄기는 주로 20㎜ 이하의 입경이 작은 골재를 생산하기 위하여 사용되는 것으로서 입형개선 효과가 큰 임팩트 크러셔가 가장 많이 사용되며, 일부 업체에서는 콘 크러셔나 롤 크러셔를 사용하기도 한다. 특히 잔골재 제조용으로 사용되는 크러셔는 일명 '제사기'라고도 하는데, 대부분 임팩트 크러셔가 사용된다.

이와 같이 파쇄기는 투입물 및 생산물의 입경을 고려하여 선정하는 것이 기본이지만, 여기에 생산효율 및 파쇄메커니즘 등을 고려하여 적절한 기종과 처리용량의 파쇄기를 선정해야 한다. 특히 순환골재를 생산하는 경우에는 표면에 부착된 모르타르를 충분히 제거하는 것이 중요하므로 고품질의 순환골재를 생산하기 위해서는 마쇄(마모)작용이 우수한 파쇄기를 일부 파쇄공정에 도입하는 것이 좋다.

1) 죠 크러셔(Jaw crusher)

죠 크러셔는 파쇄기 중에서 가장 큰 크기의 원료를 파쇄할 수 있는 설비로서 순환골재의 생산을 위한 필수적인 장치이다. 죠 크러셔의 파쇄실은 프레임에 장착된 고정죠(Fixed jaw)와 동력에 의해 요동운동을 하는 스윙죠(Swing jaw)에 장착된 가동판이 서로 마주보는 형태로 되어 있는데, 파쇄실에 공급된 원료가 중력에 의해 낙하하면서 스윙죠의 요동운동에 의해 고정죠와의 사이에서 압축작용에 의해 파쇄되는 원리이다. 죠 크러셔는 싱글죠와 더블죠가 사용되고 있으며, 파쇄방식에 따라 싱글토글형(Single toggle type)과 더블토글형(Double toggle type)이 있다.

더블토글형은 편심축을 회전시켜 피트맨(Pitman)을 상하운동시켜 2개의 토글브레이드 사이에서 스윙죠에 요동운동을 부여함으로써 압축파쇄작용을 일으킨다. 더블토글형은 파쇄효율이 높으며, 고정죠와 스윙죠의 마모가 적으므로 경질원석의 1차 파쇄용으로 적합하다. 싱글토글형은 1개의 토글브레이드를 빼고 스윙죠의 지지축 자체를 편심축으로 한 것이며, 스윙죠의 움직임이 상부에서는 원운동, 하부에서는 타원운동을 함으로써 압축파쇄작용을 일으킨다. 싱글토글형은 고정죠와 스윙죠의 마모가 심한 편이지만, 구조가 단순하고 무게가 가벼우며 가격이 저렴하고 대형화가 가능하다는 장점이 있다. 따라서 국내 건설폐기물 중간처리업체에서는 순환골재를 제조하기 위한 1차 및 2차 파쇄기로 많이 사용하고 있다. [그림 1.16]~[그림 1.18]은 죠 크러셔의 파쇄원리, 투입구의 형상, 더블죠 크러셔의 설치전경을 나타낸다.

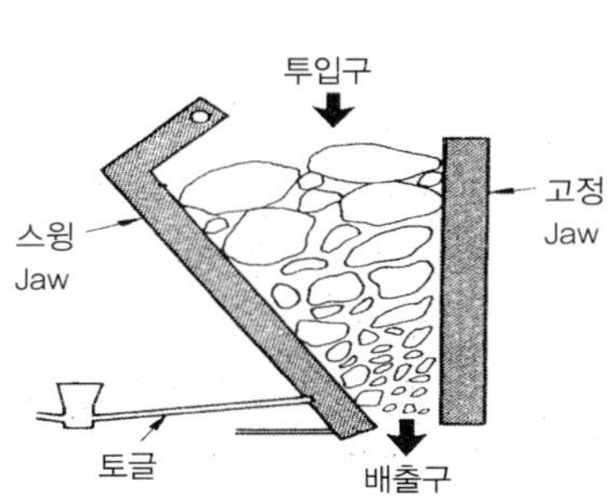

[그림 1.16] 죠 크러셔 파쇄원리

[그림 1.17] 죠 크러셔 투입구

[그림 1.18] 죠 크러셔 설치전경

2) 자이레토리 크러셔(Gyratory crusher)

자이레토리 크러셔는 2개의 원추로 되어 있으며, 바깥쪽 원추를 고정시키고 안쪽의 원추를 편심축받침에 붙인 것이다. 프레임 안쪽에 장착한 역원추형의 콘케이브(Concave)와 그 내부의 주축에 장착한 원추형의 맨틀(Mantle)이 서로 대항하여 파쇄실을 구성하며, 하부에 설치한 편심슬리브 회전에 의해 맨틀이 편심 유선운동(Gyration)을 하면서 콘케이브와의 사이에서 연속적으로 압축파쇄작용을 일으키므로 이러한 파쇄메커니즘은 콘 크러셔와 동일하다.

자이레토리 크러셔는 왕복운동으로 압축·파쇄하는 죠 크러셔에 비하여 맨틀의 편심유선운동에 의하여 연속적으로 압축·파쇄하여 파쇄능력이 크기 때문에 생산량이 많은 경우에 보다 유리하다는 특징이 있다. 자이레토리 크러셔는 1차 및 2차 파쇄기로 사용될 수 있지만, 국내에서는 많이 사용되고 있지 않다. [그림 1.19]~[그림 1.21]은 자이레토리 크러셔의 단면형상, 투입구의 형상 및 외관을 나타낸다.

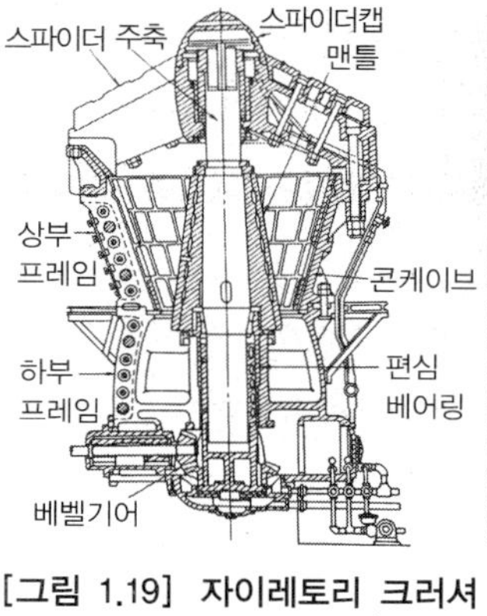

[그림 1.19] 자이레토리 크러셔 단면 형상[1.4)]

[그림 1.20] 자이레토리 크러셔 투입구[1.5)]

[그림 1.21] 자이레토리 크러셔 외관[1.6)]

3) 콘 크러셔(Cone crusher)

콘 크러셔는 자이레토리 크러셔를 중립파쇄용 또는 세립파쇄용으로 개량한 것으로서 상부 투입구로부터 낙하하는 원료를 원추형 맨틀의 편심 유선운동에 의해 파쇄하는 메커니즘의 파쇄장치이며, 헤드맨틀이 훨씬 넓적하게 되어 있고, 자이레토리 크러셔에 비해 진폭과 회전수가 크다. 이 운동은 자이레토리 크러셔에 비하여 고속이므로 투입원료가 낙하 도중에 충격작용을 수반한 압축력에 의하여 파쇄된다.

콘 크러셔는 맨틀(Mantle) 하단부와 콘케이브(Concave) 하단부 사이의 간격을 조절함으로써 파쇄실의 형상이 변화되어 처리능력을 용이하게 변화시킬 수 있다. 콘 크러셔는 주로 파쇄비가 큰 2차 파쇄기로 많이 사용되는데, 간격의 크기 조절에 따라 3차 파쇄용으로도 사용되고 있다. 또한 파쇄실의 형상, 편심량 및 회전수를 조절하여 원료 상호 간의 충격 및 압축작용이 극밀도 상태에서 입체적으로 작용하도록 모래제조용으로 적합하게 개량한 세립의 잔골재 생산용 콘 크러셔도 개발되어 사용되고 있다. [그림 1.22]~[그림 1.24]는 콘 크러셔의 파쇄원리, 투입구의 형상 및 설치전경을 나타낸다.

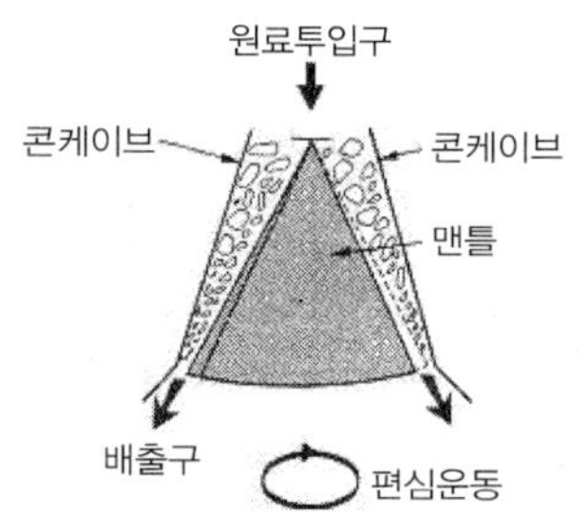

[그림 1.22] 콘 크러셔 파쇄원리

[그림 1.23] 콘 크러셔 투입구

[그림 1.24] 콘 크러셔 설치전경

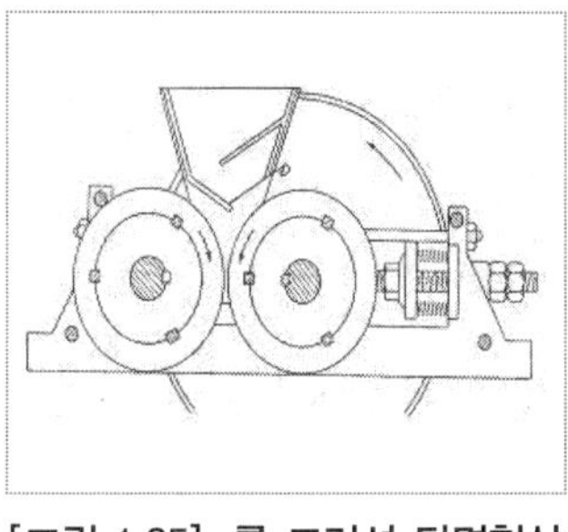
[그림 1.25] 롤 크러셔 단면형상

[그림 1.26] 2단 롤 크러셔 투입구

[그림 1.27] 3단 롤 크러셔 설치전경

4) 롤 크러셔(Roll crusher)

롤 크러셔는 원료투입구에 평행하게 놓인 2개의 원통형 롤을 서로 반대방향으로 회전시켜 그 사이에 투입되는 원료를 물고 들어가서 압축전단파쇄를 하는 메커니즘의 파쇄장치로써 파쇄물의 입경이 비교적 균일한 입도를 가지며, 미립분이 많이 발생되지 않는다는 특징이 있다.

롤 크러셔는 축이 2개인 2단 롤 크러셔가 기본이지만, 3단 및 4단 롤 크러셔도 국내에서 개발되어 사용되고 있다. 롤의 표면은 평활한 것과 파형으로 된 것, 돌출부가 있는 것 등이 있으며, 국내에서 개발된 것 중에는 롤이 6조각으로 나누어져 마모에 의한 유지관리가 용이한 제품도 있다. 일반적으로 콘 크러셔보다 3차 파쇄기로 사용되며 입경이 작은 잔골재의 제조에도 사용된다. [그림 1.25]~[그림 1.27]은 2단 롤 크러셔의 단면형상과 투입구의 형상 및 3단 롤 크러셔의 설치전경을 나타낸다.

5) 임팩트 크러셔(Impact crusher)

임팩트 크러셔는 파쇄기의 중앙부에 있는 고속으로 회전하는 원통형의 로터에 충격판을 붙여서 원심력 작용에 의하여 원료에 충격력을 가하여 파쇄하는 동시에 이것을 고정된 반발판에 퉁겨서 파쇄시키는 메커니즘의 파쇄장치이다.

임팩트 크러셔는 1차 파쇄용에서부터 잔골재의 생산용에 이르기까지 기종이 다양하고 적용범위가 넓다. 임팩트 크러셔는 로터(Rotor) 회전축의 방향에 따라 수평형 로터식(H.S.I, Horizontal shaft impact type)과 수직형 로터식(V.S.I, Vertical shaft impact type)으로 구분된다.

H.S.I는 타격판을 부착한 수평형 로터를 고속회전시켜 원료를 타격하여 충격을 가하여 파쇄함과 동시에 반대쪽의 충돌판에 부딪쳐서 파쇄되거나 반발되는 입자와 새롭게 가속되는 입자가 충돌하게 하여 파쇄하는 것이다. 이것은 충돌판의 마모가 심하지만 압축식 파쇄기보다 파쇄비가 크고 골재의 입형이 좋다는 특징이 있으며, 일반적으로 2차 파쇄용 및 3차 파쇄용으로 사용된다. H.S.I는 로터가 2조인 것이나 로터의 회전방향을 반대로 바꿀 수 있는 것도 있는데, 이는 로터의 수명이 길고 교환 작업이 간편한 장점이 있다.

V.S.I는 수직형 로터를 고속회전시켜 원심력에 의해 원료를 로터 밖으로 뿌려 로터 밖의 벽면이나 데드스톡에 부딪치게 하여 충격을 가하여 파쇄하는 것으로써 입자끼리의 충돌에 의한 파쇄 및 골재 간의 마찰에 의한 마모작용도 겸할 수 있으므로 입형개선용으로 많이 사용된다. V.S.I는 록앤록 타입(Rock and rock yype)과 록앤앤빌 타입(Rock and anvil type)이 있으며, 파쇄원리 및 파쇄효과의 차이가 있다.

국내에서 임팩트 크러셔는 굵은골재 제조용의 2차 또는 3차 파쇄용보다 주로 모래제조용의 V.S.I가 많이 사용되고 있다. 이는 모래입자의 입형이 우수하고 소비전력 및 설비코스트가 낮다는 장점이 있기 때문이다. 그러나 로터의 타격판 및 충돌판 등의 부품마모가 심하고 유지보수가 어렵다는 등의 단점이 있었으나, 최근에는 고내마모강의 부품을 사용함으로써 부품의 교환주기를 늦춰주는 기술개발이 날로 발달하고 있다. [그림 1.28]~[그림 1.30]은 H.S.I의 단면형상, V.S.I의 파쇄원리 및 V.S.I의 설치전경을 나타낸다.

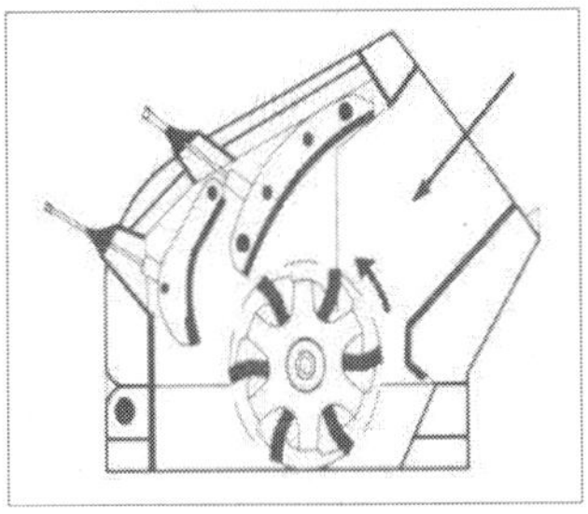

[그림 1.28] H.S.I 단면형상

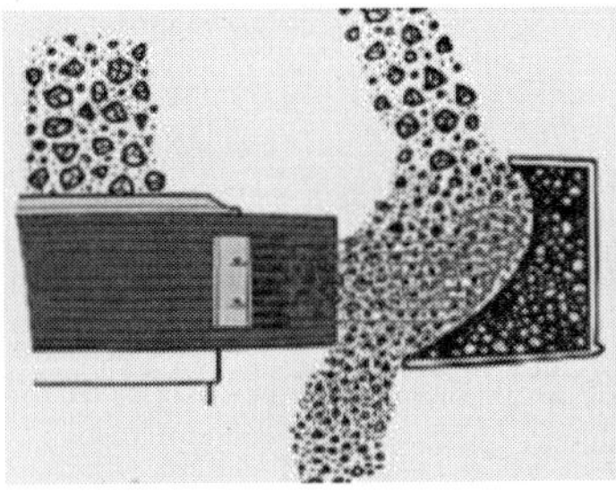

[그림 1.29] V.S.I 파쇄원리

[그림 1.30] V.S.I 설치전경

1.3.2 선별 설비

양질의 순환골재를 생산하기 위해서는 원재료에 포함되어 있는 크고 작은 각종 이물질을 제거해야 하며, 순환골재의 크기에 따라 분리시켜야 하고, 또한 순환골재 생산과정에서 발생되는 미립자를 제거하는 과정이 필요하다. 선별(Screening)이란 일반적으로 입자의 성상이나 크기에 따라 분류시키는 것을 말하며, 미립자를 분리해 내는 것은 분급(Classifier)이라고 정의된다.

1) 입자크기에 따른 선별

가) 트롬멜(Trommel)

순환골재의 원료인 폐콘크리트에는 다양한 이물질이 포함되어 있으며, 크고 작은 입자로 분리시켜 필요한 제품을 생산해야 한다. 폐콘크리트에는 토분이나 이물질 등이 섞여 있으며, 이것들은 파쇄기의 파쇄효율을 저하시키고 품질이 좋은 제품을 생산하기 어렵게 만든다.

토분을 제거하기 위해서는 1차 크러셔의 직전이나 직후에 그리즐리를 설치하여 제거하는 것이 일반적이다. 또한, 트롬멜을 이용하여 콘크리트 입자와 토분 및 이물질을 분리시키며, 2중 타공망의 트롬멜을 사용하여 입자의 크기에 따라 대소립을 분리시키기도 한다. [그림 1.31]은 폐콘크리트 원료가 투입 호퍼(Hopper)에서 그리즐리(Grizzly)로 공급되는 장면을 나타내며, [그림 1.32]는 트롬멜의 설치전경을 나타낸다.

나) 진동스크린(Vibrating screen)

순환골재 제조시스템에서 적정한 입도의 순환골재를 생산하기 위해서는 체가름 시설이 필수이며, 이에 사용되는 것이 진동스크린이다. 진동스크린은 한 개의 체를 설치하여 입경을 두 가지로 분류하는 1단 스크린이 일반적이나 체눈의 크기가 다른 체를 3단으로 겹쳐서 설치하는 경우도 있다. 체의 재질에 따라서는 철제망, 고무망 또는 우레탄망 등의 진동체를 사용하며, 체가름 과정 중에 살수하여 미분이나 이물질을 제거하는 설비를 갖추기도 한다. [그림 1.33]은 각종 스크린망의 재질 및 형상을 나타내며, [그림 1.34] 및 [그림 1.35]는 3단 진동스크린과 순환골재를 세척하는 살수스크린을 나타낸다.

[그림 1.31] 그리즐리

[그림 1.32] 트롬멜

(a) 격자 철망　(b) 조립형 우레탄망　(c) 타공 고무망

[그림 1.33] 각종스크린 망의 재질 및 형상

[그림 1.34] 3단 진동스크린

[그림 1.35] 순환골재 세척용 살수 스크린

2) 이물질 선별

콘크리트 구조물 해체현장에서 순환골재를 생산하는 건설폐기물 중간처리업체에 반입되는 건설폐기물에는 [그림 1.36]과 같이 각종 이물질이 포함되어 있는 경우가 많다. 그러므로 순환골재에는 종잇조각, 의류, 플라스틱류, 나뭇조각, 금속류, 벽돌, 유리조각 등 각종 이물질이 혼입될 가능성이 크므로 양질의 순환골재를 생산하기 위해서는 이들을 선별, 제거하는 과정을 거치고 있다. 이물질의 선별방법은 육안으로 확인하여 선별하는 인력선별, 나뭇조각과 같이 비중이 작은 이물질을 물에 띄워서 선별하는 부유선별, 철물류를 선별하는 자력선별, 비닐 등을 바람에 날려 선별하는 풍력선별 등으로 구분할 수 있다.

[그림 1.36] 건설폐기물 성상

[그림 1.37] 인력선별 장면

[그림 1.38] 자력선별기

가) 인력선별(Hand picking)

인력선별은 폐콘크리트를 투입하는 과정에서부터 생산라인의 중간과정 중에 수차례 육안으로 이물질을 확인하여 손으로 제거해내는 방법이다. 이 방법은 기타 기계적 방법에 의해 제거하기 어려운 길이가 긴 철근이나 섬유류 및 로프 등의 이물질을 제거할 수 있으며, 다른 기계적 방법에 의한 이물질 제거효과도 향상되므로 순환골재의 생산에 반드시 필요한 이물질 선별방법이다. [그림 1.37]은 중간처리업체에서 인력선별을 하는 장면의 일례를 나타낸다.

나) 자력선별(Magnetic separation)

자력선별법은 파쇄과정의 중간단계에서 컨베이어벨트 상부에 자력을 띠는 선별장치를 설치하여 폐콘크리트에 포함된 철근이나 못 등의 자성물질을 골재로부터 분리해내는 방법으로써 순환골재 생산과정에서 필수적인 장치이다. 그러나 알루미늄, 스테인리스 등의 비철금속계 이물질은 자성을 띄지 않아 자력선별기로 선별할 수 없으므로 비자성금속류의 이물질은 인력선별에 의존하는 실정이다. [그림 1.38]은 현재 대부분의 국내 중간처리업체에 설치되어 있는 자력선별기가 설치된 장면이다.

다) 풍력선별(Air separation)

풍력선별법은 파쇄 중간단계 또는 후반단계에서 송풍기를 이용하여 스티로폼, 비닐, 종이 등 가벼운 물질들을 바람에 날려 보내어 순환골재에 포함된 스티로폼, 비닐, 종이류 등을 제거하는데 효과적이다. 송풍기는 컨베이어벨트나 진동스크린에서 낙하하는 과정 또는 컨베이어벨트의 이송과정 등에 설치하여 이물질을 제거한다. 풍력선별기는 건설폐기물 중간처리업체의 필수적인 기본설비이며, [그림 1.39]는 현재 국내 중간처리업체에서 사용중인 송풍기와 풍력선별기 및 송풍기에 의한 이물질 제거 장면이다.

(a) 송풍기 (b) 풍력선별기 (c) 이물질 제거

[그림 1.39] 풍력선별기

(a) 부유선별장치

(b) 더블로그워셔

[그림 1.40] 부유선별기

라) 부유선별(Flotation)

가벼운 물질을 물과 같은 액체에 띄워서 선별하는 방법으로는 부유선별법 또는 비중선별법으로 구분하는 경우도 있으나, 여기에서는 이를 통칭하여 부유선별이라고 정의하여 기술한다. 현재 국내의 일부 중간처리업체에서는 폐콘크리트에 포함되어 있는 목재나 스티로폼 및 비닐 등과 같이 비중이 낮은 이물질을 물에 부상시켜 선별하는 부유선별방식을 채용하고 있다. 일반적으로는 1차 파쇄 공정 이후에 [그림 1.40]과 같은 부유선별장치를 생산라인에 설치하여 선별하며, 일부 업체에서는 로그워셔(Log washer)를 사용하여 선별하는 경우도 있다. 그러나 물을 사용하게 되므로 수처리 설비를 갖추어야 하는 어려움이 있다.

1.3.3 분급 설비

폐콘크리트 속에 있는 골재를 추출하기 위해서는 폐콘크리트의 파쇄공정 등을 거쳐서 골재의 표면에 부착되어 있는 시멘트페이스트를 잘 제거해야 하므로 이 과정에서 미세한 분말이 발생하게 된다. 특히 순환 잔골재를 생산하는 경우에는 미분말이 다량으로 발생하게 되므로 순환골재의 품질을 확보하기 위해 미분말을 잘 분급하여 순환골재에 포함되지 않도록 해야 한다.

분급은 물이나 공기 등의 유체 중에서 입자의 침강속도 또는 입자에 원심력을 작용시켜 입자의 크기와 밀도 및 유체의 성질 등에 따라 입자를 분리시키는 방법이다. 골재의 체가름이 가능한 한계는 약 0.6~0.25㎜로 알려져 있으며, 입자의 크기가 그 보다 작을 경우에는 분급을 하게 된다.

1) 건식분급

분급은 건식분급방식과 습식분급방식으로 구분되는데, 건식분급은 일반적으로 풍력에 의한 사이클론 타입(Cyclone type)의 원심분리기(Air separator)로 미립분을 분리시켜 집진기로 채취하는 방법([그림 1.41])이다. 건식분급방식은 원료가 완전히 건조되어 있는 경우에는 분급효과가 우수하지만, 수분이 있는 경우에는 분급능력이 저하되고 작은 골재입자에 부착된 미분이 잘 제거되지 않는다는 문제가 있다. 따라서 막대한 설비비와 유지비용이 수반되는 수처리시설이 필요 없으며, 미립분의 활용성이 우수하다는 장점이 있음에도 불구하고, 미립분 함유량에 대한 품질기준을 만족시키는 고품질의 순환 잔골재를 생산하는 국내의 관련업체는 대부분 습식방법을 채택하고 있다.

[그림 1.41] Air separator 및 집진기

2) 습식분급

습식분급기는 물로 모래에 부착된 미분을 세척하여 제거시키기 때문에 분급효율이 뛰어난 원심분리기를 이용한 스파이럴 분급기 또는 사이클론 분급기가 사용되고 있다.

스파이럴 분급기는 입자의 비중차에 의한 분급장치로서 습식분급기의 대표적인 장치이다. 수조탱크와 같은 분급기의 중심축 방향으로 설치되어 있는 스파이럴 형태의 분리기가 천천히 회전하면서 탱크 내부로 유입된 제품을 탱크 안에서 입자의 비중차에 따라 침강·분리시키는 방식이다. 즉 이에 따라 비중이 높은 큰 입자들은 침강되어 버킷으로 건져내고, 미립자는 물과 함께 탱크 상부로 넘치게 하여 수처리 설비로 보내지게 된다. 스파이럴 분급기는 스파이럴의 회전운동에 따라 입자가 유동함으로써 세척효과가 크고 탈수가 용이하여 국내의 순환골재 생산업체에서 많이 사용되고 있다. [그림 1.42]는 현장에 설치된 스파이럴 분급기(Spiral classifier)를 나타낸다.

한편, 사이클론은 원심력을 이용한 입자의 비중차에 의한 분급장치이다. 사이클론에 투입물이 공급되면 원심력 작용에 의해 상부로는 물과 함께 미립분이 배출되고, 하부로는 비중이 무거운 입자가 배출되는 방식으로 분급이 이루어진다. 사이클론의 하부로 배출된 가는 모래입자는 체가름 망목 형태의 진동스크린에서 탈수된다. 국내의 일부 업체에서는 사이클론 장치와 진동스크린 장치가 복합된 일명 '샌드유닛'이라고 하는 사이클론 분급기를 사용하고 있다. 이것은 분급효율이 뛰어나며 좁은 공간에도 설치할 수 있는 장점이 있으나 스파이럴 분급기보다 설비비 및 유지보수비가 많이 소요된다. [그림 1.43]은 현장에 설치된 경사형 사이클론(Inclined cyclone)이다.

1.3.4 수처리 설비

앞에서 기술한 바와 같이 순환골재를 습식방법에 의해 생산하는 경우에는 순환골재의 세척 및 미립자 분급에 따른 탁수가 발생되므로 수처리 장치가 매우 중요한 기본설비로 갖추어져야 한다.

[그림 1.42] 스파이럴 분급기

[그림 1.43] 경사형 사이클론

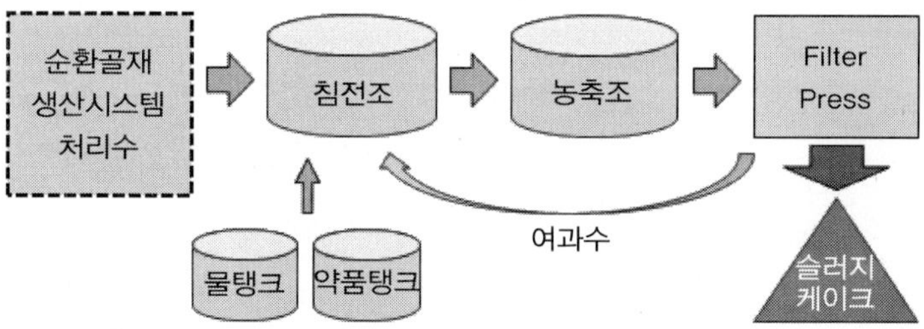

[그림 1.44] 탁수처리 흐름도

수처리 시설에는 침전조, 농축조, 약품탱크, 물탱크, 탈수기 등 각종 시설 및 장비가 포함되는데, 순환골재 생산 시스템에서 발생되는 탁수는 침전조와 농축조 등을 거쳐서 나오는 고형분(슬러지)을 필터프레스로 탈수하여 슬러지 케이크(Sludge cake) 형태로 처리하게 된다. [그림 1.44]는 이와 같은 탁수의 수처리 과정을 나타낸다.

순환골재의 생산과정에서 발생되는 탁수 및 슬러지는 각종 오염성분이 포함되어 있을 가능성이 있으므로 환경오염 방지를 위한 적정처리를 하여 배출해야 한다. 그러므로 탁수는 생산과정에 필요한 용수로 재활용할 수 있도록 정화처리를 하며, 슬러지는 침전시켜 케이크 상태로 만들어 배출한다. 탁수에는 미립의 고형분이 많이 포함되어 있으므로 슬러지와 폐수로 분리시켜 처리해야 한다. 미립자는 [그림 1.45]와 같은 침전조에 응집제와 물을 적당한 비율로 희석시킨 혼합액을 투입하여 미립자를 침강시켜 슬러지와 폐수로 분리시킨다. 여기에서 발생된 폐수는 다시 정제하여 용수로 재활용하고, 침전물은 보통 농축조에 고분자응집제를 투입하여 수분함량이 낮은 슬러지로 배출시킨다.

이 슬러지는 수분함량을 최소화시키고 슬러지의 부피를 최소화시키기 위해 수처리 설비의 최종설비인 탈수시설로 이송된다. 탈수설비는 슬러지의 수분을 최대한 제거하여 케이크 형태로 만드는 장치로서 필터프레스(Filter press)와 벨트프레스(Belt press) 등이 있다. 그러나 현장에서는 일명 "짤수기"라고 하는 [그림 1.46]과 같은 필터프레스가 장비가격이 훨씬 비싸고 유지보수도 어렵지만, 탈수효율이 우수하므로 많이 사용되고 있다.

필터프레스로 짜낸 폐수는 다시 재활용 용수로 사용하고, 수분을 제거하고 남은 [그림 1.47]과 같은 슬러지 케이크는 매립되거나 점토와 일부 혼합하여 성토재 등으로 사용된다.

[그림 1.45] 침전조

[그림 1.46] 필터프레스

[그림 1.47] 슬러지 케이크

1.4 국내의 특수한 제조 기술

건설폐기물을 적정처리하여 순환골재의 품질 향상을 위한 기술은 도로공사용이나 콘크리트용과 같은 고부가가치 용도의 순환골재 제조기술로서 파쇄·분쇄와 분리·선별 및 분급기술로 구분된다. 이 가운데 가장 고부가가치용도인 콘크리트용 굵은골재 및 잔골재를 제조하기 위하여 국내에서 개발된 신기술의 일부를 소개하면 다음과 같다.

1.4.1 파쇄·분쇄 신기술

1) 수직형 임팩트 크러셔에 설치된 다단 회전날개 및 가이드판을 이용한 콘크리트용 순환 굵은골재 생산기술

투입된 골재가 수직형 임팩트 크러셔에 장착된 다단 고속회전날개와 드럼 내벽 및 가이드판과의 충격 및 골재간 충돌에 의해 파쇄 및 시멘트페이스트가 분리되는 콘크리트용 순환 굵은골재 생산기술이다.

투입된 골재는 회전날개 샤프트 및 드럼(상호 역회전)이 회전하면서 원심력과 회전날개에 의해 드럼 내벽에 일차적으로 부딪치게 되며, 가이드판에 의해 리바운드되어 골재와 골재끼리 2차 충돌을 일으키게 된다. 이러한 현상은 회전날개에 의해 1차 타격된 순환골재가 드럼 내부에 부착된 가이드판에 의해 추가적인 리바운딩을 유도하여 보다 활발한 골재의 원운동을 유도함으로써 순환골재에 추가적인 파쇄현상이 발생하게 되며, 직접 수직낙하가 아닌 상부 회전날개부터 하부 회전날개로 단계별로 파쇄가 진행된다.

또한 컨베이어 벨트를 통해 연결하지 않고 하부에 바로 진동선별장치를 설치하여 분리된 시멘트페이스트가 선별됨으로써 KS F 2573(콘크리트용 순환골재) 품질기준을 만족시키는 콘크리트용 순환 굵은골재의 생산이 가능하며, 추가 면적이 불필요하고 초기투자비용도 절약된다. [그림 1.48]은 이 기술의 주요 구성장치를 나타내며, [그림 1.49]는 현장에 설치된 전경을 나타낸다.

(a) 회전날개

(b) 가이드판

(c) 진동선별장치

[그림 1.48] 주요 구성장치

[그림 1.49] 현장설치 전경

2) 다중회전체와 요철형 라이너가 장착된 복합마쇄장치를 이용한 건식콘크리트용 순환 굵은골재 제조 기술

균열유발장치, 다중회전체와 요철형 라이너가 장착된 마쇄장치, 3중 압축 벨트 롤러로 구성된 복합마쇄장치를 이용하여 콘크리트용 순환 굵은골재를 생산하는 기술이다.

이 기술은 타격패드와 투척유도봉으로 골재표면의 모르타르를 파쇄하고, 하단의 다중회전체와 요철형 라이너가 장착된 마쇄장치를 통하여 골재의 모르타르를 제거 및 입형개선 후 3중 압축 벨트 롤러를 이용하여 콘크리트용 순환 굵은골재를 생산하는 건식공법이다. 또한, 균열유발장치를 통해 13㎜ 이상 40㎜ 이하의 순환골재를 타격 및 투척하여 강도가 약한 모르타르의 균열유발 및 부분 파쇄하여 하단의 마쇄효과를 상승시킨다. 또한 8개의 회전체와 다면다각 요철형 라이너로 구성된 회전형 마쇄장치를 통해 골재끼리의 마쇄작용을 강화시킨 장치로 모르타르 제거와 입형개선이 가능하다. [그림 1.50]은 이 기술의 메커니즘을 나타내며, [그림 1.51]은 현장에 설치된 전경을 나타낸다.

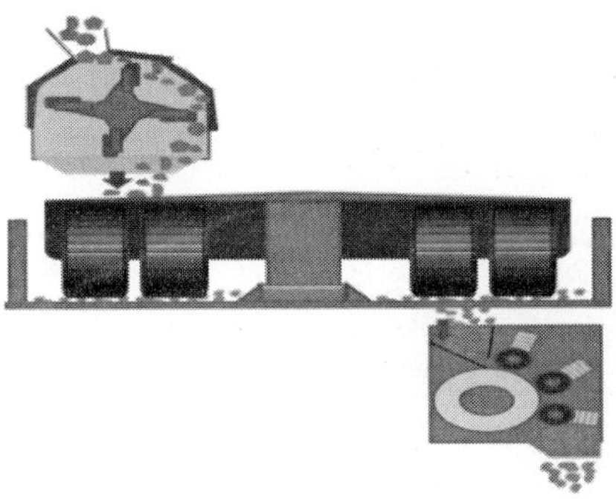

[그림 1.50] 핵심메커니즘

[그림 1.51] 현장설치 전경

3) 다면체볼을 3단으로 충전한 진동볼밀형 시멘트페이스트 박리기를 폐콘크리트 공정에 적용하여 콘크리트용 순환 잔골재를 생산하는 기술

건설폐기물의 처리를 통해 콘크리트용 순환 잔골재를 생산하기 위한 기술로서 반중력 원리인 브라질 땅콩효과를 이용한 순환골재 모르타르 박리기를 순환골재 생산 공정에 적용하여 흡수율, 입도 및 입형 등 콘크리트용 순환 잔골재의 품질을 향상시키는 기술이다.

폐콘크리트의 선별스크린과 다면체볼을 3단으로 충전한 진동 볼밀박스를 사용하여 콘크리트용 순환 잔골재 시멘트페이스트를 제거함으로써 품질기준에 적합한 순환 잔골재를 생산하는 기술로, 박리기 안에 투입하는 로드볼의 형태를 원형에서 다면체 볼로 개조하여 원형의 자유로움은 유지하되 로드볼 사이에 부딪치는 면적을 최대화하여 순환골재의 품질개선이 가능하다. [그림 1.52]는 이 기술의 주요 구성장치를 나타내며, [그림 1.53]은 현장에 설치된 전경을 나타낸다.

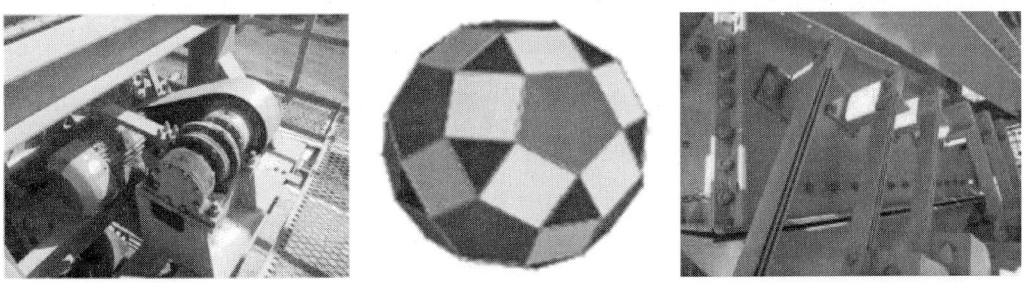

(a) 커넥팅로드 (b) 진동볼밀박스 내부 로드볼 (c) 판스프링 및 진동볼밀박스

[그림 1.52] 주요 구성장치

[그림 1.53] 현장설치 전경

4) 회전원통 내 역회전 타격 교반기를 이용한 콘크리트용 순환골재 모르타르 분리기술

콘크리트용 순환골재 생산 공정에 적용된 기술로 회전원통과 타격 교반기를 이용하여 모르타르가 포함된 골재에 타격을 가하여 골재와 모르타르를 분리하고, 분리된 골재를 마쇄하여 입형을 개선하는 콘크리트용 순환골재 생산기술이다.

회전원통과 역회전하는 타격 교반기로 투입된 골재에 타격 및 충돌을 가함으로써 모르타르를 골재로부터 분리·배출하는 콘크리트용 순환골재 생산기술로, 투입된 골재는 회전원통과 타격 교반기의 회전에 의해 기계요소 및 골재 상호간 충돌과 마찰에 의해 골재의 크랙 부분, 단체 경계면, 골재와 모르타르 경계면이 분리되는 파쇄와 골재 표면에 부착된 모르타르의 분리 및 날이 선 파단면의 마쇄가 이루어진다. 타격 교반기와 회전원통의 역회전은 골재 상호 간의 충돌과 마찰을 증가시켜 모르타르와 골재분리를 촉진시키며, 다중 딜레이보드(Delay board)는 원통을 길이방향으로 분할·구획하고, 원통과의 스페이스는 골재 이동을 제어한다. 투입골재는 각 딜레이보드를 단계별로 통과하면서 분리가 이루어지고, 제한된 크기의 스페이스에서 이송지체가 발생하여 잔골재보다 굵은골재의 통과를 더 억제하는 원리에 의하여 모르타르 부착비율이 높은 굵은골재에 더 많은 충돌과 마찰을 가하여 모르타르 분리효율을 향상시킨다. [그림 1.54]는 이 기술의 메커니즘을 나타내며, [그림 1.55]는 현장에 설치된 전경을 나타낸다.

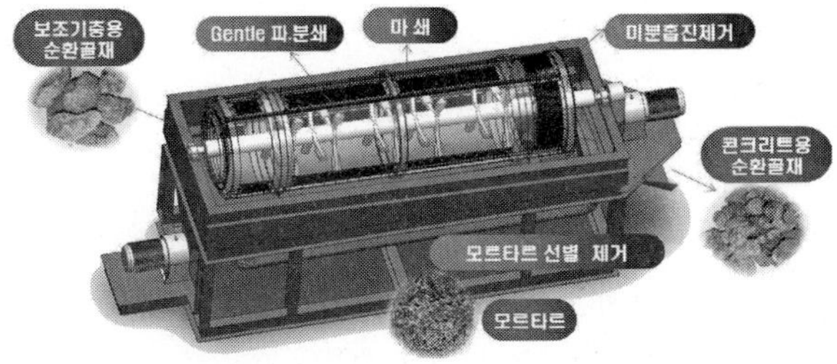

[그림 1.54] 기술의 핵심메커니즘

[그림 1.55] 현장설치 전경

1.4.2 분리 · 선별 및 분급

1) 사이클론과 플럭스탱크를 조합한 샌드플럭스(Sand flux)로 모래(잔골재)의 이물질을 제거하는 기술

사이클론과 플럭스탱크를 조합한 샌드플럭스(Sand flux) 장치의 비중 및 부력 차이를 이용하고, 플럭스탱크 하부의 모래(잔골재)는 핀치밸브에 의해 자동배출시켜 건설폐기물 또는 준설토사에 함유되어 있는 이물질을 제거하는 기술이다.

기존 건설폐기물 중간처리시설에 사이클론(Cyclone)과 플럭스탱크(Flux tank)로 구성된 샌드플럭스(Sand flux) 장치를 추가 설치함으로써 이의 비중 및 부력 차이에 의해 건설폐기물 또는 준설토사에 함유된 각종 이물질을 효율적으로 분리 · 제거하여 고품질 모래를 안정적으로 제조 · 생산하는 기술이다. 플럭스탱크 하부에 센서에 의한 자동개폐장치인 핀치밸브를 설치하여 생산된 고품질 모래를 자동으로 일정량 배출시킴으로써 탱크 내부에 일정한 설계압력이 작용하도록 하였으며, 이를 통해 고품질 모래의

(a) 사이클론 (b) 플럭스탱크 (c) 핀치밸브

[그림 1.56] 주요 구성장치

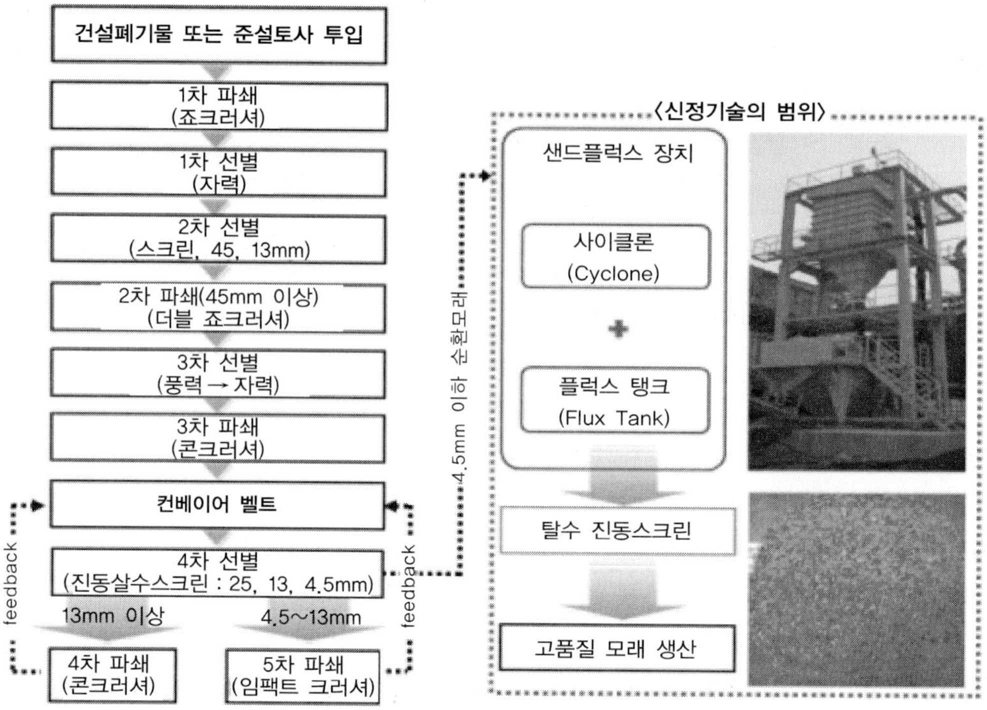

[그림 1.57] 고품질 순환 잔골재 생산프로세스

연속생산이 가능하다. [그림 1.56]은 이 기술의 주요 구성장치를 나타내며, [그림 1.57]은 이 기술에 의한 고품질 순환모래 생산프로세스를 나타낸다.

2) 단위용적질량 측정 장치와 분급 및 재파쇄 시스템을 이용한 순환골재 생산기술

단위용적질량 측정 장치, 하단크러셔와 벨트컨베이어로 이루어진 분급 및 재파쇄 시스템을 이용하여 순환골재를 품질별로 분급하고 로트별로 생산하여 품질을 향상시키는 순환골재 생산기술이다.

단위용적질량 측정 장치, 벨트컨베이어와 하단 크러셔로 이루어지는 분급 및 재파쇄 시스템을 이용하여 규정된 품질 이상의 순환골재는 그대로 분급하여 생산하고 규정된 품질 이하의 것은 반복 파쇄한 후 분급하여 생산하는 로트별 생산기술에 의해 규정치 이상의 품질을 갖는 순환골재를 생산할 수 있고, 이것을 품질별로 분급할 수 있어 이의 품질 향상이 가능하다. [그림 1.58]은 이 기술이 현장에 설치된 전경이다.

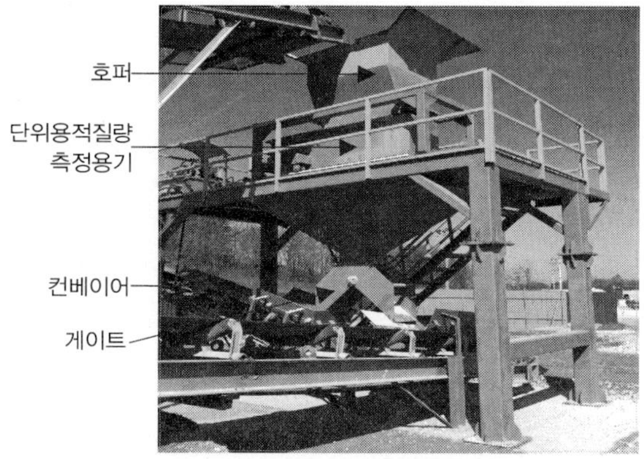

[그림 1.58] 현장설치 전경

3) 소각로 폐열을 이용한 스팀분사방식의 버블와류형 장치가 장착된 스파이럴 분급기에 의한 콘크리트용 순환 잔골재의 이물질 제거기술

건설폐기물을 이용하여 순환골재를 생산하는 공정 중 5㎜ 이하로 파쇄·선별된 잔골재를 버블와류형 장치가 장착된 스파이럴 분급기에 통과시키면서 소각로에서 발생하는 폐열의 스팀을 분사시켜 콘크리트용 순환 잔골재에 포함되어 있는 이물질을 제거하는 기술이다.

[그림 1.59] 기술의 핵심메커니즘

건설폐기물을 4차 또는 5차 파쇄하여 선별된 5㎜ 이하의 순환 잔골재를 세척수와 함께 버블와류형 장치에 통과시키면서 발생한 소각로의 폐열보일러 고압스팀을 분사시켜 와류 및 난류 발생 등의 유체역학적인 메커니즘을 이용하여 순환 잔골재에 포함되어 있는 이물질을 1차적으로 제거하는 기술이다. 이물질이 1차 제거된 순환 잔골재를 스파이럴분급기를 통과시키면서 소각로의 폐열보일러에서 발생하는 고압의 스팀을 분사하여, 골재의 교반작용 향상 및 물리적 상승에너지에 의해 골재에 포함되어 있는 이물질을 효율적으로 분리·부유시켜 제거한다.

소각로에서 발생하는 130℃ 내외의 스팀을 분사시킴으로써 겨울철 습식 분급장치의 처리수 동결방지를 통한 가동시간 증대 및 생산효율성을 향상시키는 기술이다. 순환 잔골재의 이물질 제거 시 소각로에서 발생하는 잉여 에너지인 고압의 스팀을 적용함으로써 초기설치비용, 운전비용 및 유지관리비용이 경제적이다. [그림 1.59]는 이 기술의 핵심메커니즘을 나타낸다.

1.4.3 기타 기술

1) 건설폐기물 소각 폐열과 이중관 회전형 건조장치를 이용한 순환 잔골재 생산기술

순환 잔골재를 가연성 건설폐기물의 소각 폐열을 이용하는 간접가열방식의 이중관 회전형 건조장치에 통과시키고 해머크러셔로 파·분쇄하여 순환 잔골재 및 미분말을 생산하는 기술이다.

건설폐기물을 중간처리한 순환 잔골재를 건설폐기물 소각 폐열을 이용하는 간접가열 이중관 회전형 건조장치에서 건조 후, 해머크러셔를 이용하여 순환 잔골재 및 미분말을 생산하는 기술로써 순환골재 표면에 부착되어 있는 HCP(Hydrated cement paste : 경화 시멘트페이스트)에 존재하는 결합수(C-S-H상, $Ca(OH)_2$) 및 공극수(H_2O)를 증발시키고 증발 시 발생되는 압력에 의해 골재와의 부착력 약화, 약화된 HCP를 마쇄와 분쇄 공정을 거쳐 함수율 0.5% 이하, 절건밀도 2,200kg/m^3 이상의 고품질 건조 순환 잔골재를 생산한다. 건설폐기물을 중간처리하여 제조한 고함수상태의 순환 잔골재를 가연성 건설폐기물 소각열을 이용한 간접가열방식의 이중관 회전형 건조장치에서 건조시킨 후, 해머크러셔를 이용하여 일정한 입도로 조정하여 콘크리트 구조용 순환 잔골재의 품질기준에 적합하도록 생산 가능하다. 고품질 건조 순환 잔골재뿐만 아니라 부산물인 폐콘크리트 미분말은 함수율 0%에 가까운 상태의 건조된 제품으로서 시멘트 원료 및 기타 용도로 활용이 가능하다. [그림 1.60]은 이 기술의 메커니즘을 나타내며, [그림 1.61]은 이 기술의 시스템 전경을 나타낸다.

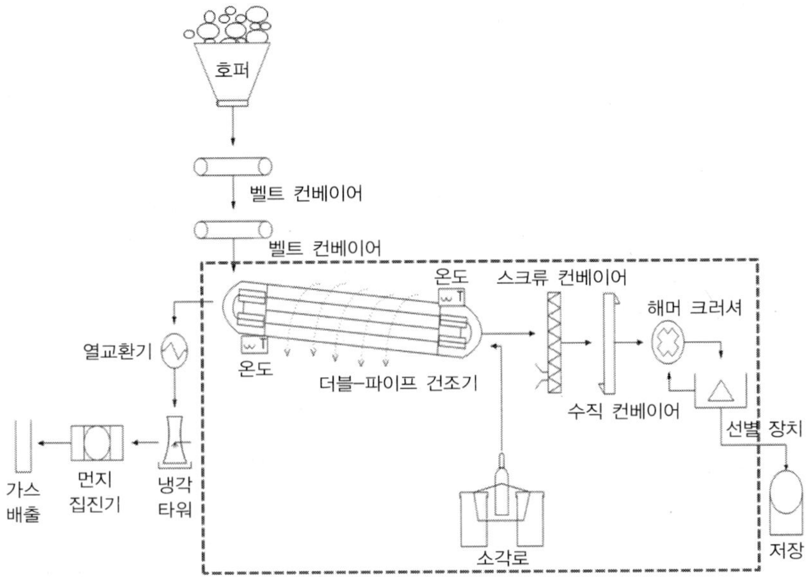

[그림 1.60] 기술의 핵심메커니즘

[그림 1.61] 시스템 설치 전경

1.5 국외의 특수한 제조 기술

국외 순환골재 고품질화기술은 국내와는 달리 파쇄·분쇄, 분리·선별 및 분급으로 다양화되어 있지 않고 파쇄·분쇄에 관한 기술이 대부분이며, 주로 일본에서 개발된 콘크리트용 굵은골재·잔골재 제조 기술로서 다음과 같다.

1.5.1 가열마쇄 시스템

가열마쇄 시스템은 콘크리트 덩어리를 300℃ 정도에서 가열하여 시멘트페이스트를 취약화시킨 후 골재를 파쇄되지 않는 세기의 마쇄작용으로 부착되어 있는 모르타르 등을 선별적으로 제거하는 기술이다.

이 기술은 폐콘크리트를 300℃에서 가열함으로써 골재의 계면에 미세한 균열을 일으켜 작은 충격에 의해서도 골재의 표면에 견고히 부착되어 있는 시멘트페이스트를 용이하게 제거할 수 있으므로, 부순 골재를 사용한 폐콘크리트 및 고강도 콘크리트로부터 고품질의 순환골재를 효과적으로 추출해낼 수 있는 기술이다. 고품질의 순환 굵은골재와 순환 잔골재 생산이 가능하며, 시간당 약 6톤의 제조가 가능하다. [그림 1.62]는 가열마쇄 시스템이 현장에 설치된 전경이다.

[그림 1.62] 가열마쇄 시스템

[그림 1.63] 편심로터 시스템

1.5.2 편심로터 시스템

편심로터 시스템(Eccentric rotor)은 내관과 외관으로 구성되어 내·외관 사이에 채운 콘크리트덩어리에 고속으로 압축 및 진동에 의한 마쇄작용으로 굵은골재로부터 모르타르를 효율적으로 제거하는 기술이다.

40㎜ 이하 콘크리트덩어리를 상부 투입구에 투입하여 마쇄를 실시하고 5㎜ 이상의 콘크리트용 순환 굵은골재를 생산하는 기술로 시간당 30톤의 생산이 가능하다. 해당 기술은 콘크리트덩어리에 목재나 플라스틱 등의 불순물이 다량으로 혼입되어 있는 경우 마쇄처리를 실시하는 순환골재에서 많은 불순물이 잔류하는 문제점이 있다. [그림 1.63]은 편심로터 시스템이 현장에 설치된 전경이다.

1.5.3 스크류 시스템

투입구에 투입된 콘크리트덩어리는 중앙콘까지 약 50%의 충전율로 이동하며, 플레이트(Plate)와 캐싱(Caching) 사이에는 충전율 100%까지 압밀되고 콘크리트덩어리 사이에서 마쇄되면서 부착모르타르 등을 제거하는 기술이다.

특히 배출콘을 가압제어하고 플레이트와 역회전하는 것으로 콘크리트덩어리의 마쇄작용 효율을 높이며, 스크류축의 회전수를 100~130rpm으로 제어하고 콘크리트용 순환골재의 품질수준까지 마쇄처리를 반복하는 기술로 시간당 15톤의 생산이 가능하다. [그림 1.64]는 스크류 시스템(Screw system)의 기술 개념도를 나타내며, [그림 1.65]는 스크류 시스템의 파쇄실 내부를 나타낸다.

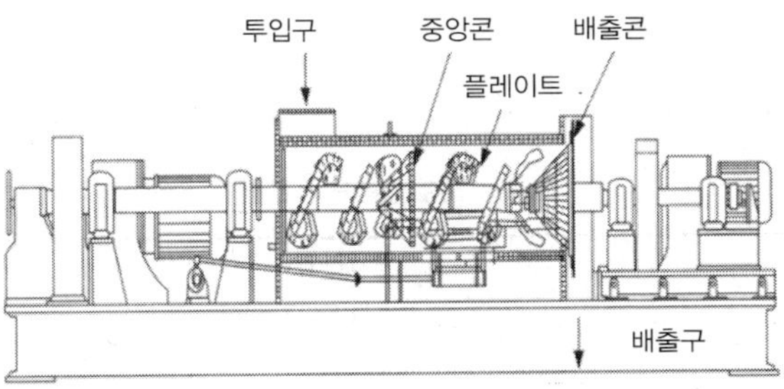

[그림 1.64] 스크류 시스템 개념도

[그림 1.65] 스크류 시스템 내부구조

1.5.4 선회마쇄판 시스템

드럼본체를 칸막이 판으로 나누고 쇠구슬 등으로 넣은 후 칸막이 판을 회전시킴으로써 폐콘크리트 덩어리를 마쇄하는 기술이다.

40mm 이하의 폐콘크리트 덩어리를 상부에 투입하여 순환골재는 구멍이 열리는 칸막이 판을 통과하면서 부착모르타르 등이 제거되는 기술로 체류시간이 길면 부착모르타르 등이 더욱 많이 제거되고 회전수 35rpm으로 마쇄하면 콘크리트용 순환골재를 시간당 약 20톤 생산이 가능하다. [그림 1.66]은 이 기술의 개념도를 나타내며, [그림 1.67]은 선회마쇄판 시스템의 파쇄실 내부를 나타낸다.

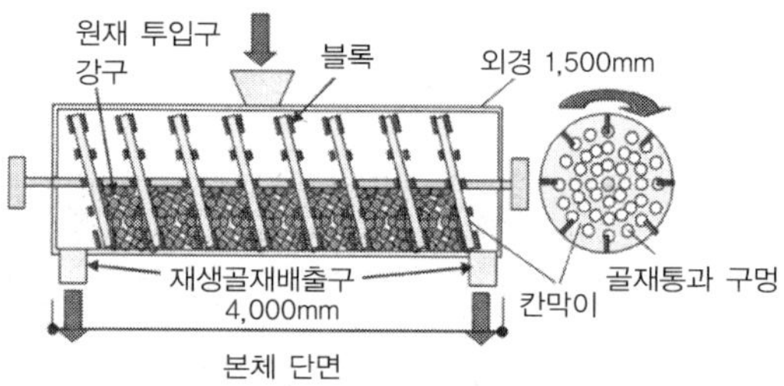

[그림 1.66] 선회마쇄판 시스템 개념도

[그림 1.67] 선회마쇄판 시스템

1.6 결론

건설폐기물 중에서 가장 많은 양이 발생되는 폐콘크리트류를 파쇄·가공하여 새로운 건설용 골재인 순환골재로 재활용하는 것은 환경적·경제적으로 매우 가치가 높은 것이다. 그러나 재활용 제품은 품질이 떨어진다는 부정적 인식과 저품질 순환골재의 유통 등으로 인하여 순환골재의 재활용 촉진에 저해되고 있다. 따라서 여기에서는 건설폐기물의 폐콘크리트류를 파쇄·가공하여 순환골재를 생산하기 위한 장치시스템에 대하여 기술하였다.

본 장에서는 우선 순환골재의 원재료라고 할 수 있는 건설폐기물의 발생 및 처리현황과 순환골재 판매현황 등을 파악함으로써 건설폐기물 및 순환골재 재활용의 필요성 등에 대하여 이해를 도모할 수 있도록 하였다. 또한, 순환골재가 생산되기까지의 처리 과정과 순환골재를 생산하기 위하여 기본적으로 갖추어야 하는 생산공정을 기술하였으며, 기본 공정에 사용되는 설비의 특징과 사례 등을 소개하였다. 아울러 순환골재를 생산하기 위해 국내에서 개발된 신기술과 외국에서 개발된 순환골재 생산 시스템 중에서 실무적용성이 높다고 알려져 있는 몇 가지 생산 시스템을 소개하였다.

이상과 같이 순환골재 생산 시스템은 순환골재의 효율적인 재활용을 위하여 중요한 것이며 향후에도 보다 고도화된 순환골재 생산 시스템 및 요소기술이 개발되어야 할 것이다.

제2장 순환골재의 특성

2.1 서론

우리나라는 1970년대부터 급격한 경제성장을 이루면서 국민 삶의 질 향상을 위한 각종 시설의 건설이 활발히 추진되었다. 그러나 이 시기에 건설된 구조물들이 노후화되면서 보다 현대적인 구조물로 바꾸는 작업이 현재 활발히 진행되고 있으며, 이로 인해 건설폐기물 발생량은 지속적으로 증가하고 있다. 건설폐기물 발생량은 다른 산업에서 발생하는 양보다 월등히 많으며, 전체 폐기물 중 50% 수준에 이르고 있다. 또한, 건설폐기물 중 60~65%는 폐콘크리트이기 때문에 폐콘크리트에 대한 대책이 매우 중요하다. 한편, 천연자원의 고갈과 환경부하 저감이라는 문제와 연계하여 순환골재를 천연자원으로 대체하기 위한 노력도 지속적으로 추진되고 있다.

그러나 순환골재는 원골재에 잔존하는 부착모르타르에 의해 흡수율이 높아지고 골재의 강도가 저하하여 콘크리트의 성능을 저하시키게 된다. 이러한 문제로 순환골재는 천연골재에 비해 품질이 떨어져 구조용 골재로 많이 사용되지 못하고 있다. 이를 해결하기 위해 한국표준협회를 중심으로 품질기준을 점차 강화하고 있다. 이와 같은 추세에 발맞추고자 순환골재를 천연골재와 유사한 수준으로 고품질화하려는 다양한 연구가 이루어지고 있으며, 고품질화하는 공정에서 부산되는 미분말 등도 활용하여 모든 자원을 순환하고자 하는 노력이 이루어지고 있다.

순환골재의 특성을 파악하기 위해서는 순환골재에 대한 다양한 시험이 필요하다. 따라서 먼저 본 장에서는 순환골재의 시험 방법에 대하여 상술하였다. 순환골재의 물리적 특성을 파악하기 위한 골재의 밀도 및 흡수율 시험, 마모 시험, 입자모양판정 실적률 시험, 안정성 시험, 파쇄 시험 및 드발(Deval) 시험 방법에 대하여 살펴보도록 한다. 순환골재의 유해물질 함유량을 파악하기 위하여 점토함유량 시험, 순환골재의 이물질(Deval) 시험 및 골재의 체가름 시험 등에 대하여 살펴보도록 한다. 또한, 순환골재의 형상 및 입도, 부착모르타르와 시멘트페이스트, 흡수율과 밀도, 강도 및 마모저항성, 불순물과 미립분 등의 관점에서 순환골재의 재료적 특성을 고찰하였다.

순환골재를 천연자원에 대한 대체재로서 원활하게 활용하기 위해서는 기존의 순환골재에 대한 인식을 변화시키는 것이 선행되어야 할 것이다. 이를 위해서는 순환골재의 품질 향상과 순환골재의 품질을 평가하기 위한 정확한 시험 방법을 통해 신뢰성을 쌓는 것이 중요하다. 또한 목표로 하는 용도의 품질기준 파악과 이를 만족시키기 위한 기술 개발 및 활용 연구가 동반되어야 할 것이다. 이를 위해 이 장에서는 순환골재에 대한 시험 방법과 품질 향상 기술을 소개하고, 순환골재와 연관된 다양한 연구 및 활용 방안에 대해 제시하고자 한다.

2.2 순환골재의 시험 방법

2003년 건설 폐기물의 재활용 촉진에 관한 법률이 제정되어 이를 적극 활용하기 위한 방안으로 2005년에는 순환골재의 품질기준이 마련되었다. 그러나 이러한 기준에 대하여 실무에서 충분히 숙지되지 않을 경우 골재의 생산자, 콘크리트 제조자, 공사발주 감독자 등 각각의 입장에 의한 견해 차이로 인하여 서로가 정리되지 못하고 혼동되는 경우가 발생할 수 있으며, 규정이 이미 개정되었음에도 불구하고 이를 파악하지 못하는 등 문제가 발생할 수 있다.

따라서 이 절에서는 순환골재의 품질관리와 관련하여 KS 표준에 규정되어 있는 골재의 품질 규정의 시험 방법에 대하여 상세히 서술하여 건설폐기물 관련 업체 및 건설공사 관련기관 종사자들을 대상으로 순환골재의 품질관리에 대한 이해의 폭을 넓히고자 한다.

2.2.1 혼합건설폐기물 판정

혼합건설폐기물 판정방법은 판정하고자 하는 대상 폐기물을 [건설폐기물의 재활용 촉진에 관한 법률 시행령] 별표 1 제17호의 규정에 따라 폐기물을 종류별로 분리·선별한 후 이에 대한 질량을 측정한다.[2.1] 혼합폐기물 판정의 측정법 적용 단계는 [그림 2.1]에 나타낸 것과 같다.

대상 폐기물 최소 0.15㎥ 사용 측정법 (간편법 2단계) → 대상 폐기물 최소 3㎥ 사용 측정법 (간편법 2단계) → 대상 폐기물 최소 25㎥ 사용 측정법 (현장 분리·선별 시설 활용)–물질수지 측정법)

[그림 2.1] 혼합건설폐기물 판정을 위한 측정법 적용 단계

1) 물질수지에 의한 측정 방법(정밀법)

가) 판정 시설의 기준

혼합건설폐기물 판정을 위한 주요 설비는 반입된 폐기물을 일정 크기 이하로 파·분쇄할 수 있는 시설과 이물질 분리를 위한 분리·선별시설로 [표 2.1]과 같이 구분한다.

[표 2.1] 판정 시설 기준

구분	파·분쇄시설[a]	분리·선별 시설[b]		
		스크린	송풍	자력
차수	3차	1차	1차	1차

a. 파·분쇄 시설은 폐기물을 일정한 크기로 파·분쇄하기 위한 시설로 건설폐기물 중간처리장의 일반 시설인 죠크러셔, 더블죠크러셔, 콘크러셔를 기본으로 한다.
b. 분리 선별 시설은 종류별 분류가 가능하도록 스크린, 송풍, 자력을 기본으로 시험을 수행해야 하며, 인력에 의한 선별이 가능한 것은 인력 선별 후 각 해당하는 종류별로 분류하도록 한다.

나) 측정 대상

측정 대상 폐기물의 양은 25㎥ 이상으로 하며, 측정을 위한 주요 측정 장비는 [표 2.2]에 나타낸 것과 같다.

[표 2.2] 측정 주요 장비

구분	범위	성능
저울	선별된 이물질의 질량을 측정할 수 있는 저울	정밀도는 시료질량의 1% 이상
계량 설비	건설폐기물의 총질량을 측정할 수 있는 계량 설비	계량에 관한 법률 제 20조(검정에) 따라 검정기관에 의해 검정을 필한 계량 설비
시료 채취 용기	최소 25㎥ 용량의 철재 박스를 사용 (Arm-Roll Box)	
질량측정용 용기	물이 흡수되거나 시료가 이탈되지 않는 금속재 용기	

다) 폐기물의 판정

폐기물 시료의 질량에 영향을 미칠 수 있는 요인(수준 등)이 작용하지 않도록 해야 하며, 별도의 건조 등을 실시하지 않는다. 다음의 시료에 대한 판정 절차는 [그림 2.2]와 같다.

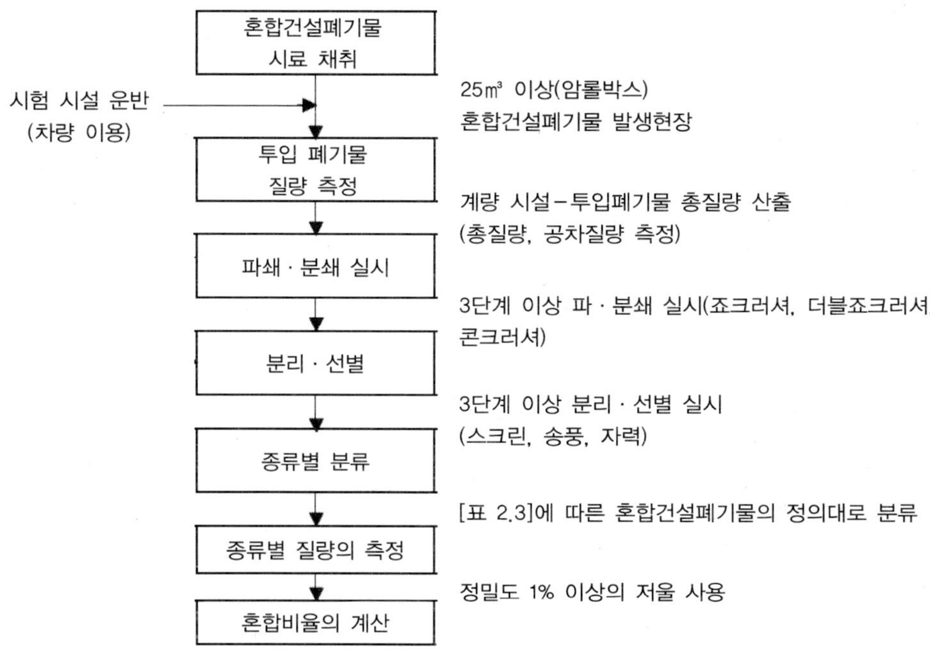

[그림 2.2] 혼합건설폐기물 판정 절차

라) 계산

물질수지 방법에 의한 선별 전 · 후의 폐기물 질량 값은 동일해야 한다. 그러나 파 · 분쇄 및 분리 · 선별 과정에서 기계장치 및 이송장치 표면 등에 무기물질이 부분적으로 부착되어 시료의 손실(오차)이 발생할 수 있다. 이러한 경우 투입 전 폐기물의 총질량에 비하여 분리·선별 후 합산한 결과 발생하는 질량의 차는 불연성 건설폐기물로 간주하여 합산하도록 한다. 다만, 투입 전 폐기물의 총질량에 비하여 분리·선별 후 합산한 결과 발생하는 질량의 차가 5% 이상 나지 않도록 하여야 한다. 계산식은 [식 3.1]과 같다.

$$\text{이물질 혼합률}(\%) = \frac{\text{이물질(가연성+폐보드류·패널)의 총질량(kg)}}{\text{투입 전 건설폐기물의 총질량(kg)}} \times 100 \qquad [\text{식 2.1}]$$

[표 2.3] 건설폐기물의 종류별 분류 체계(건폐법 시행령 별표)

구분	불연성 건설폐기물	가연성 건설폐기물	그 밖의 건설폐기물
종류	폐콘크리트, 폐아스팔트콘크리트, 폐벽돌, 폐블록, 폐기와, 건설오니, 폐금속류, 폐유리, 폐타일 및 폐도자기	폐목재, 폐합성수지, 폐섬유, 폐벽지	폐보드류, 폐패널

2) 간편법 1(용적 0.15㎥ 이상 측정법-0.03㎥ 표준용기 사용)

가) 적용범위

현장에서 발생된 건설폐기물 중 혼합건설폐기물의 판정에 사용할 수 있는 이물질의 혼합률을 현장에서 간편하게 측정하기 위한 방법이다.

나) 측정용 설비

① 저울 : 혼합건설폐기물을 측정하기 위한 저울은 측정 질량에 대하여 정밀도 1% 이상 감도를 가진 것으로 한다.

② 시료 채취용 용기 : 혼합건설폐기물을 측정하기 위한 폐기물 측정 용기는 용적 0.03㎥의 것으로 투입과 배출이 원활하게 이루어지는 것이어야 한다.

③ 표준체 : 이물질을 분리·선별하기 위한 체로서 체의 망 크기는 5㎜이다.

다) 판정용 시료

① 시료는 판정하고자 하는 건설폐기물에서 대표적인 것으로 채취해야 한다. 측정에 필요한 폐기물의 양은 측정량(0.15㎥)보다 충분히 많게 준비한다. 시료 채취

용기가 0.03㎥이므로 총질량의 측정은 5회 이상 분할하여 실시한다. 즉 1회에 0.03㎥씩 5회 이상을 측정하여 각각의 결과를 합산한 후 이물질의 혼입량을 산출한다.

② 시료의 질량에 영향을 미칠 수 있는 요인(수분 등)이 작용하지 않도록 하여야 하며, 별도의 건조 등을 실시하지 않는다.

③ 측정에 사용되는 시료의 최대치수는 40㎜를 초과하지 않는 것으로 한다. 40㎜ 이상의 시료는 측정하지 않는다. 다만, 이물질 혼입량을 측정하기 위한 판정용 시료 중에 40㎜ 이상의 가연성 건설폐기물, 폐패널, 폐보드류가 포함되어 있을 경우에는 현장에서 40㎜ 이하로 만든 후 측정한다.

라) 판정 절차

– 간편법 1의 판정 절차는 [그림 2.3]과 같은 단계를 거쳐 진행되며, 세부 사항은 다음과 같다.

① 시료 채취 : 판정하고자 하는 대상 시료에서 "폐기물공정시험 방법" 제2장 제1항에서 규정한 '성상에 따른 시료의 채취방법'에 따라 0.15㎥ 이상의 시료를 채취하여야 한다.

② 혼합건설폐기물의 질량 측정 : 용적 0.03㎥의 측정용 용기에 충분하게 혼합건설폐기물을 채운 후 질량을 측정한다. 이때, 용기에 시료를 채울 때 빈 공간 없이 밀실하게 채워질 수 있도록 다짐봉으로 충분한 다짐을 실시한 후 측정한다.

③ 시료 용기의 시료를 5㎜체를 이용하여 이물질을 육안으로 분리 · 선별한다.

④ 측정 대상 건설폐기물을 0.03㎥씩 5회 이상 측정한 용적의 합이 0.15㎥ 이상이 될 때까지 동일한 방법으로 반복하여 측정한다.

⑤ 분리 · 선별된 이물질의 각각 질량을 측정하여 [식 2.1]에 의하여 이물질의 혼입률을 산정한다.

시료 채취	혼합건설폐기물 보관장소에서 대상 시료를 4분법에 따라 0.15m^3 이상을 채취한다.
↓	
총질량의 측정	4분법에 따라 채취한 시료의 질량을 측정한다. (1회 0.03m^3씩 총 5회 이상 반복 측정한다.)
↓	
이물질의 선별	채취한 시료를 체망 크기 5㎜체를 이용하여 이물질을 분리 · 선별한다.
↓	
선별한 이물질의 질량 측정	선별한 이물질을 종류별로 구분하여 질량을 측정한다.
↓	
판정	상기의 시험을 총 5회 이상 반복하여 측정한 후 이를 합산한 결과로 이물질이 혼입률 5% 초과 여부를 판단하고 혼합건설폐기물 여부를 판정한다.

[그림 2.3] 간편법 1 판정 절차(0.03m^3 표준용기 사용)

3) 간편법 2(용적 3m^3 이상 측정법-1m^3 톤백 사용)

가) 적용범위

현장에서 발생된 건설폐기물 중 혼합건설폐기물 판정에 사용할 수 있는 이물질의 혼합률을 현장에서 간편하게 측정하기 위한 방법이다.

나) 측정용 설비

① 저울 : 이물질을 측정하기 위한 저울은 측정 질량에 대하여 1% 이상 감도를 가진 것으로 한다.

② 계량 시설 또는 저울 : 판정용 건설폐기물의 총질량을 측정하기 위한 계근대 또는 매달림 저울은 측정 질량의 1% 이상 감도를 가진 것으로 한다.

③ 시료 채취용 용기 : 건설폐기물을 측정하기 위한 폐기물 측정 용기는 용적 1m^3 (톤백) 또는 이와 동일한 용량의 측정이 가능한 용기로 한다.

④ 표준체 : 이물질을 분리 · 선별하기 위한 체로서 체망 크기는 25㎜이다.

다) 판정용 시료

① 시료는 판정하고자 하는 건설폐기물에서 대표적인 것으로 채취하여야 한다.

측정에 필요한 폐기물의 양은 측정량($3m^3$)보다 충분히 많게 준비하여야 한다. 시료 채취 용기의 용적은 $1m^3$(톤백)이며, 이 용기의 특성상 전체 용량의 50~60% 정도 밖에 채울 수 없으므로 총질량의 측정은 5~6회 분할하여 실시한다. 즉 1회에 $0.5m^3$ 이상씩 측정한 건설폐기물의 용적 합이 $3m^3$ 이상이 될 때까지 측정한 후 각각의 결과를 합산하여 이물질의 혼입량을 산출한다. 측정에 사용되는 톤백($1m^3$)은 정확한 용적 측정이 불가능하기 때문에 측정할 때 $3m^3$에 대한 정확한 측정은 곤란하다. 다만, 1회 측정할 때 톤백 내에 50% 이상의 건설폐기물을 담아 측정하여 질량을 산출한다.

② 시료의 질량에 영향을 미칠 수 있는 요인(수분 등)이 작용하지 않도록 하여야 하며, 별도의 건조 등을 실시하지 않는다.

③ 측정에 사용되는 시료의 최대 치수는 100㎜를 초과하지 않는 것으로 한다. 100㎜ 이상의 시료는 측정하지 않는다. 다만, 이물질 혼입량을 측정하기 위한 판정용 시료 중에 100㎜ 이상의 가연성 건설폐기물, 폐패널, 폐보드류가 포함되어 있을 경우에는 현장에서 100㎜ 이하로 만든 후 측정한다.

라) 판정 절차

– 간편법 2의 판정 절차는 [그림 2.4]와 같은 단계를 거쳐 진행되며, 세부 사항은 다음과 같다.

① 시료 채취 : 판정하고자 하는 대상시료에서 "폐기물 공정 시험 방법" 제2장 제1항에서 규정한 '성상에 따른 시료의 채취 방법'에 따라 $3m^3$ 이상의 시료를 채취하여야 한다.

② 혼합건설폐기물의 질량 측정 : 용적 $1m^3$의 측정용 용기에 충분하게 혼합건설폐기물을 채운 후 질량을 측정한다. 이때 용기에 시료를 채울 때 빈 공간 없이 밀실하게 채워질 수 있도록 굴삭기의 삽으로 10회 이상 다짐을 실시하도록 한다.

③ 시료 용기의 시료를 25㎜체를 이용하여 이물질을 육안으로 분리 · 선별한다.

④ 측정 대상 건설폐기물을 $0.5m^3$ 이상씩 5회 이상 측정한 용적의 합이 $3m^3$ 이상이 될 때까지 동일한 방법으로 반복하여 측정한다.

⑤ 분리 · 선별된 이물질의 각각 질량을 측정하여 [식 2.1]에 의하여 이물질의 혼입률을 산정한다.

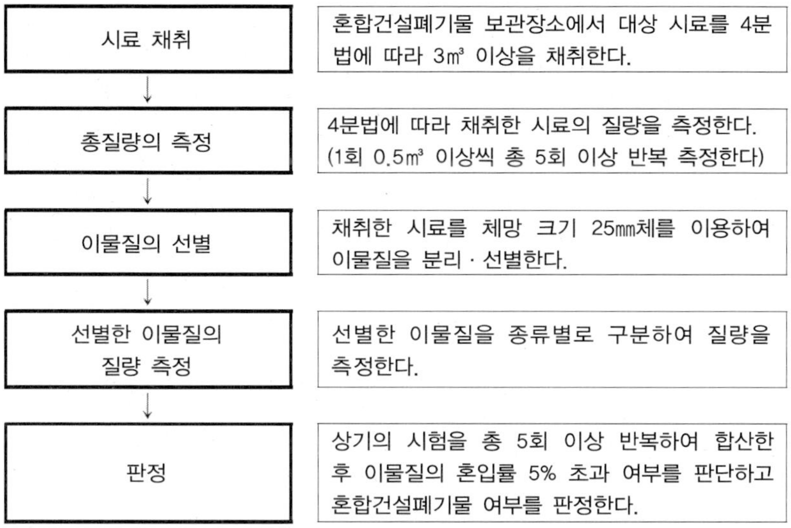

[그림 2.4] 간편법 2 판정 절차(1㎥-톤백 용기 사용)

4) 간편법 시연

혼합건설폐기물 판정을 위한 시험 방법은 현장의 조건 및 보유 장비 여부에 따라 [표 2.4]와 같이 2가지 시험 방법을 선택하여 간편하게 실시할 수 있다.

[표 2.4] 혼합건설폐기물 판정을 위한 시험 방법

구분	방법 1	방법 2
측정 방법	• 이물질 선별법 • (소량-0.03㎥ 측정 용기 사용)	• 이물질 선별법 • (대량-1㎥(톤백) 측정용기 사용
주요장비	• 질량 측정 용기(0.03㎥) • 저울(판정용 건설폐기물과 선별된 이물질의 질량을 측정할 수 있는 정밀도 1% 이상의 저울)	• 질량 측정용 용기 또는 마대(1㎥ 이상) • 저울(판정용 건설폐기물과 선별된 이물질의 질량을 측정할 수 있는 정밀도 1% 이상의 저울)
건설 폐기물 측정량	• 0.15㎥ 이상 • (1회 0.03㎥의 건설폐기물 총질량과 선별한 이물질을 측정하고 이를 5회 이상 반복 측정하여 합산한다.)	• 3㎥ 이상 • (1회 0.5㎥ 이상의 건설폐기물 총질량과 선별한 이물질을 측정하고 이를 5회 이상 반복 측정하여 합산한다.)
판정 방법	• 5회 이상 시료채취를 실시한 후 이물질을 선별하고 이때 폐기물 총질량 중 이물질의 질량을 비교하여 백분율로 산출	
이물질 선별 구분	• 폐기물 내 이물질을 선별하여 백분율로 계산	

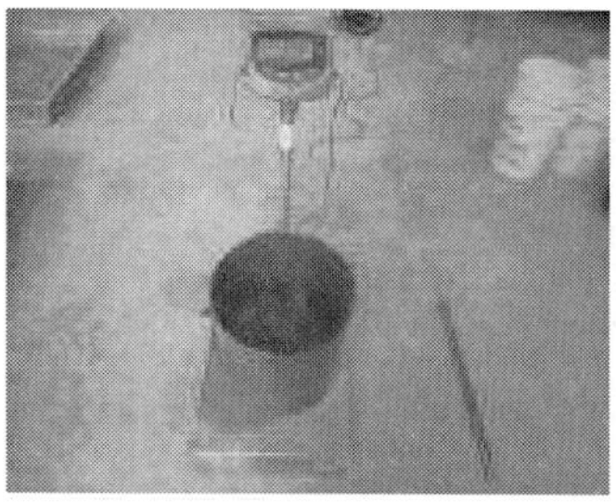

1. 용적 0.03㎥ 용기의 질량 측정 (3.58㎏)

2. 측정용 건설폐기물

3. 4분법에 의한 시료 구분

4. 측정용기에 건설폐기물 투입 (중간 다짐 실시)

5. 상부면 마무리

6. 건설폐기물 총질량 측정 (54.76㎏)

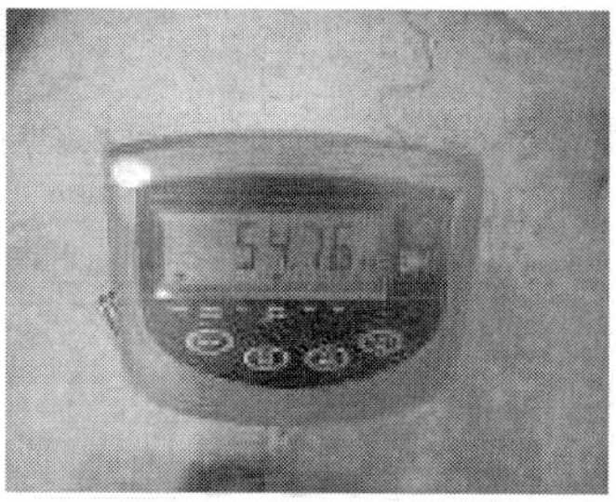

7. 건설폐기물 총질량 측정 (54.76㎏)

8. 이물질의 1차 육안 선별

9. 5㎜체를 통한 이물질 2차 선별

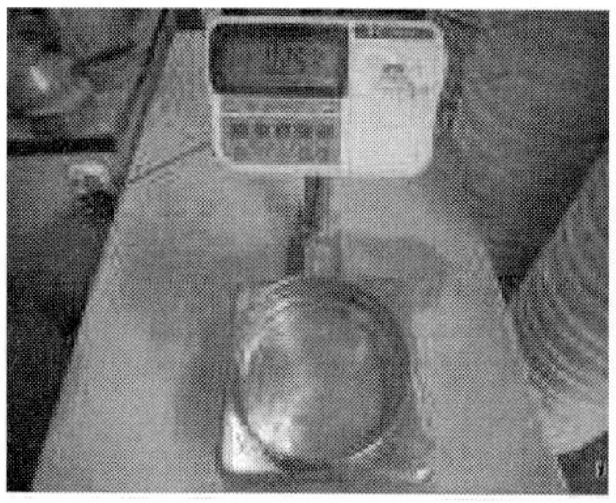

10. 이물질 측정을 위한 용기의 질량 측정

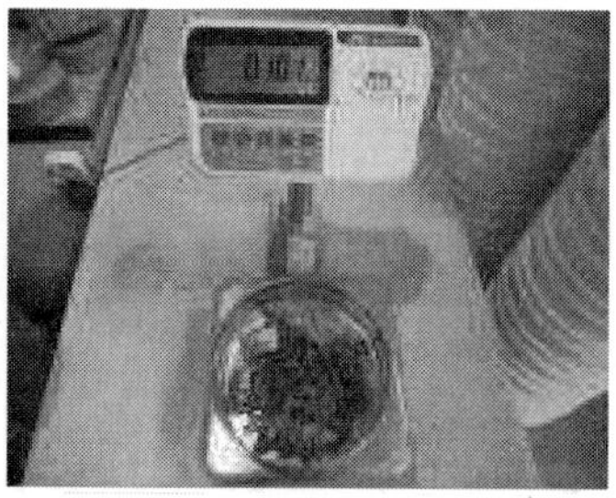

11. 이물질 질량 측정

[그림 2.5] 간편법 1 판정 절차(1회 0.03㎥, 총 0.15㎥ 이상 측정(5회 이상)하여 합산) [0.03㎥ 표준용기 사용][2.1)]

1. 공차 중량

2. 측정용 건설폐기물

3. 공차 중량+시료중량

4. 이물질 육안 선별

5. 이물질 중량 측정 1회

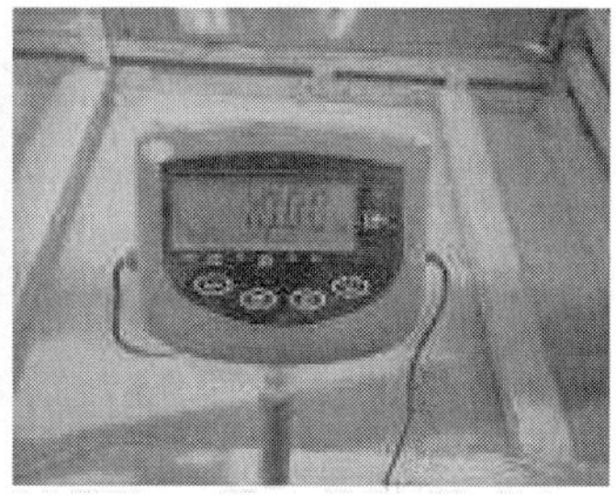

6. 이물질 중량 측정 1회

7. 이물질 중량 측정 2회

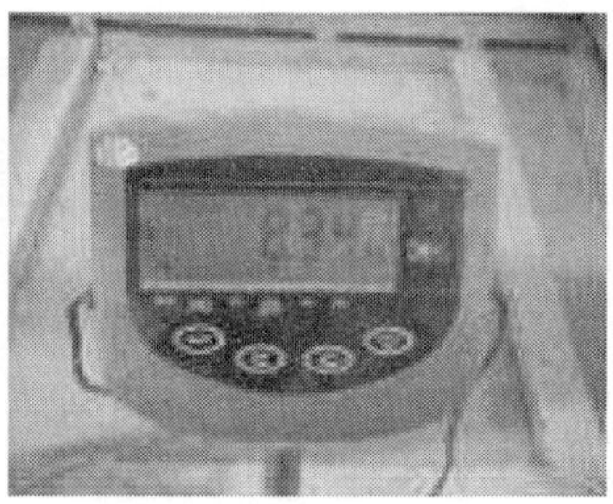

8. 이물질 중량 측정 2회

[그림 2.6] 간편법 2 측정절차(1회 0.5m^3 이상, 총 3.0m^3 이상 측정(5회 이상)하여 합산) [1m^3(톤백) 사용][2.1)]

2.2.2 순환골재의 품질 특성

KS F 2573에서는 순환골재가 충족해야 하는 물리적 성질과 유해물질 함유량 허용값을 각각 [표 2.5]와 [표 2.6]과 같이 규정하고 있으며, 순환골재의 입도를 [표 2.7]과 같이 규정하고 있다.[2.2)]

[표 2.5] 순환골재의 물리적 성질[2.2)]

구분	순환 굵은골재		순환 잔골재	
	기준값	시험 방법	기준값	시험 방법
절건밀도(g/㎤)	2.5 이상	KS F 2503	2.2 이상	KS F 2504
흡수율(%)	3.0 이하		5.0 이하	
마모율(%)	40 이하	KS F 2508	–	–
입형 판정 실적률(%)	55 이상	KS F 2527	53 이상	KS F 2527
안정성(%)	12 이하	KS F 2507	10 이하	KS F 2507

[표 2.6] 순환골재의 유해물질 함유량의 허용값[2.2)]

구분		순환 굵은골재		순환 잔골재	
		기준값	시험 방법	기준값	시험 방법
0.08㎜체 통과량 시험에서 손실된 양(%)		1.0 이하	KS F 2511	7.0 이하	KS F 2511
알칼리 골재 반응		무해할 것	KS F 2545	무해할 것	KS F 2545
점토 덩어리량(%)		0.2 이하	KS F 2512	1.0 이하	KS F 2512
이물질[a] 함유량 (%)	유기 이물질	1.0 이하(용적)	KS F 2576	1.0 이하(용적)	KS F 2576
	무기 이물질	1.0 이하(질량)		1.0 이하(질량)	

a. 이물질이란 콘크리트에 포함될 경우 품질에 유해한 영향을 주는 물질로써 유기 이물질과 무기 이물질로 구분하며, 목재, 비닐, 천조각, 플라스틱, 종이류 등의 유기 이물질과 폐아스콘, 유리, 슬레이트, 적벽돌, 자기류, 타일류 등의 무기 이물질이 해당된다.

[표 2.7] 순환골재의 입도[2.2)]

골재의 종류	체의 호칭 치수[a](㎜) / 체의 크기(㎜)	체를 통과하는 질량 백분율(%)										
		40	25	20	15	10	5	2.5	1.2	0.6	0.3	0.15
순환 굵은 골재	25	100	95~100		25~60		0~10	0~5				
	20		100	90~100		20~55	0~10	0~5				
순환 잔골재						100	90~100	80~100	50~90	25~65	10~35	2~15

a. 여기에서 체는 각각 KS A 5101-1에 규정한 시험용체 37.5㎜, 26.5㎜, 19㎜, 16㎜, 9.5㎜, 4.75㎜, 2.36㎜, 1.18㎜, 600㎛, 300㎛ 및 150㎛에 해당된다.

다음의 절에서는 KS F 2573에서 규정하고 있는 상기 순환골재의 물리적 성질, 유해물질 함유량과 입도 특성을 파악하기 위한 시험 방법을 위주로 기술한다.

2.2.3 순환골재의 물리적 특성 시험

1) 골재의 밀도 및 흡수율 시험

이 시험은 골재의 일반적 성질을 판단하기 위하여 실시하는 것으로 굵은골재의 경우 KS F 2503에 규정되어 있고, 잔골재의 경우 KS F 2504에 규정되어 있다.[2.3, 2.4) 즉 골재 입자의 공극상태 또는 콘크리트 배합설계에 있어서 골재의 절대용적을 알기 위하여 실시하며, 콘크리트 배합설계에서 배합수량을 결정하기 위하여 필요하다.

가) 잔골재

① 시료

시료는 4분법 또는 시료 분취기에서 채취한 잔골재로 약 1,000g을 시료로 한다.

② 시험 방법

ⓐ 시료를 적당한 팬이나 그릇에 넣어 건조로에서 105±5℃의 온도에서 일정 질량(항량)이 될 때까지 건조시킨 다음 물 속에 넣어서 24시간 침수시킨다. 침수가 끝난 다음 시료를 편평한 용기에 펴서 따뜻한 공기에서 서서히 건조시킨다. 시료를 자주 헤쳐서 건조가 균일하게 되도록 해야 하고, 잔골재에 물기가 거의 없게 될 때까지 이 작업을 계속해야 하며 원추형 몰드에 의해 표면건조 포화상태를 확인한다.

ⓑ 표면건조 포화상태의 잔골재 500g을 정밀히 칭량하여 플라스크에 넣고 물을 최대 90%까지 채운 후 플라스크를 편평한 면에 굴려서 모든 기포가 없어지도록 하여 20℃의 항온조에 약 1시간 넣어 둔다.

ⓒ 주입된 물의 총중량을 0.1g 정도까지 측정한다. 만약 필요하다면 플라스크를 채우는데 필요한 물의 양을 뷰렛을 사용하여 용량 0.1mℓ의 정밀도로 측정한다.

ⓓ 잔골재를 플라스크에서 꺼낸 다음 항량이 될 때까지 105±5℃에서 건조시키고 데시케이터에 넣어서 실내 온도까지 식힌 후 그 질량을 0.1g까지 측정한다.

③ 결과 계산

ⓐ 밀도

i) 표면건조 포화상태의 밀도

표면건조 포화상태의 밀도 $d_s = \dfrac{m}{(B+m-C)} \times \rho_w$

여기서, d_s : 표면건조포화 상태의 밀도(g/cm³)

m : 표면건조포화 상태 시료의 질량(g)

C : 시료와 물로 검정된 용량을 나타낸 눈금까지 채운 플라스크의 질량(g)

B : 검정된 용량을 나타낸 눈금까지 물을 채운 플라스크의 질량(g)

ρ_w : 시험 온도에서 물의 밀도(g)

ii) 절대건조 상태의 밀도

절대건조 상태의 밀도 $d_s = \dfrac{A}{(B+m-C)} \times \rho_w$

여기서, d_d : 표면건조 포화상태의 밀도(g/cm³)

A : 절대건조 상태 시료의 질량(g)

ⓑ 흡수율

$$흡수율(\%) = \frac{(m-A)}{A} \times 100$$

나) 굵은골재

① 시료

굵은골재를 충분히 혼합한 다음, 시료 분취기 또는 4분법으로 대략 소요되는 양을 채취한다. 5㎜체를 통과하는 시료는 모두 버려야 한다. 일반의 경우 굵은골재 여러 개의 무더기로 나누어서 시험하는 것이 좋지만 시료가 40㎜체에 15% 이하로 잔류할 경우에는 하나로 시험한다. 시료를 여러 개의 무더기로 나누어서 시험할 때, 시험시료의 최소무게는 다음 [표 2.8]과 같으며, 각 무더기의 최대치수에 따라 시료의 양을 결정한다.

[표 2.8] 시험시료의 최소무게

최대골재의 호칭치수(㎜)	최소시료의 무게(kg)
13 또는 그 이하	2
19	3
5	4
40	5
50	8
65	12
75	18
90	25
100	40
112	50
125	75
150	125

② 시험 방법

ⓐ 굵은골재를 깨끗하게 씻어서 표면의 먼지, 기타 부착물을 제거한 후 항량이 될 때까지 105±5℃의 온도로 건조시키고, 1~3시간 동안 실내 온도로 냉각시킨 다음, 24±4시간 동안 실내온도의 물을 침수시킨다. 물속에서 시료를 꺼내어 눈에 보이는 수막이 없어질 때까지 흡수성이 큰 천에 굴린다. 큰 낱알은 일일이 닦는다. 표면건조 포화상태 동안 골재의 구멍에서 물이 증발되는 것을 막도록 해야 하며, 표면건조 포화상태의 무게를 달고, 이 무게와 다음의 무게를 0.5g 또는 시료 무게의 0.0001배 중 큰 쪽의 정밀도로 기록한다.

ⓑ 무게를 잰 후 표면건조 포화상태의 시료를 철망태에 넣어 밀도 0.997±0.002의 수중에서 무게를 단다. 침수 중 무게를 달기 전에는 용기를 흔들어 갇힌 공기를 조심스럽게 제거한다. 시료를 105±5℃의 온도로 항량이 될 때까지 건조시킨 다음, 1~3시간 동안 데시케이터 속에서 실온이 될 때까지 냉각시켜 무게를 단다.

③ 결과 계산

ⓐ 밀도

i) 표면건조 포화상태의 밀도

표면건조 포화상태의 밀도 $D_s = \dfrac{B}{B-C} \times \rho_w$

여기서, B : 표면건조 포화상태 시료 질량(g)

C : 시료의 수중 질량(g)

ii) 절건상태의 밀도

절건상태의 밀도 $D_d = \dfrac{A}{B-C} \times \rho_w$

여기서, A : 절대건조 상태 시료의 질량(g)

ⓑ 흡수율

흡수율 (무게 백분율)$= \dfrac{B-A}{A} \times 100$

2) 굵은골재 마모 시험

가) 시험목적 및 대상

이 시험은 로스앤젤레스 시험기에 의하여 골재 등의 마모에 대한 저항 정도를 알기 위한 시험으로 KS F 2508에서 규정하고 있다.[2.5] 도로용 콘크리트 및 댐용 콘크리트와 같이 마모저항이 큰 것을 필요로 하는 경우에는 강경한 골재가 유리하므로 골재의 마모시험을 실시함으로써 콘크리트의 마모저항에 대한 우열을 정할 수 있다.

나) 시험용 기구

[그림 2.7]은 KS F 2508에서 규정하고 있는 로스앤젤레스 시험기의 모식도이다. 이 시험기는 안지름 710±5㎜, 안쪽길이 510±5㎜의 양끝이 닫힌 강제 원통의 축을 수평 회전축에 부착한 것으로 원통의 옆면에는 재료 투입구를 설치하고 틈새가 생기지 않도록 긴밀하게 연결할 수 있는 강제뚜껑을 부착하고, 그 내면과 원통내면이 같은 곡면이 되도록 부착된 것으로 한다. 또한, 철구는 강제이고 그 수 및 전체 무게는 [표 2.10]에 나타나는 입도의 구분에 따라 [표 2.9]와 같이 한다. 지름이 약 46.8㎜, 무게 390~445g의 주철 또는 강철로 된 것으로 시험에 사용되는 철구의 수 및 허용 총 중량은 규정한 시험용 시료의 입도에 따라 아래 [표 2.9]의 개수를 사용하여야 한다.

다) 시료

굵은골재 망체 2.5㎜, 5㎜, 10㎜, 15㎜, 20㎜, 25㎜, 40㎜, 50㎜, 65㎜ 및 75㎜로

체가름하며 [표 2.10]에 표시하는 입도구분 중, 시험하는 골재의 입도에 가장 가까운 것을 선택한다.

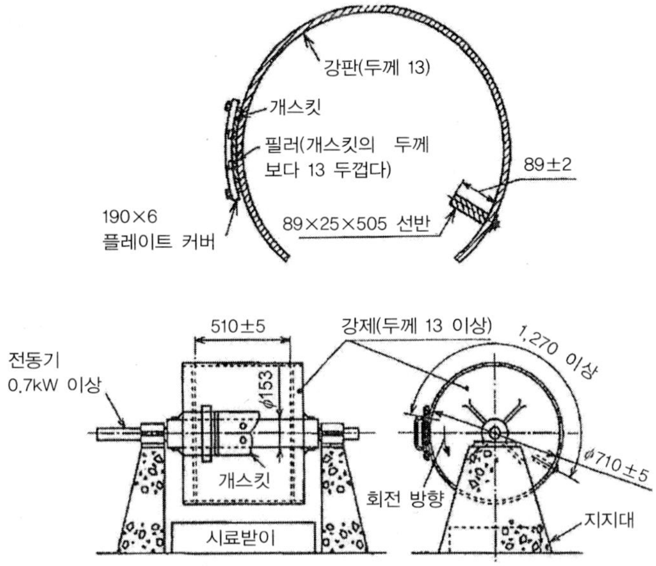

[그림 2.7] 로스앤젤레스 시험기[2.5)]

[표 2.9] 입도 구분에 따른 철구의 개수

입도구분	구의 개수	구의 전체무게(g)
A	12	5,000±25
B	11	4,580±25
C	8	3,330±20
D	6	2,500±15
E	12	5,000±25
F	12	5,000±25
G	12	5,000±25
H	10	4,160±25

다) 시험 방법

건조한 시료는 [표 2.10]에 나타나는 무게(mℓ)를 측정한다.

시료의 입도 분포에 따라 [표 2.9]에 나타내는 구의 수를 선정하고, 이석을 시료와 함께 원통에 넣고 뚜껑을 부착하여 분당 30~33회전(30~33rpm)으로, A~D 입도인 경우는 500회, E~G의 입도인 경우에는 1,000회 회전시킨다.

시료를 시험기에서 꺼내어 망체 1.7㎜로 체질한다.

체에 남은 시료를 물로 씻은 후, 105±5℃의 온도에서 일정 무게가 될 때까지 건주하여 무게(g)를 단다.

결과 계산 : 시험 결과는 다음 식에 따라 산출하여 KS A 3251-1에 따라 소수점 이하 첫째자리에서 끝맺음한다.

$$R = \frac{m_1 - m_2}{m_1} \times 100$$

여기서, R : 마모감량(%)

m_1 : 시험 전의 시료의 중량(g)

m_2 : 시험 후 망체 1.7㎜에 남은 시료의 중량(g)

[표 2.10] 시료의 무게

<table>
<tr><th>입도구분</th><th>망체의 호칭 치수로 구분한 입자 지름의 범위(㎜)</th><th>시료의 무게(g)</th><th>시료의 전체 무게(g)</th></tr>
<tr><td rowspan="4">A</td><td>40~25</td><td>1,250±10</td><td rowspan="4">5,000±10</td></tr>
<tr><td>25~20</td><td>1,250±10</td></tr>
<tr><td>20~15</td><td>1,250±25</td></tr>
<tr><td>15~10</td><td>1,250±25</td></tr>
<tr><td rowspan="2">B</td><td>25~20</td><td>2,500±10</td><td rowspan="2">5,000±10</td></tr>
<tr><td>20~15</td><td>2,500±10</td></tr>
<tr><td rowspan="2">C</td><td>15~10</td><td>2,500±10</td><td rowspan="2">5,000±10</td></tr>
<tr><td>10~5</td><td>2,500±10</td></tr>
<tr><td>D</td><td>5~2.5</td><td>5,000±10</td><td>5,000±10</td></tr>
<tr><td rowspan="3">E</td><td>80~65</td><td>2,500±50</td><td rowspan="3">10,000±100</td></tr>
<tr><td>65~50</td><td>2,500±50</td></tr>
<tr><td>50~40</td><td>5,000±25</td></tr>
<tr><td rowspan="2">F</td><td>50~40</td><td>5,000±25</td><td rowspan="2">10,000±75</td></tr>
<tr><td>40~25</td><td>5,000±50</td></tr>
<tr><td rowspan="2">G</td><td>40~25</td><td>5,000±25</td><td rowspan="2">10,000±50</td></tr>
<tr><td>25~20</td><td>5,000±25</td></tr>
<tr><td></td><td>20~0</td><td>5,000±25</td><td>5,000±10</td></tr>
</table>

3) 입자모양 판정 실적률 시험

가) 시험목적 및 대상

입자모양 판정 실적률은 골재의 모양을 평가하기 위한 방법으로 KS F 2527(콘크리트용 부순골재)의 세부 항에서 규정하고 있다.[2,6)]

일반적으로 실적률이란 일정한 부피의 용기에 골재를 채웠을 때 전체부피 중 공간은 빼고 순수골재만이 차지하는 부피의 백분율을 의미하는 것으로 이와 같은 실적률은 용기의 모양, 크기, 골재의 입자분포, 골재의 모양, 다짐도 등 여러 요인에 따라 달라진다. 골재의 입자크기와 분포를 일정하게 정하고 표준용기, 표준다짐 등 시험 방법을 통일해서 시험하게 되면, 실적률 변화는 결국 골재의 모양에 따라서만 변하게 되어 이와 같은 실적률 값은 골재의 모양을 평가하는 척도가 된다.

나) 시료

① 잔골재

시료는 물로 충분히 씻으면서 체가름하여 2.5㎜체를 통과시키고, 1.2㎜체에 남아 있는 것만을 취한 다음 절건상태로 한다.

② 굵은골재

시료는 절건상태까지 건조된 골재로서 20∼10㎜의 골재 24kg, 10∼5㎜의 골재 16kg을 체가름하여 이들을 합쳐서 잘 혼합한 것으로 한다.

나) 결과 계산

$$\text{입자모양 판정 실적률(\%)} = \frac{T}{(\rho \times 100)}$$

여기서, ρ : 밀도(g/㎤)

T : 단위용적질량(kg/㎥)

4) 골재의 안정성 시험

가) 시험목적 및 대상

이 시험은 황산나트륨 또는 황산마그네슘 포화용액으로 인한 골재의 붕괴작용에 대한 저항성을 알기 위한 시험으로 KS F 2507에서 규정하고 있다.[2,7)] 이 시험 방법에 의하여

기상작용에 대해 골재의 안정성을 판단하는 자료를 얻을 수 있으며, 특히 기상작용에 대한 적당한 실례를 조사할 수 없을 때는 중요한 참고자료가 된다.

나) 시험용 기구

시험 기구는 표준체, 철망 바구니, 온도조절장치, 저울, 건조기, 비중계 등이 필요하다.

다) 시험용액

시험용 용액은 다음과 같은 황산나트륨 포화용액을 사용한다. 25~30℃의 깨끗한 물 1ℓ당 순도 99.5%의 무수 황산나트륨(Na_2SO_4)을 약 350g 또는 순도 99.5%의 황산나트륨($Na_2SO_4 \cdot 10H_2O$)을 약 750g의 비율로 가하여 잘 휘저으면서 용해시킨 후 21±1℃의 온도로 냉각시킨다. 또한, 용액을 자주 휘저으면서 21±1℃의 온도로 48시간 이상 보존한 후 시험에 사용해야 하며, 시험에 사용할 때 용액의 밑바닥에는 결정이 생겨 있어야 한다.

라) 시료

① 잔골재를 시험하는 경우

시료는 대표적인 것으로 약 2kg을 채취한 후, 시료의 일부를 사용하여 체가름 시험을 하고 다음 [표 2.11]에 표시하는 입자지름에 따른 군으로 나누어 각 군의 백분율을 구하여 백분율이 5% 이상의 군에 대해서만 안정성 시험을 한다. 또한, 체가름 시험에 사용하는 시료를 취한 나머지 시료에 물을 끼얹어 잘 씻으면서 망체 0.3㎜에 걸리는 입자를 취하여 105±5℃의 온도에서 일정 무게가 될 때까지 건조한 후, 체가름하고 다음의 표에서 규정하는 각 군마다 100g을 달아 취하여 각 군의 시료로 하고 각각 보존한다.

[표 2.11] 체의 호칭치수로 구분한 입자지름 범위

체의 호칭치수로 구분한 각 군의 입자지름 범위(㎜)
0.6을 통과하고 0.3에 걸린다.
1.2를 통과하고 0.6에 걸린다.
2.5를 통과하고 1.2에 걸린다.
5를 통과하고 2.5에 걸린다.
10을 통과하고 5에 걸린다.

② 굵은골재를 시험하는 경우

ⓐ 시료는 대표적인 것을 채취하고 그 무게는 골재의 최대치수에 따라 원칙적으로 [표 2.12]에 표시하는 무게로 한다.

[표 2.12] 골재의 최대치수에 대한 채취시료의 무게

골재의 최대치수(㎜)	채취하는 시료의 무게(kg)
10	1
15	2.5
20	5
25	10
40	15
65	25
75	30

ⓑ 시료를 망체 5㎜로 체질하고, 체에 걸린 것에 대해서는 KS F 2502에 따라 체가름 시험을 하여 [표 2.13]에 나타난대로 입자지름에 따른 군으로 분리하여, 각 군의 백분율이 5% 이상이 된 군에 대하여 안정성 시험을 한다.

ⓒ 물을 끼얹어 잘 씻은 굵은골재 105±5℃의 온도에서 일정 무게가 될 때까지 건조한 후, 각 군마다 [표 2.13]에 규정하는 양을 달아서 각 군의 시료로 하고 각각 보존한다. 20㎜ 이상인 입자는 각 군마다 그 수를 센다.

ⓓ 암석을 시험하는 경우는 되도록 같은 모양, 같은 크기로 1개의 무게가 약 100g이 되도록 분쇄한다. 분쇄한 입자를 씻고 105±5℃의 온도에서 항량이 될 때까지 건조한 후 5,000±100g을 채취하여 시료로 한다.

[표 2.13] 입자지름 범위에 대한 시험시료의 최소무게

체의 호칭치수로 구분한 각 군의 입자지름 범위(㎜)	시료의 최소무게(g)
10을 통과하고 5에 걸린다	300
15를 통과하고 10에 걸린다	500
20을 통과하고 15에 걸린다	750
25를 통과하고 20에 걸린다	1,000
40을 통과하고 25에 걸린다	1,500
65을 통과하고 40에 걸린다	3,000
75을 통과하고 65에 걸린다	3,000

마) 시험 방법

① 시료를 금속제 망태에 담아 시험용액에 16～18시간 담가둔다. 이때 용액의 표면이 시료의 상면보다 15㎜ 이상 높게 올라오게 해야 한다. 용액의 증발 또는 이물질이 혼입되는 것을 방지하기 위하여 용액에 뚜껑을 덮어야 한다. 용액 중 시료의 온도를 21±1℃로 유지하여야 한다.

② 시료를 용액에서 꺼내 액이 떨어지지 않을 때까지 있다가 시료를 건조기에 넣고 건조기 내의 온도를 1시간에 약 40℃의 비율로 올려 105±5℃의 온도에서 4～6시간 건조시킨다.

③ 항량이 된 시료를 실내 온도까지 냉각시킨다.

④ ①~③의 조작을 정해진 횟수만큼 반복한다.

⑤ 정해진 횟수의 조작이 끝난 시료를 깨끗한 물로 씻는다. 씻는 물에 소량의 염화바륨($BaCl_2$) 용액을 가해도 흰 앙금이 생기지 않을 때까지 계속해서 씻어야 한다. 완전히 씻은 자료를 105±5℃의 건조로에서 항량이 될 때까지 건조시킨다.

⑥ 잔골재 또는 굵은골재인 경우는 건조한 각 군의 시료를 시험하기 전에 시료가 걸린 체로 체질하고 걸린 시료의 무게를 단다. 20회 이상인 입자는 그 파괴 상황(붕괴, 갈라짐, 벗겨짐, 잔금 등)을 주의 깊게 관찰한다.

⑦ 암석의 경우는 시료를 손가락으로 가볍게 눌러서 시료 몇 개가 3조각 이상으로 부서졌는지를 센다. 또 입자의 파괴 상황을 주의 깊게 관찰한다.

바) 결과 계산

① 각 군의 시료 손실 무게 백분율(P_1)은 다음 식으로 산출하고, KS A 3251-1에 따라 소수점 이하 첫째자리로 끝맺음한다.

$$P_1 = \left(1 - \frac{m_2}{m_1}\right) \times 100$$

여기서, P_1 : 골재의 손실 무게 백분율(%)

m_1 : 시험 전의 시료 무게(g)

m_2 : 시험 전에 시료가 걸린 체에 남은 시험 후의 시료 무게(g)

② 시험한 전체 골재의 손실 무게 백분율은 시험한 골재의 각 군에서 입자의 무게

백분율과 각 군에서의 손실 무게 백분율의 곱의 총합이다. 이를 산출할 때는 입자의 무게 백분율이 5% 미만인 군에서의 손실 무게의 백분율은 그 앞 뒤 군에서 시험한 손길 무게 백분율의 평균값으로 한다. 앞 뒤 군에서 시험 값의 어느 것이 빠져 있을 때는 빠져 있지 않은 쪽 군의 손실 무게 백분율로 한다. 또한 망체 0.3㎜를 통과하는 입자의 손실 무게는 0으로 가정하여 계산한다.

③ 암석의 경우는 손실무게 백분율(P_2)은 다음 식으로 산출하고, KS A 3251-1에 따라 소수점 이하 첫째자리로 끝맺음한다.

$$P_2 = \left(1 - \frac{m_4}{m_3}\right) \times 100$$

여기서, P_2 : 암석의 손실 무게 백분율(%)

m_3 : 시험 전의 시료 무게(g)

m_4 : 3조각 이상으로 부서진 입자를 제외한 것의 무게(g)

5) 굵은골재 파쇄 시험

가) 시험목적 및 대상

굵은골재 압축 하중 재하 시 굵은골재 저항성을 알아보기 위한 것이며, 굵은골재 파쇄값을 측정하는 시험은 KS F 2541(굵은골재 파쇄값 측정을 위한 시험 방법)에 규정되어 있다.[2.8)]

나) 시험용 기구

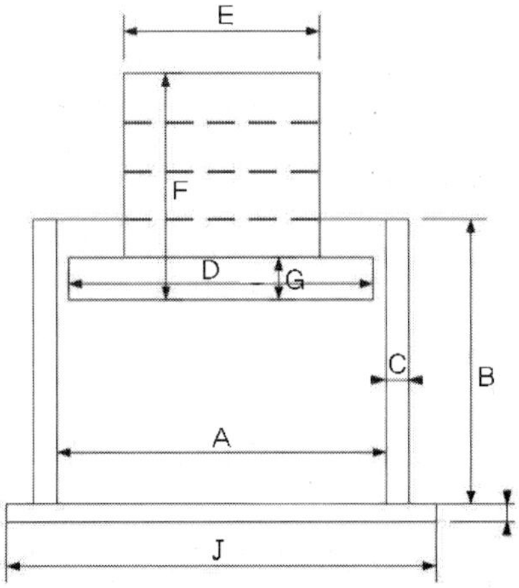

[그림 2.8] 굵은골재 파쇄시험기[2.8)]

[표 2.14] 골재 파쇄 시험 장치의 주요 치수

기호	치수	150mm 원통	75mm 원통
	〈원통〉		
A	안지름	154±0.4	77±0.4
B	높이	130~140	70~80
C	판의 두께	16 이상	8 이상
	〈플런저〉		
D	피스톤의 지름	152.4±0.4	76.2±0.4
E	축의 지름	100~150	50~75
F	높이	100~115	65~75
G	피스톤의 두께	25.4 이상	19 이상
H	구멍의 공칭지름	20	10
	〈밑판〉		
I	공칭두께	6.5	6.5
J	1변의 길이	200~230	110~115

다) 시료

표준 파쇄 시험은 KS F 2523의 13mm체를 통과하고, 10mm체에 남는 골재에 대하여 한다. 다른 크기의 재료에 대해서는 [표 2.15]에 나타내는 적정한 체로 체가름한다. 필요하거나 또는 표준 입자 지름의 것을 사용할 수 없을 때에는 25mm까지의 것으로 시험하면 좋으나, 골재의 불균일성 때문에 결과를 표준시험에 얻은 것과 비교할 수 없다. 시험할 골재는 시험 전에 완전히 체가름해 둔 것으로써 표면건조 포화상태이어야 한다. 가열에 의하여 건조시킬 때 온도는 105±5℃이어야 하며, 건조시간은 4시간을 넘어서는 안 되고 또한 시험 전에 실온으로 내려 둔다.

[표 2.15] 표준 크기가 아닌 골재에 사용하는 원통과 표준체

호칭 치수[표준체](mm)		사용 원통의 지름 (mm)	세립을 분리하기 위해서 사용하는 체의 호칭 치수 (mm)
통과 체	남은 체		
25	20	150	5
20	13	150	3.5
10	6	150 또는 75	1.7
6	5	150 또는 75	1.2
4	3.5	150 또는 75	0.85
3.5	−	150 또는 75	0.6

여기서, 체는 KS A 5101-1에서 규정하는 호칭 치수 26.5mm, 19mm, 13.2mm, 9.5mm, 5.6mm, 4.75mm, 4mm, 3.35mm, 1.7mm, 1.18mm, 0.85mm 0.6mm이다.

라) 시험 방법

① 시험 장치의 원통을 밑판 위에 놓은 다음, 시료를 3층으로 나눠서 채우고, 각 층을 다짐봉으로 25회씩 다진다. 다짐 높이는 시료면에서부터 50㎜이다. 이때 약한 재료인 경우에는 골재 알이 부서지지 않도록 주의하여야 한다.

② 골재의 표면을 주의 깊게 수평으로 한다. 다음에 그 면에 수평으로 플런저를 올려 놓는다. 이때 플런저가 원통에 끼지 않도록 주의해야 한다. 시료와 플런저를 넣은 장치를 시험기의 재하판 사이에 넣고, 10분 동안 총하중 400kN에 이를 때까지 일정한 재하속도로 한다.

③ 하중을 제거한 다음 전체 시료를 원통에서 꺼낸다.

④ 표준시험에서는 2.5㎜체로, 다른 재료에 대해서는 [표 2.15]에 나타내는 적당한 체로 체가름한 다음, 체를 통과한 세립의 질량(B)을 단다. 이러한 시험 과정에서 세립이 흩어져 없어지지 않도록 주의해야 한다. 시험은 2회 실시한다.

⑤ 그러나 위의 실험 방법에 따라 시험 후, 골재 파쇄값이 30%를 넘으면 다음과 같이 재시험하도록 한다. 재하의 깊이는 둥글거나 부분적으로 둥근 골재인 경우 15㎜, 보통 부순 골재의 경우 20㎜, 벌집 모양의 다공질 골재인 경우 24㎜로 하중을 가한다.

⑥ 하중을 제거한 다음, 시료를 원통에서 꺼내어 2.5㎜체로 체가름하고 체를 통과한 세립의 질량을 측정하여 이 질량을 시료의 질량에 대한 백분율로 나타낸다.

⑦ 일반적으로 이 백분율은 7.5~12.5% 범위에 든다. 그러나 이 범위에 들지 않으면 백분율이 7.5~12.5% 범위에 들도록 적당히 하중을 조정하여 다시 한 번 시험을 한다.

바) 계산

① 각각의 시험에서 전체 시료의 질량에 대한 세립 부분의 질량비를 다음 식으로 계산하여 백분율로 나타내며, 결과는 0.1%까지 계산한다.

$$\text{골재 파쇄값(\%)} = \frac{B}{A} \times 100$$

여기서, A : 표면건조 포화상태의 시료 질량(g)

B : 2.5㎜체를 통과한 세립의 질량(g)

다만, 파쇄값이 30% 이상인 것은 골재의 파쇄값이 7.5~12.5% 범위에 들 때까지 적당히 하중을 조절하여 다음 식으로 계산한다.

$$F = \frac{14W}{P+4}$$

여기서, F : 10% 파쇄 하중(kN)

W : 세립의 백분율이 7.5~12.5% 범위에 들 때까지의 재하하중(kN)

P : 하중 W(kN)에서의 2회 시험에서 생긴 세립의 평균 백분율

사) 결과 표시

① 2회 결과의 평균값에 가장 가까운 정수를 시험한 골재의 파쇄값으로 보고한다. 다만, 10% 파쇄 하중은 100kN 또는 그 이상에 대하여 정수로 기록하고, 100kN 이하에 대해서는 5kN 단위로 기록한다.

6) 드발 시험(Deval test)

가) 목적

① 이 시험 방법은 Micro-Deval 장비를 사용하여 마모 저항성에 관한 굵은골재 시험 절차를 다룬다.[2.9)]

② SI단위로 나타낸 값을 표준으로 고려한다.

③ 이 시험 방법의 문서는 설명된 자료를 제공하는 본문과 각주를 참조한다. 이 본문과 각주(표와 그림 제외)는 시험방법의 요구사항으로 간주해서는 안 된다.

④ 이 절차에서 위험물, 작동방법 및 장비가 포함된다. 이 기준은 장비 사용과 관련된 모든 안전 문제를 다루고 있지 않다. 적절한 안전 및 보건관련 관행을 설정하고, 사용 전 규제 제한의 적용 가능성을 결정하는 것은 이 기준 사용자의 책임이다.

나) 추천 문서

① ASTM 기준

C136 잔골재와 굵은골재 체가름 분석에 관한 시험 방법

C670 건설재료 시험 방법에 관한 정밀도 및 편향(편차)의 표 작성 방법

E11 실험목적과 관련된 철망 및 체에 관한 시방

다) 용어

일정 질량(*n*)은 2시간 건조 후 0.1% 이상의 수분을 상실하지 않도록 하기 위해 110±5℃의 온도에서 건조한 시험 시료의 상태이다. 이러한 건조상태는 연속적인 2시간 건조 기간 전·후의 표본 질량을 결정하여 확인할 수 있다. 이러한 결정 대신에 동일하거나 더 가혹한 조건의 오븐 조건에서 소요의 일정 질량을 얻기 위해 파악된 기존의 시간보다 동일하거나 더 긴 시간 동안 시료를 110±5℃의 온도에서 건조할 때 일정 질량에 도달한 것으로 간주한다.

라) 실험 방법 요약

Micro-Deval 시험은 물이 있는 상태에서 강재 볼을 이용하여 마모와 연삭을 포함하는 작업을 조합하여 무기질 골재의 내마모성과 내구성을 측정한다. 표준 등급을 갖는 시료는 초기 1시간 이상 물에 담가 두어야 한다. 그 다음 표본을 2.0L의 물과 직경 9.5㎜의 강재 볼 5,000g으로 구성되어 있는 용기에 넣는다. 용기, 골재, 물 및 마모재를 입자의 크기에 따라 최대 2시간 동안 100rpm으로 회전시킨다. 그후 시료를 세척하고 오븐에서 건조시킨다. 마모 손실은 원래 시료의 질량에 따른 %로 표시되며 직경 1.18㎜ 체를 통과하는 재료의 양이다.

마) 의미 및 유용성

① Micro-Deval 마모 시험은 물과 연마제가 있는 상태에서 굵은골재 마모 손실을 측정하기 위한 시험이다. 대다수의 골재는 건조된 상태보다 습윤상태에서 마모되기 쉽다. 이 시험에서 물의 사용은 건조된 골재에 수행되는 다른 시험들과 달리 성능저하에 대한 저항이 감소한다. 사용 기록에서 적절한 정보를 이용할 수 없을 경우 시험결과는 굵은골재 인성과 내마모성을 평가하는 데 유용하다.

② Micro-Deval 마모 시험은 품질관리 또는 품질 보증 절차의 일부로써 골재의 근원에서 생성된 골재의 물성변화를 감지하는 데 유용하다.

바) 장치

① Micro-Deval 마모 기계

100±5rpm에서 작동할 수 있는 용기 압연기 [그림 2.9]이며, Micro-Deval 마모 시험을, 회전수를 기준으로 수행할 때 카운터(counter)를 장착할 수 있다.

② 컨테이너

스테인리스 강의 Micro-Deval 마모 용기는 대략 5L 용량을 가지며, 용기의 밀봉을 위한 잠금 커버와 개스킷은 물이 새지 않도록 제작한다. 마모 용기의 외경은 194~202㎜이고, 내부 높이는 170~177㎜이다. 용기의 내·외부 표면은 매끄러워야 하며 큰 굴곡이나 경사가 없어야 한다(그림 2.9).

③ 연마제

연마제로서 스테인리스 강재 볼을 사용한다. 직경은 9.5±0.5㎜이어야 한다. 각 용기에는 5,000±5g의 강재 볼이 필요하다.

④ 체

체는 정사각형 개구부를 가지며, 기준 ASTM E 11에서는 19.0㎜, 16.0㎜, 12.5㎜, 9.5㎜, 6.7㎜, 6.3㎜, 4.75㎜, 1.18㎜체를 규정하고 있다.

⑤ 건조기

건조기는 110±5℃ 온도를 유지할 수 있어야 한다.

⑥ 저울

저울은 1.0g까지의 정밀도를 가져야 한다.

사) 시료 공급

① 기준 골재(laboratory reference aggregate)

Soils and Aggregates Section, Materials Engineering Materials Office, Ministry of Transportation, 1201 Wilson Avenue, Downsview, Ontario, Canada M3M1J8로부터 이용 가능한 “Brechin Quarry No. 2” 굵은골재 기준 시료로 사용한다.

② 보정 골재(calibration aggregate)

시험 방법의 보정에 관한 사용을 위해 설립된 연구소가 골재의 적절한 공급원이 된다.

아) 시험 시료

① 시험 시료는 일정 질량까지 세척하고 110±5℃에서 건조하고, 시험 방법 ASTM C 136에 따라 개별 크기별로 분리한 후, 나), 다) 또는 라)항에 나타낸 것처럼 등급을 맞추기 위하여 재조합해야 한다. 다)항과 라)항에서 6.3㎜체를 대신하여 6.7㎜체를 사용할 수 있다.

② 시험 시료에 관한 골재는 19.0㎜체를 통과하고 9.5㎜체에 남겨진 재료로 구성되어야 한다. 건조기에서 건조된 1,500±5g의 시료는 [표 2.16]과 같이 준비해야 한다.

[표 2.16] 9.5~19㎜ 크기의 시험 골재 시료 질량

통과 체	잔류 체	질량
19.0㎜	16.0㎜	375g
16.0㎜	12.5㎜	375g
12.5㎜	9.5㎜	750g

③ 굵은골재 최대공칭 크기가 12.5㎜인 경우, 1,500±5g의 시료는 [표 2.17]과 같이 준비해야 한다.

[표 2.17] 최대공칭 크기 12.5㎜ 크기의 골재 시험 시료 질량

통과 체	잔류 체	질량
12.0㎜	9.5㎜	750g
9.5㎜	6.3㎜	375g
6.3㎜	4.75㎜	375g

④ 굵은골재 최대공칭 크기가 9.5㎜ 이하인 경우 1500±5g의 시료를 [표 2.18]과 같이 준비한다.

[표 2.18] 최대공칭크기 9.5㎜ 이하 크기의 골재 시험 시료 질량

통과 체	잔류 체	질량
9.5㎜	6.3㎜	750g
6.3㎜	4.75㎜	750g

자) 시험 절차

① 1,500±5g의 시험 시료를 준비한다. 시료의 무게를 측정하고 질량 A로 표기한다. 질량은 1.0g까지 기록한다.

② Micro-Deval 용기 또는 다른 적당한 용기에 최소 1시간 동안 20±5℃의 온도에서 2.0±0.05L의 수돗물에 시험 시료를 담근다.

③ 5,000±5g의 강재 볼과 물이 들어 있는 Micro-Deval 마모 컨테이너에 시험 시료를 위치시킨다. 덮개를 설치하고 기기 위에 Micro-Deval 컨테이너를 놓는다.

ⓐ 등급을 나누기 위하여 기계를 100±5rpm으로 2시간±1분 동안 작동시킨다. 아)의 3)항에 나타낸 등급을 나누기 위하여 기계를 105±1분으로 작동시킨다. 아)의 ④항에 나타낸 등급을 나누기 위하여 기계를 95±1분 동안 작동시킨다.

ⓑ 회전 카운터를 사용하는 경우, 아)의 ②항에 나타낸 등급에 대해 회전 기계를 12,000±100, 8.3에 나타낸 등급을 나누기 위해 10,500±100 회전시키고, 아)의 ④항에 표시된 등급을 나누기 위하여 기계를 9,500±100 회전시킨다.

④ 시험 시료와 강재 볼을 4.75㎜체에 겹쳐 놓은 1.18㎜체 위에 조심스럽게 부어 넣는다. 스테인리스 강재 용기에서 전체 시험 시료를 꺼낼 때 주의해야 한다. 수동식 물 호스와 손으로 물을 이용하여 1.18㎜ 보다 작은 물질이 체를 통과하여 체가 깨끗할 때까지 체에 남아 있는 이물질을 제거한다. 자석 또는 다른 적절한 방법을 이용하여 스테인리스 강재 볼을 제거한다. 1.18㎜보다 작은 재료는 폐기한다.

⑤ 4.75㎜와 1.18㎜체에 남아 있는 물질에 손실되지 않도록 주의하면서 결합한다.

⑥ 조기는 시험 시료를 110±5℃에서 일정질량으로 건조시킨다.

⑦ 시험 시료의 무게를 1.0g에 가장 가깝게 측정하고, 질량(B)로 기록한다.

차) 계산

① 다음과 같이 0.1%까지 Micro-Deval 마모 손실을 계산한다.

$$\text{손실률} = (A - B)/A \times 100$$

카) 보정 골재의 사용

① 보정 골재 (Calibration aggregate)

실험실은 시험 방법의 보정에 사용될 재료의 적절한 공급을 수립한다. 손실률이 10~25% 사이를 갖는 적절한 재료가 확립되어야 한다. 이 재료들로부터 10개의 시료를 무작위로 채취하여 시험을 수행해야 한다. 동시에 Brechin Quarry No. 2의 기준 골재 시료 10개를 시험해야 한다. Brechin Quarry No. 2 골재의 평균 손실과 변동성의 허용오차가 다음의 ⓐ항 이내라면 자체적인 보정골재 공급으로부터 획득한 평균값과 범위를 사용해야 한다. 자체 생산된 보정골재의 새로운 공급이 요구될 경우 보정절차가 수행되어야 한다.

ⓐ Micro-Deval 시험의 다중-실험 연구에서 Brechin Quarry No. 2 기준 골재의 평균 손실은 19.1%이다. 데이터의 연속적인 수용을 위해 개별적인 추천 재료 실험 데이터는 95% 시간 동안 17.5~20.7%의 손실 범위 내에 있어야 한다.

ⓑ 보정골재의 시험 데이터가 한계값을 넘을 경우 원인에 대한 조사가 가능한 한 수행되어야 한다. 시험 절차에 해당되지 않은 것을 감지하기 위하여 장비를 다시 교정하고 시험 기술을 재검사해야 한다.

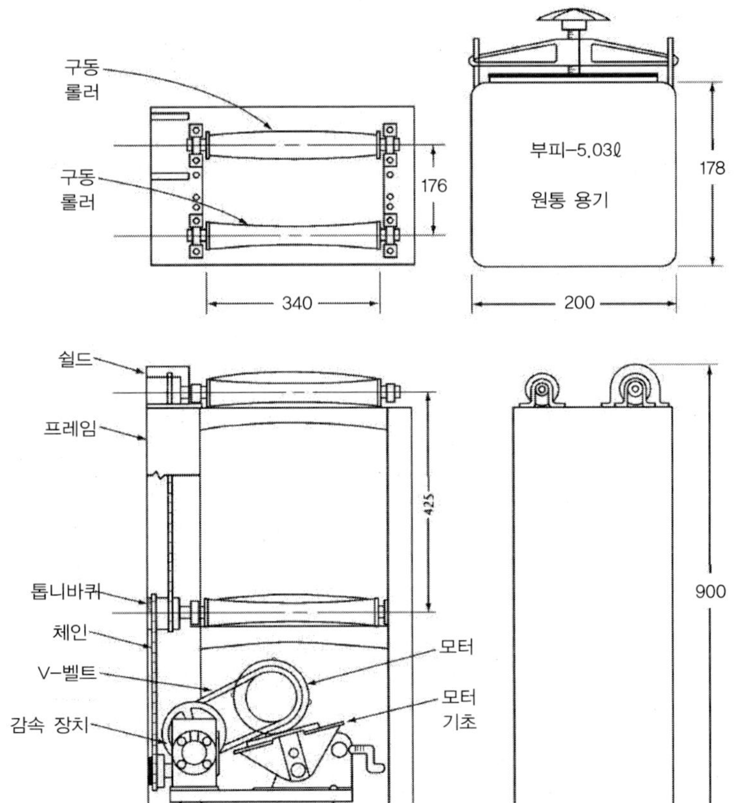

[그림 2.9] Micro-Deval 마모기계와 컨테이너(치수 : ㎜)[2.9]

② 시험을 하는 매주에 10개의 시료마다 보정골재의 시료도 시험을 수행하여야 한다. 보정골재 20개 시료를 시험하고, 그 결과가 만족스러운 편차를 나타낼 경우 시험 빈도는 매월 최소 한 개의 시료로 변경될 수 있다.

③ 경향도 차트(trend chart)의 사용

실험 결과의 변동성을 확인하기 위하여 보정 자료의 마지막 20개 시료의 퍼센트 손실률을 경향도 차트에 나타내야 한다.

타) 보고서

① 보고서에는 다음과 같은 내용이 포함되어야 한다.

ⓐ 시험에 사용된 골재의 최대크기

ⓑ 소수점 1자리까지 나타낸 시험 시료의 퍼센트 손실률

ⓒ 골재 시험 기간에 가장 가까운 시간에 시험된 보정 골재의 0.1%까지 나타낸 퍼센트 손실률

ⓓ 경향도 차트에 나타낸 보정골재의 마지막 20개의 시료 퍼센트 손실률

파) 정밀도 및 편의(bias)

① 정밀도

5~20% 범위의 마모 손실률을 갖는 19.0㎜의 최대크기 골재에 관한 단일 작업자의 변동 계수는 3.4%이다. 따라서 같은 장비를 사용하여 동일한 작업자가 동일한 골재 시료에 대해 올바르게 수행한 두 가지 시험 결과는 95% 평균일 때, 9.6% 이상 차이가 나타날 것으로 예상되지 않는다. 다중시험 변동계수는 5.6%이다. 따라서 서로 다른 실험실에서 동일한 골재의 시료에 대해 올바르게 수행한 두 가지 시험 결과는 95%의 평균일 때 15.8% 이상 차이가 날 것으로 예상되지 않는다.

② 편의(bias) [그림 2.10] Micro-Deval 마모 경향 차트 사례

마모저항성을 측정하기 위한 이 시험 방법의 절차는 마모저항성은 시험 방법으로만 정의될 수 있기 때문에 편의는 없다.

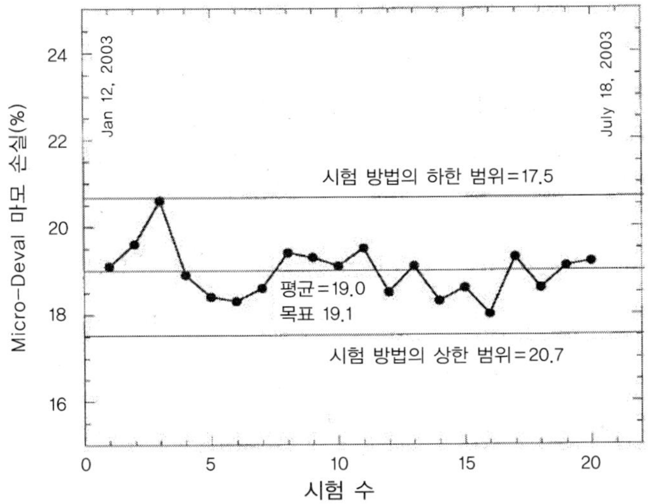

[그림 2.10] Micro-Deval 마모 경향 차트 사례

2.2.4 순환골재의 유해물질 시험

1) 0.08㎜체를 통과하는 입자 시험

가) 시험목적 및 대상

이 시험은 골재에 포함된 잔입자, 즉 0.08㎜체를 통과하는 입자의 양을 정하기 위한 것으로 KS F 2511에 규정되어 있다.[2.10] 적정 미립분을 함유하는 경우는 콘크리트의 재료분리를 방지하는 효과가 있으나, 다량 함유하는 경우는 단위수량을 증가시키고 강도를 저하시키는 요인이 되기도 한다.

나) 시험용 기구

KS A 5101(표준체)의 0.08㎜체와 1.2㎜체에 가까운 크기의 체, 물에 침수된 시료를 몹시 휘저어도 시료 및 물의 손실이 일어나지 않을 정도의 크기를 가진 용기, 건조기, 저울 등이 이용된다.

다) 시료

시료는 잘 혼합되고 또한 재료분리가 일어나지 않을 정도의 충분한 수분을 가진 것이어야 한다. 이 시료는 그 재료를 대표할 수 있는 것이어야 하며, 건조되었을 때의 중량은 대략 [표 2.19]의 값 이상이어야 한다.

[표 2.19] 체의 최대치수에 대한 시료의 최소중량

체의 최대치수(㎜)	시료의 최소중량의 근사값(g)
2.5	0.1
5	0.5
10	1.0
20	2.5
40 및 그 이상	5.0

라) 시험 방법

① 시료를 105±5℃의 온도에서 항량이 될 때까지 건조시키고 데시케이터에서 실온이 될 때까지 식힌 후 그 중량을 0.1%의 정밀도로 정확히 계량한다.

② 건조 및 계량이 끝난 시료를 용기에 넣고 시료가 완전히 침수되도록 물을 가한다.

③ 용기 속을 충분히 휘저은 후, 즉시 굵은 눈을 가진 체를 위에 끼운 한 벌의 체에 세척수를 붓는다. 휘젓는 작업은 굵은입자와 잔입자를 완전히 분리시키고 0.08㎜체를 통과하는 잔입자를 세척수에 뜨게 하여 세척수와 같이 유출되도록 충분히 휘저어야 한다.

④ 상기 작업을 세척수가 맑아질 때까지 반복한다.

⑤ 한 벌로 된 체에 남은 모든 재료는 세척된 시료 중에 다시 넣어야 한다.

⑥ 세척된 시료는 105±5℃의 온도에서 항량이 될 때까지 건조시킨 후 0.1%의 정밀도로 정확히 계량해야 한다.

⑦ 결과 계산 : 결과는 다음 식으로 계산한다.

$$A(\%) = \left(\frac{B-C}{B} \times 100\right)$$

여기서, A : 0.08㎜체를 통과하는 잔입자 양의 백분율

B : 씻기 전의 건조중량

C : 씻은 후의 건조중량

⑧ 시험 결과에 대한 검산 : 시험결과에 대한 검산이 필요할 때에는 씻은 물을 증발

시키거나 거름종이로 거른 후, 잔재를 충분히 건조시켜 계량하고 다음 식으로 그 백분율을 계산한다.

$$A(\%) = \left(\frac{R}{B} \times 100\right)$$

여기서, R : 남은 양의 무게

2) 점토 시험

가) 시험목적 및 대상

이 시험은 골재 중에 포함된 점토덩어리의 양을 정하기 위하여 실시하는 것으로 KS F 2512에서 규정하고 있다.[2.11)]

나) 시험용 기구

시험기구로서 체는 망체 0.6mm, 1.2mm, 2.5mm 및 5mm로 한다.

다) 시료

① 시험하고자 하는 로트를 대표하도록 골재를 채취하고, 4분법 또는 시료분취기를 사용하여 채취한다. 그때 함유된 점토덩어리를 부수지 않도록 주의해야 하며, 분취한 골재를 상온에서 서서히 건조시켜 기건상태로 한다.

② 잔골재는 망체 1.2mm에 걸리는 것, 굵은골재는 망체 5mm에 걸리는 것을 시료로 한다. 잔골재 시료는 1,000g 이상으로 하고, 굵은골재 시료는 최대치수에 따라 각각 [표 2.20]에 표시하는 양 이상으로 하되, 시료를 2등분하여 각각 1회의 시험 시료로 한다.

[표 2.20] 굵은골재 최대치수에 따른 시료의 무게

굵은골재 최대치수(mm)	시료의 무게(kg)
10 또는 15	2
20 또는 25	6
30 또는 40	10
40을 초과하는 경우	20

라) 시험 방법

① 시료를 용기에 넣고 105±5℃에서 항량이 될 때까지 건조시킨 후, 0.1%까지 정확히 단다.

② 시료를 용기의 밑에 얇게 펼치고 이것을 덮을 때까지 물을 가한다.

③ 24시간 흡수시킨 후 여분의 물을 제거, 골재입자를 손가락으로 누르면서 점토덩어리를 조사한다. 손가락으로 눌러서 잘게 부서질 수 있는 것을 점토덩어리로 한다.

④ 모든 점토덩어리를 부수고 나서 잔골재는 망체 0.6㎜, 굵은골재 망체 2.5㎜ 위에서 수세한다.

⑤ 체에 걸린 입자를 105±5℃에서 항량이 될 때까지 건조시키고, 그 무게를 0.1%까지 정확히 단다.

마) 결과 계산

점토덩어리는 다음 식으로 계산하고 KS A 3251-1에 따라 소수점 이하 첫째자리로 끝맺음하며, 시험은 2회하여 그 평균값을 구한다.

$$C = \frac{(m_{D1} - m_{D2}) \times 100}{m_{D1}}$$

여기서, C : 점토덩어리량(%)

m_{D1} : 시험 전 시료의 건조무게(g)

m_{D2} : 시험 후 시료의 건조무게(g)

3) 순환골재의 이물질 시험

가) 시험목적 및 대상

이 시험은 순환골재 중에 함유되어 있는 나뭇조각, 천 등 기타 이물질의 함유량을 부피기준으로 측정하고자 하는 것으로 KS F 2576에서 규정하고 있다.[2.12)] 우선적으로 순환골재와 이물질을 육안으로 선별한 후 각각의 대상 시료에 대하여 표면건조 포화상태로 만들어 수중에 침수시켜 각각의 부피를 측정하고 그 결과에 따라 이물질의 함유량을 구한다.

나) 시험기구

먼저 시험기구로 용기가 있어야 하는데, 이 용기는 밑면이 평평하고 수밀해야 하며 그 안의 치수는 기계로 가공한 정밀한 것이어야 하고, 거친 사용에도 견딜 수 있는 경도를 가진 금속제 원통형으로 가급적이면 손잡이가 있는 것이 좋다. 또한, 용량이 1,000㎖ 이상인 메스실린더, 75㎜, 53㎜, 37.5㎜, 19㎜, 4.75㎜ 및 2.36㎜의 시험용체가 있어야 한다.

다) 시료 채취

채취된 시료를 [표 2.21]과 같은 용기에 1/3씩 채운 후 윗면을 고른 다음 다짐봉으로 25회 균등히 다져가며 용기에 채우고 용기의 윗면으로 튀어나온 부분은 용기의 윗부분과 같도록 곧은 날로 고른다.

대표 시료와 시험용 시료의 양은 [표 2.22]에 따른다.

[표 2.21] 용기의 규격

용량(*L*)	안지름(㎜)	안높이(㎜)	금속 용기의 최소 두께(㎜)	
			바닥	벽
30	355±2	305±2	5.0	3.0

[표 2.22] 대표 시료와 시험용 시료의 양

	순환 굵은골재	순환 잔골재
대표 시료량	굵은골재 최대치수(㎜ 표시)의 1/5kg 이상	1,000g 이상
시험용 시료량	굵은골재 최대치수(㎜ 표시)의 1/25kg 이상	30g 이상

라) 시험 방법

① 채취된 시료를 KS A 5101-1에서 규정한 표준망 체 75㎜, 53㎜, 37.5㎜, 19㎜, 4.75㎜, 2.36㎜의 체를 사용하여 체가름을 실시하거나 편평한 금속재 팬에 시료를 고르게 깔아 순환골재를 제외한 나뭇조각, 천 등 기타 이물질을 육안으로 분리·선발한다.

② 이물질의 부피 측정 : 선별된 이물질을 2시간 동안 실온의 물에 침지시킨 후 다시 1시간 동안 기건상태에서 건조시키고 메스실린더에 적정량의 물을 담아 기건

상태에서 건조시킨 이물질의 투입 전과 투입 후의 늘어난 부피를 측정한다. 이때 이물질의 부림을 방지하기 위하여 금속재 망을 이용할 수 있다.

마) 선별된 순환골재의 부피측정

① 선별된 순환골재는 24시간 동안 실온의 물에 담근 후 물에서 꺼내어 눈에 보이는 수막이 없어질 때까지 큰 흡수천에 굴린 다음 골재 표면의 수분을 완전히 제거하여 표면건조 포화상태를 만든다. 이때 시료는 2회 또는 3회로 나누어 시험을 실시하며 각각의 값을 합하여 순환골재 전체의 부피를 구하도록 한다.

② [표 2.21]에서 정한 용기에 15ℓ의 물을 채운 후 강철재 곧은 자를 용기의 중앙에 걸치고 곧은 자로부터 수면까지의 길이를 버니어 캘리퍼스로 0.1㎜ 단위까지 측정한다. 측정위치는 강철재 곧은 자의 중앙 좌우의 세 지점으로 하며, 그 평균값 A를 구한다.

③ ①에서 2회 또는 3회로 나누어진 각각의 순환골재 중 1회분을 용기 속에 투입하고 수면에 안정화된 후 상기 ②와 같은 방법으로 수면까지의 길이 B를 측정한다.

바) 계산

① 선별된 순환골재의 부피 : 각 분량으로 나누어진 순환골재의 부피는 다음 식에 따라 계산하고 각각의 순환골재 부피 V_n을 합하여 순환골재 전체의 부피 V를 구하도록 한다.

$$V_n = A_n - B_n \times \pi r^2$$

$$V = \Sigma V_n$$

여기서, V_n : 각 회당 순환골재의 부피(mℓ)

V : 선별된 순환골재 전체의 부피

A_n : 각 회당 골재 투입 전의 용기 상단부로부터 수면까지의 깊이(㎝)

B_n : 각 회당 골재 투입 후의 용기 상단부로부터 수면까지의 깊이(㎝)

r : 용기의 내부 반지름(㎝)

② 이물질의 함유량은 다음 식에 따라 계산한다.

$$\text{이물질 함유량} = \frac{\text{이물질의 부피}}{\text{순환골재 전체의 부피}(V)) + \text{이물질의 부피}} \times 100$$

4) 골재의 체가름 시험

가) 시험목적 및 대상

순환골재의 입도상태를 조사하기 위해 KS F 2502의 골재의 체가름 시험을 이용한다.[2.13] 골재의 입도는 체 통과율, 잔류율 등으로 표시하지만 일반적으로는 체 통과율에 따라 골재의 크기를 알 수 있고, 골재의 입도분포 및 최대치수를 조사하므로 콘크리트에 사용 골재로서 적당한가를 판정할 수 있으며, 골재의 입도분포 및 최대치수에 따라 콘크리트 배합설계를 실시할 때 자료로 이용할 수 있다. 또한, 골재의 입도가 연속입자 분포로 적절하게 분포되면 공극률이 축소되어 단위용적질량이 크고, 시멘트량이 절약되며, 강도가 커지고, 수밀성, 내구, 내마모성 등을 지닌 경제적인 콘크리트를 얻을 수 있다.

나) 시험용 기구

시험용 기구로는 질량의 0.1%까지 측정할 수 있는 저울, 시료분취기, 잔골재용(0.15mm, 0.3mm, 0.6mm, 1.2mm 2.5mm, 5mm, 10mm), 굵은골재(2.5mm, 5mm, 10mm, 15mm, 20mm, 25mm, 30mm, 40mm, 50mm, 75mm, 100mm,)용 표준체, 건조기, 체진동기 등 각종 기구가 이용된다.

다) 시료

시료의 양은 건조 후에 있어서 [표 2.23]과 같은 양을 표준으로 한다.

[표 2.23] 체가름 시험표 시료

골재종류	시료의 구분	
잔골재	1.2㎜체를 95%(무게비) 이상 통과한 것 1.2㎜체를 5%(무게비) 이상 남는 것	100g 500g
굵은골재	최대치수 10㎜ 정도의 것 최대치수 13㎜ 정도의 것 최대치수 15㎜ 정도의 것 최대치수 20㎜ 정도의 것 최대치수 25㎜ 정도의 것 최대치수 30㎜ 정도의 것 최대치수 40㎜ 정도의 것 최대치수 50㎜ 정도의 것 최대치수 60㎜ 정도의 것 최대치수 80㎜ 정도의 것 최대치수 100㎜ 정도의 것	2kg 2.6kg 3kg 4kg 5kg 6kg 8kg 10kg 12kg 16kg 20kg

라) 시험 방법

① 시료는 용도에 따라 규정된 한 벌의 체로서(KS A 5101-1 표준체에 규정한 1조의 체) 잔골재, 굵은골재로 분류하여 체가름한다.

② 체질은 체를 상하 및 수평으로 흔들어(체진동기 이용) 시료가 연속적으로 체의 면 위에서 움직이도록 한다.

③ 체가름 작업은 1분 동안에 각 체에 잔류한 시료량의 1% 이상이 그 체를 통과하지 않을 때까지 계속해야 하며, 체가름이 끝난 후 각 체에 남는 시료의 무게를 0.1%까지 정확히 측정한다.

마) 결과 표시

① 각 체를 통과하는 시료의 전 중량에 대한 백분율(%)

② 각 체에 잔류하는 시료의 전 중량에 대한 백분율(%)

③ 용도에 따라 규정된 한 벌의 체에 잔류하는 시료의 중량 백분율(%)

④ 최대치수 및 조립률을 구한다. 여기서, 조립률(F.M.)은 0.15, 0.3, 0.6, 1.2, 2.5, 5, 10, 20, 40, 80㎜체의 누계 잔유율의 합계를 100으로 나눈 것을 말하며, 조립률의 수치가 클수록 골재 입자는 크다.

⑤ 결과를 도시하려면 횡축에 체 눈의 크기를 대수 눈금으로 하고 종축에 각 체를 통과하는 시료의 중량(%) 누계를 점으로 찍어 표시한다.

2.3 순환골재의 특성

2.3.1 형상 및 입도

순환골재의 품질은 KS F 2573 및 KS F 2527에 순환골재의 입도 불순물량, 물리적 성질, 알칼리 골재 반응성, 입형 판정 실적률 등이 규정되어 있다.[2.2, 2.6] 그러나 순환골재 입자모양에 구체적인 규정은 없다.

순환골재의 입도분포는 1차 파쇄만 실시할 경우 표준 입도에서 벗어날 수 있으나 2차, 3차 파쇄 등 적절한 생산 시스템을 거치면 표준 입도분포에 적합한 순환골재의 생산이 가능하다. 따라서 KS F 2573에서는 일반 골재의 입도분포와 동일하게 규정하고 있다.

콘크리트용 순환골재는 [표 2.7]의 규정을 만족시키면 되지만, 굵은골재 최대치수는 20㎜ 이하로 할 것을 콘크리트표준시방서(2009)에서 권장하고 있다.[2.14] 순환골재 최대치수를 낮추는 것이 골재 표면에 모르타르가 적게 붙어 있는 양질의 순환골재를 얻을 수 있기 때문이다.

2.3.2 부착모르타르 및 시멘트페이스트

순환골재에 붙어 있는 모르타르의 용적백분율을 ASTM C-457. 71의 선형이동법(Linear Traverse Method)을 이용하여 구하면 파쇄 방법과 원콘크리트의 종류에 따라서 차이가 있으나 16~32㎜ 굵은골재에서는 25~35%, 8~16㎜ 골재에서는 약 40%, 그리고 4~8㎜ 순환골재에서는 60% 정도이다.

[그림 2.11]은 다양한 범위의 물-결합재비로 만든 원콘크리트에서 생산된 순환골재의 원골재에 붙어 있는 시멘트페이스트의 질량비를 나타낸 것이다.

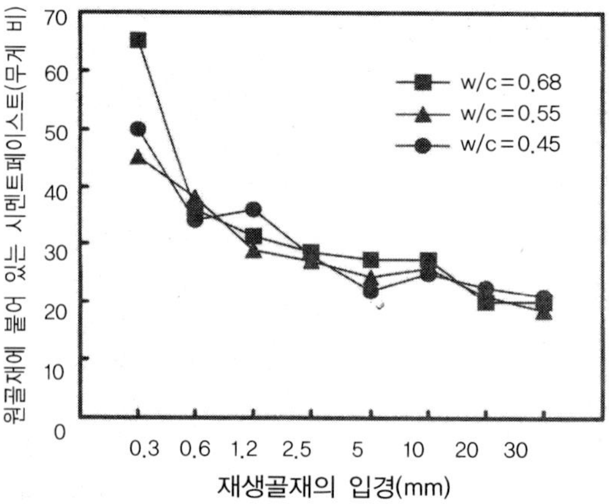

[그림 2.11] 순환골재의 입경에 따른 시멘트페이스트의 질량비

순환골재의 품질은 포함된 순환골재 표면에 부착되어 있는 모르타르와 페이스트의 양에 의해 큰 영향을 받는다. 부착모르타르와 페이스트 제거의 정도가 클수록 골재 생산 비용은 증가하고 발생하는 분진 처리가 문제가 된다. 따라서 순환골재 사용 시에는 콘크리트에 요구되는 품질 수준에 따라 적절하게 이를 선정하는 것이 중요하다. 순환 굵은골재의 부착모르타르 비율(모르타르 부착률)과 순환 굵은골재의 절건밀도 및 흡수율과의 관계를 [그림 2.12]에 나타내었다. 부착모르타르와 페이스트 양이 많을수록 밀도는 전반적으로 비례 감소하고 흡수율은 비례 증가하여 콘크리트의 품질을 떨어뜨린다.

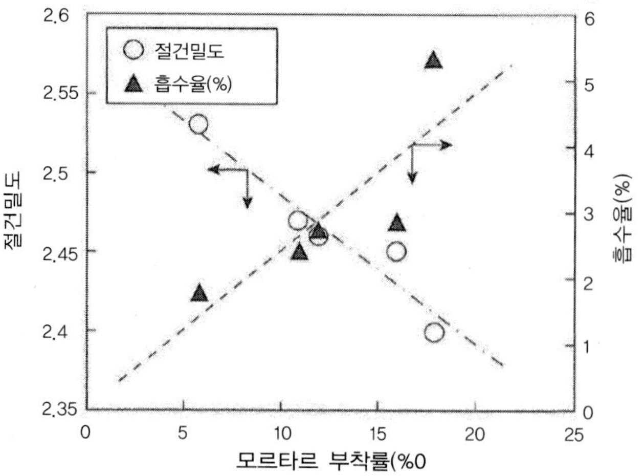

[그림 2.12] 모르타르 부착률과 절건 밀도, 흡수율과의 관계

실험 결과를 바탕으로 순환골재의 흡수율과 부착페이스트 비율과의 관계를 [그림 2.13]과 [그림 2.14]에 나타내었다. 다소 실험 결과의 분산성은 있지만, 전반적으로 순환 굵은골재의 부착페이스트율은 약 18% 이하이다. 또한 순환 잔골재의 부착페이스트율은 약 41% 이하로 나타나지만, 순환 굵은골재의 부착페이스트율에 비해 훨씬 크게 나타난다.

파쇄 장치 및 마쇄 장치를 이용하여 순환골재를 생산할 때 콘크리트덩어리를 최대 입경 40㎜ 정도로 굵게 분쇄하여 분쇄 장치와 마쇄 장치에 투입하고 모르타르나 페이스트를 제거한다. 순환골재의 제조에 있어서는 페이스트를 가능한 많이 제거할 필요가 있기 때문에 페이스트를 약화시키는 가열처리 등의 전처리를 할 수 있다.

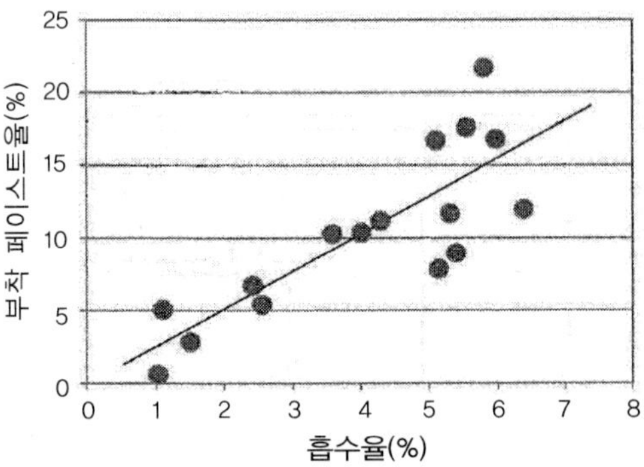

[그림 2.13] 부착페이스트율과 흡수율과의 관계 (순환 굵은골재)

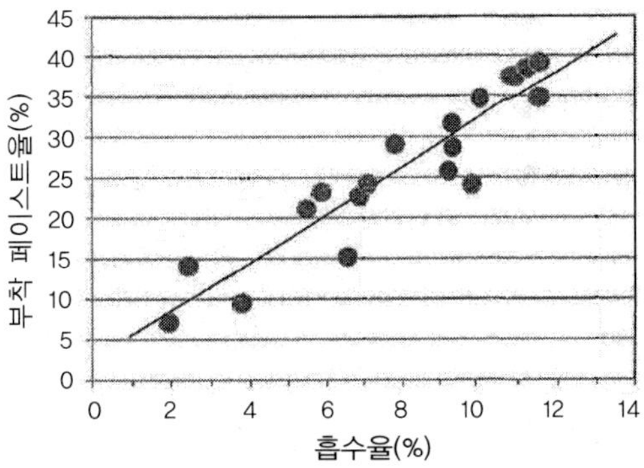

[그림 2.14] 부착페이스트율과 흡수율과의 관계 (순환 잔골재)

2.3.3 흡수율과 밀도

보통 골재와 비교하여 순환골재의 물리적 특성의 가장 큰 차이점은 높은 흡수성이다. 흡수율이 높은 골재를 사용할 경우 나타나는 가장 큰 문제점으로는 동결융해에 대한 내구성 저하이다.

기존의 해외 연구결과에 의하면 순환 굵은골재의 흡수율은 원콘크리트의 품질에 관계없이 최대크기 4.8㎜ 골재는 8.7%, 16~32㎜ 골재는 3.7% 정도로 나타났다. 그러나 이에 해당하는 원골재의 흡수율은 3.7과 0.8%였다.

또 다른 연구에서는 순환 굵은골재의 흡수율은 3.6~8.0%이고, 순환 잔골재는 8.3~12.1%인 것으로 보고하고 있다.

이와 같이 순환골재의 흡수율이 높은 것은 원골재 입자에 붙어 있는 모르타르의 높은 흡수율 때문으로 사료된다.

또한, 순환골재의 품질은 원골재의 품질에 의해 좌우되고, 순환골재의 밀도와 흡수율은 원골재에 영향을 받는다. 원굵은골재의 절건밀도 및 흡수율과 순환 굵은골재의 절건밀도 및 흡수율의 관계 일례를 [그림 2.15]에 나타내었다.

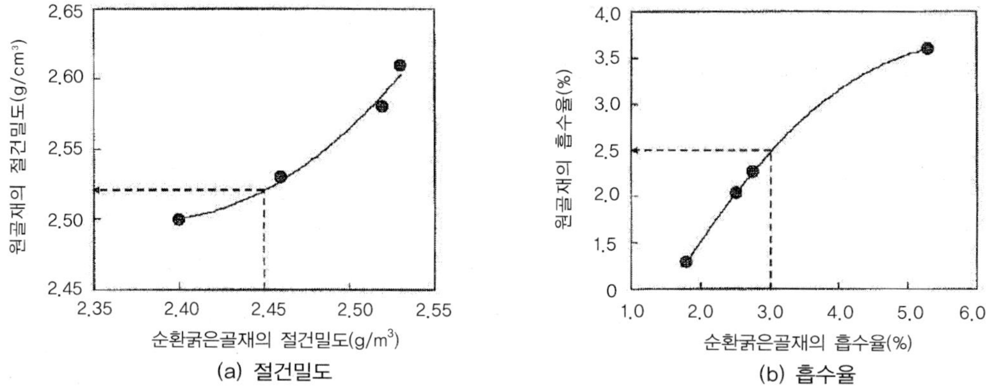

[그림 2.15] 원골재와 순환골재의 절건밀도 및 흡수율의 관계

순환 굵은골재를 사용한 순환골재 콘크리트와 원콘크리트의 밀도를 [표 2.24]에 나타내었다. 일반적으로 모르타르의 밀도는 약 2,000kg/m³이며, 이는 밀도가 2,380~2,401kg/m³ 범위에 있는 경화 콘크리트와 비교하면 훨씬 낮은 수치이다.

Hasaba 등은 5~25㎜ 순환 굵은골재의 밀도는 2,430kg/m³ 정도이고, 원콘크리트의 품질과 무관하다는 것을 발견하였다. 5㎜ 이하의 순환 굵은골재 밀도는 2,310kg/m³이고, 순환 잔골재의 건조밀도는 1,970~2,140kg/m³의 범위임을 보고하고 있어 일반적인 골재에 비하면 매우 낮은 수준인데, 이는 원골재 입자에 붙어 있는 구 모르타르의 낮은 밀도 때문이다.

한편, 동일한 원골재일지라도 순환골재의 품질은 순환처리의 정도에 따라 크게 영향을 받는다. [그림 2.16]은 1차 처리로서 충격 분쇄기, 2차 처리와 3차 처리로서 분쇄 방식이나 매체 등을 병행한 분쇄 방식을 실시한 경우의 밀도(비중)와 흡수율의 변화를 나타낸 것이다. 순환처리 수준을 높임으로써 순환골재의 밀도(비중)는 증가하고 흡수율은 감소하여 순환 굵은골재와 순환 잔골재는 모두 천연골재에 가까워지는 것을 나타낸다.

[표 2.24] 천연골재와 순환골재의 특성

골재의 종류		밀도(SSD) (kg/㎥)	흡수율 (%)	B.S. 파쇄치(%)	B.S. 조립률	황산염 안정도(%)	모르타르 함유율(%)
15㎜ 이하 천연골재		2,700	1.14	–	–	–	–
25㎜ 이하 순환골재	w/c=0.42	2,430	6.76	23.0	23.0	113	38.4
	w/c=0.53	2,430	6.93	23.1	23.1	130	36.7
	w/c=0.74	2,430	7.02	24.6	24.6	113	35.5
순환 잔골재<5㎜		2,310	10.9	–	–	–	–

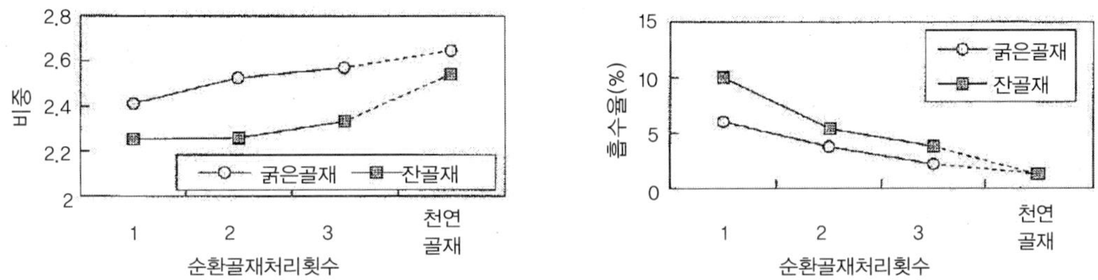

[그림 2.16] 순환처리의 정도가 순환골재의 품질에 미치는 영향의 일례

[그림 2.17]에 최근 국내에서 조사된 순환골재의 밀도와 흡수율의 관계를 나타내었다. 참고문헌 표시 그림에서 나타낸 바와 같이 순환골재의 흡수율 증가는 밀도의 감소를 의미하므로 순환골재의 품질을 저하시키는 주요 요인이 된다.

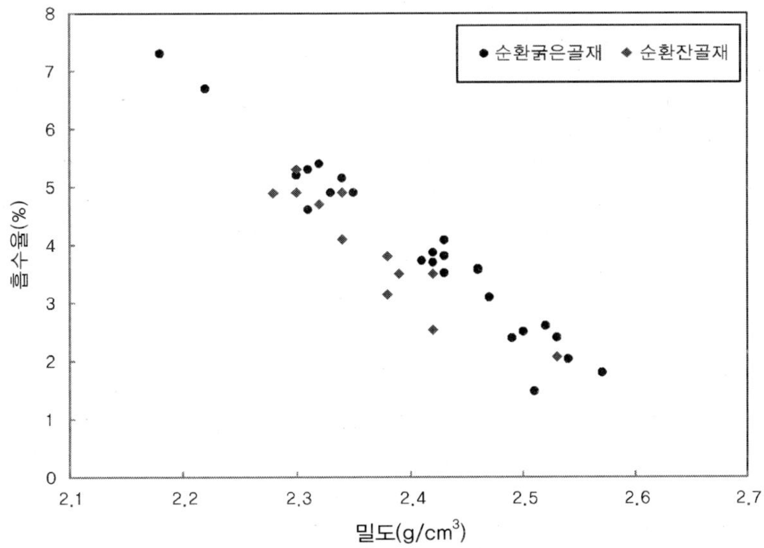

[그림 2.17] 순환골재의 밀도, 흡수율 관계

2.3.4 강도 및 마모저항성

BS의 골재 파쇄치 시험에 의한 순환 굵은골재의 파쇄치는 25~35%로 천연 강자갈보다 크지만 인공 경량 골재나 연암보다는 약간 작은 값이다.

순환골재는 가압시 초기 모르타르 부분은 쉽게 부서지지만 점차적으로 원콘크리트에 사용된 잔골재가 저항하기 때문에 부서지기 어려운 상태가 된다. 로스엔젤레스 마모율의 범위는 원콘크리트의 강도가 높은 경우 22.4% 낮은 경우 41.1%를 나타내고 있다.

ATSM C 33에 의하면 골재는 로스엔젤레스 마모 손실률이 50%를 넘지 않으면 콘크리트 제품에 사용될 수 있다고 되어 있으며, 도로공사용 골재의 경우에는 40%로 규정하고 있는 것으로 보아 일반적인 콘크리트에 적용이 가능함을 알 수 있다.

2.3.5 불순물과 미립분

밀도, 흡수율 외에도 순환골재의 품질에 큰 영향을 미치는 것으로 불순물의 함유량이 있다. 순환골재에 혼입된 불순물과 미립분은 [표 2.25]에 나타난 바와 같이 다양하다. 건축물 해체 시에 콘크리트 외에 각종 금속류가 혼입될 수 있으며, 이러한 금속재료는 순환골재의 처리 공정을 어렵게 하는 원인이 되기도 한다.

[표 2.25] 순환골재에 혼입된 불순물

비고 \ 종류	금속	석재	타일 벽돌	유리	이분 (泥分)	아스팔트 콘크리트	모르타르	경량 콘크리트	기포 콘크리트
밀도(g/㎤)	7.8	2.5	2.5	2.5	2.3	2.3	2.1	1.9	0.5
불순물량 (질량%)	0.00~ 4.90	0.04~ 5.90	0~ 3.94	0.02~ 1.00	5.00	5.00	0.69~ 4.00	0.04~ 20.9	0.06
비고 \ 종류	석고	플라스틱	플라스틱	아스팔트 방수층	도료 수지	목재	종이류	단열재	기타
비중	1.6	4.6	4.3	1.1	1.9	0.45		0.05	
불순물량 (질량%)	2.10~ 9.06	0.00~ 9.06	0.004~ 0.53	0.004~ 0.53	0.003~ 0.39	0.01~ 1.00	0.03~ 0.39	0.003~ 0.23	0.08~ 1.00

이분(泥分)은 해체현장이나 야적장에서 콘크리트에 부착하게 되며, 이는 콘크리트의 특성을 저하시키므로 반드시 씻기 시험이나 점토덩어리 시험을 통해 혼입량을 확인할 필요가 있다.

순환골재에 포함된 미립분은 통상 0.15㎜ 이하의 것을 의미한다. 습식분급을 사용하면 양이 적지만, 건식의 경우에는 씻기 손실량이 5% 정도로 미립분의 양은 많다. 미립분의 화학분석 결과는 [표 2.26]에 나타낸 바와 같으며, 불용잔분으로부터 추측하면 미립분에는 잔골재 성분이 약 50% 포함되어 있다.

또한 천연골재와 순환골재에 부착되어 있는 다양한 물질이 콘크리트의 강도에 영향을 미치는 연구결과도 보고되었다. [표 2.27]은 콘크리트의 강도를 15% 감소시킬 경우에 포함된 오염물질의 양을 용적비로 나타낸 것이다.

타일이나 유리조각 불순물은 순환골재 콘크리트 압축강도에 아주 작은 영향을 미치지만 석고는 영향이 비교적 크며, 용적으로 약 3% 혼입되어 있을 경우 콘크리트의 강도를 15%나 감소시키게 되는데, 이는 석고가 물에 닿으면 연화되기 때문이다. 점토, 페인트, 아스팔트, 그리고 목재 역시 콘크리트의 강도를 감소시키게 된다.

[표 2.26] 미분의 화학적 분석결과

성 분	비 율
insol.	49~69%
SiO_2	44~53%
Al_2O_3	9~11%
Fe_2O_3	1~4%
CaO	17~23%
Na_2O_3	2~3%

[표 2.27] 압축강도 15% 감소시 불순물 체적률

혼합물	골재에 대한 부피비(%)
회반죽	7
흙	5
나무	4
탈수 석고	3
아스팔트	2
비닐아세테이트 페인트	0.2

불순물의 종류에는 타일, 벽돌 등 혼입량(질량 비율)이 다소 많아도 콘크리트의 품질에 대한 악영향이 적은 것과 석고 및 석고 보드 조각, 플라스틱 조각, 나무 조각, 종이, 아스팔트 덩어리 등 유기 불순물로서 비교적 소량의 혼입량으로도 영향이 큰 것이 있다. 따라서 순환골재 제조 시에는 불순물량의 합계와 함께 불순물의 종류에 따라 상한을 정하고 관리할 필요가 있다. 국내에서는 0.08㎜체 통과량 시험에서 손실된 양(%)과 유기 및 무기 이물질 함유량(%)을 제한하고 있다. 반면에 일본에서는 불순물의 개별 내용별로 상한값을 규정하고 있으며, 이를 [표 2.28]에 나타내었다.

[표 2.28] 순환골재 H, M, L의 불순물량의 상한값(%)

분류	불순물의 내용	순환골재 종류		
		H	M	L
A	타일, 벽돌, 도자기류, 아스팔트 콘크리트 덩어리	1.0	1.0	2.0
B	유리 파편	0.5	0.5	0.5
C	석고 및 석고 보드 조각	0.1	0.1	0.1
D	C 이외의 무기계 보드 조각	0.5	0.5	0.5
E	플라스틱 조각	0.2	0.2	0.5
F	나무 조각, 대나무 조각, 헝겊, 종이 및 아스팔트 덩어리	0.1	0.1	0.1
G	알루미늄, 아연 이외의 금속 조각(순환골재 H, M의 경우)	1.0	1.0	-
	금속 조각(순환골재 L의 경우)	-	-	1.0
	불순물량의 합계(위 A~G의 불순물량의 합계)	2.0	2.0	3.0

2.4 순환골재의 표면 강화 기술

2.4.1 탄산화에 의한 표면 강화

수십 년간 사용된 후 해체된 폐콘크리트는 시멘트의 수화로 C-S-H와 $Ca(OH)_2$ 등의 광물을 생성하고, 그 중 일부는 공기 중에 노출되어 공기 중의 CO_2와 결합하는 탄산화가 진행된다. 하지만 폐콘크리트에는 여전히 CO_2와 반응하지 않은 $Ca(OH)_2$가 존재하며, 이러한 $Ca(OH)_2$는 CO_2를 흡수하는 탄산화 반응에서 물을 방출하여 $CaCO_3$가 되면 약 12%가 팽창하는 체적변화가 발생한다.

순환골재가 기존의 천연골재와 다르게 강도와 흡수율이 문제되는 이유는 골재에 부착되어 있는 시멘트페이스트에 존재하는 다량의 공극 때문이다. 이에 신진학(2016) 등은 탄산화에 의한 순환골재의 부착 시멘트페이스트를 개질하는 방법으로 [그림 2.18]과 같이 시멘트페이스트 내의 공극을 시멘트페이스트 내에 존재하는 $Ca(OH)_2$를 의도적으로 $CaCO_3$로 반응시켜 체적증가를 유도하였다.[2.24] 이에 따라 내부의 공극을 충전하여 순환골재에서 문제가 되는 흡수율 저감 및 순환골재 강도를 향상시키고자 하였다. 결과적으로 적정 촉진 탄산화 기간을 거친 순환골재는 밀도가 증가하고, 흡수율이 감소하는 개질의 효과를 보였으며, 콘크리트 적용에서 보통 골재와 유사한 수준의 강도특성을 확인하였다.

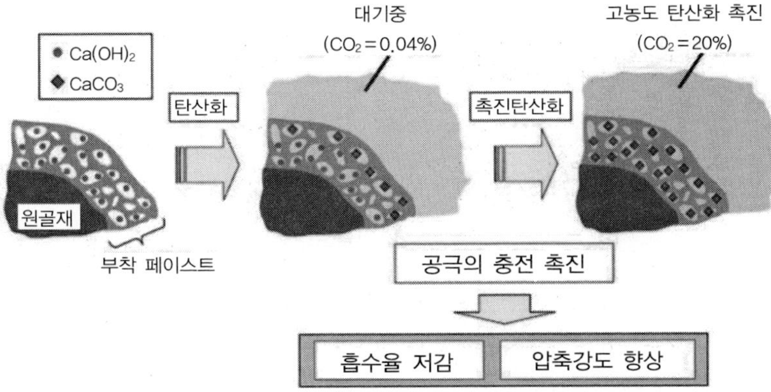

[그림 2.18] 탄산화에 의한 순환골재 개질[2,24)]

2.4.2 Polycarboxylate 분산제에 의한 표면 코팅

순환골재는 보통 골재에 비해 물리적 특성 및 강도가 낮아 콘크리트용 골재로의 사용이 원활하지 않으며, 특히 높은 흡수율에 의해 경과 시간에 따른 슬럼프 로스가 크게 나타난다. 이에 J.S. Ryou(2014) 등은 순환골재의 흡수율을 줄이기 위한 수단으로 Poly carboxylate(PC) 분산제로 순환골재 표면을 코팅하였다.[2,25)] PC 분산제로 코팅한 순환골재의 반응 메커니즘은 [그림 2.19]에 나타낸 것과 같이 분산제를 코팅함에 따라 순환골재의 표면에 필름이 생성되고, 이를 사용한 콘크리트는 혼합과정에서 필름에 의해 흡수현상이 제한된다. 그리고 순환골재 표면의 분산제가 서서히 반응함에 따라 순환골재 주변에 C-S-H 수화물이 생성되고, 이에 따라 콘크리트 믹싱 동안 순환골재의 흡수가 예방되어 콘크리트의 성능이 향상된다. Polycarboxylate 분산제에 코팅 전후의 순환골재는 [그림 2.20]에 나타낸 것과 같다.

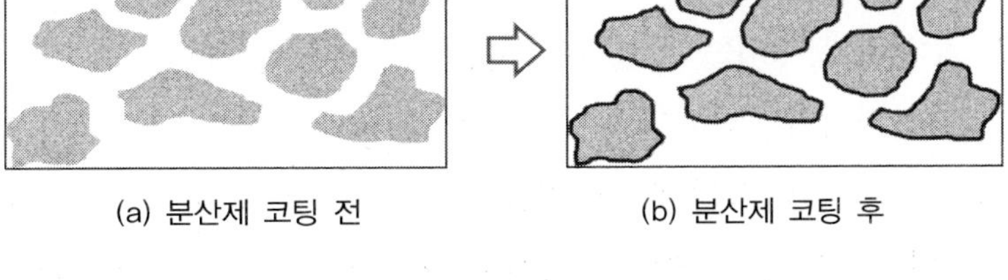

(a) 분산제 코팅 전 (b) 분산제 코팅 후

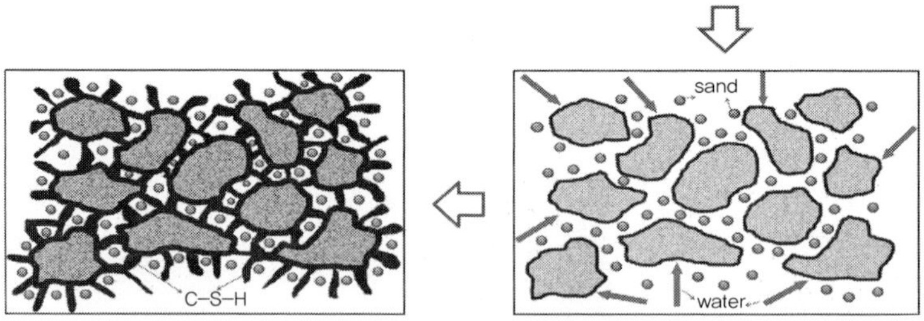

(d) 수화　　　　　　　　　　　　(c) 분산제 적용 후 믹싱

[그림 2.19] 순환골재 코팅의 반응 메커니즘[2.5)]

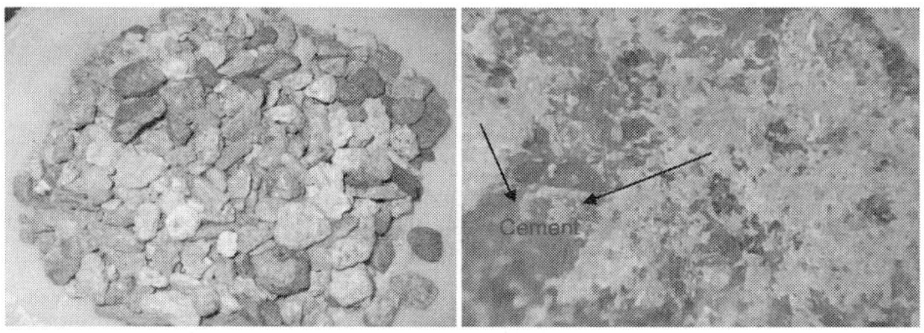

(a) Before

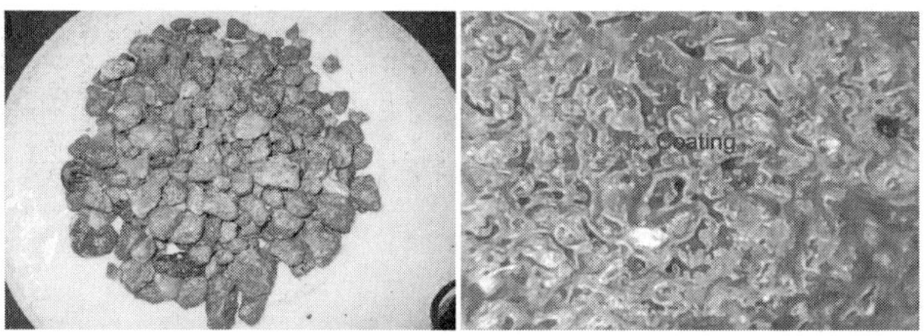

(b) after

[그림 2.20] PC 분산제 코팅 전후의 순환골재[2.25)]

2.4.3 포졸란 재료의 Pre-coating에 의한 표면 강화

순환골재는 보통 골재에 비해 밀도와 단위용적질량이 낮고, 흡수율이 높아 강도 및 내구성 문제로 인해 그 활용도가 높지 않다. 순환골재의 성능을 향상시키기 위해 Zhao(2013) 등은 물-결합재비를 조절하여 시멘트 및 플라이애시, 실리카 흄 등의 포졸란계 재료를 이용하여 순환골재에 Pre-coating을 진행하였다.[2.26)] 그 방법으로는 시멘트와 광물계 재료를 혼합한 슬러리에 순환골재를 침지시키고, 그 후 순환골재를 건조시키는 방법으로 진행되며, 이에 따라 [그림 2.21]에서 나타낸 것과 같이 Pre-coating 순환골재가

제조된다.

Pre-coating에 의한 순환골재 표면강화에서는 코팅 두께가 너무 두꺼우면 골재의 흡수율이 높아지고, 너무 얇으면 오히려 기존의 부착모르타르에 추가되는 결과를 가지고 온다고 보고되어 있다. 이에 Pre-coating에서의 코팅 두께는 관리가 필요하며, 제조된 Pre-coating 순환골재는 표면의 부착모르타르의 공극구조를 개선시킴으로써 물리적 성능을 향상시키게 된다.

[그림 2.21] 순환골재와 Pre-coating 순환골재[2.26)]

2.4.4 Calcium carbonate biodeposition에 의한 표면 강화

순환골재의 사용은 환경부하를 줄이기 위해 필수적이지만 순환골재의 생산공정만으로는 부착 시멘트페이스트에서 많은 문제가 있으며, 이를 제거하기 위해 열적·화학적 방법 등이 시도되었다. 그러나 이는 공정수 및 열적 처리에 의한 다른 환경부하를 야기하고 있다. 생물퇴적(Biodeposition) 방법은 다른 개념과 다르게 자연적인 방법이 원칙이며, 환경부하가 적은 특징을 가지고 있다.

생물퇴적(Biodeposition)의 개념은 박테리아가 세포벽의 외부 표면에 탄산칼슘(Calcium carbonate)을 침전시키는 것을 이용하여 강도에 부정적인 제타 포텐셜(Zeta potential)을 발생시켜 순환골재 표면을 강화하는 것이다. Calcium carbonate biodeposition의 상세원리는 다음에 나타낸 것과 같이 S. pasteurill세포(SP. cell)는 요소(urea, $CO(NH_2)_2$)에서 유래된 탄산염 이온과 반응하는 Ca이온을 끌어당길 수 있다. 동시에 암모니아 이온(NH_4^+)은 Calcite 침강 효율을 향상시키는 주변 매질에서 pH값을 증가시킨다.

$$Sp.cell + Ca^{2+} \rightarrow Sp.cell - Ca^{2+}$$

$$CO(NH_2)_2 \xrightarrow{urea} 2NH_4^+ + CO_3^{2-}$$

$$Sp.cell - Ca^{2+} + CO_3^{2-} \rightarrow Sp.cell - CaCO_3 \downarrow$$

Anna M.grabiec(2012) 등은 위와 같은 원리를 이용하여 [그림 2.22]와 같이 순환골재 샘플을 S. pasteurii 액체 배양액에 침지시켜 박테리아 세포 표면 흡착의 결과로 탄산칼슘(Calcium carbonate)이 침전된 것을 확인하였다.[2.27] 위의 과정을 거친 순환골재의 흡수율을 측정하였을 때, 흡수율이 감소하는 경향을 나타냈으며, 이러한 경향은 순환골재의 원콘크리트 강도가 낮고 저품질의 골재일수록 흡수율 저감 효과가 큰 결과가 나타났다.

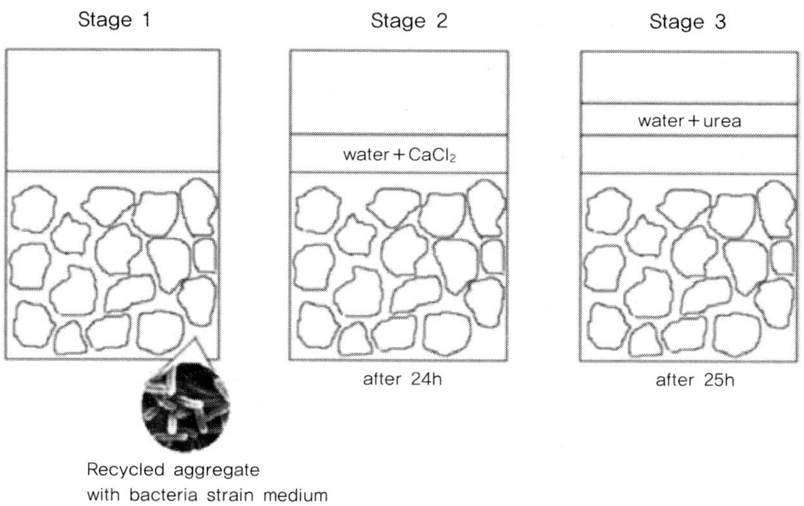

[그림 2.22] 생물퇴적(Biodeposition) 실험 절차[2.27]

2.5 순환골재에 관한 새로운 이론

2.5.1 순환골재 사용에 따른 old ITZ와 new ITZ의 영향

콘크리트에서 시멘트페이스트와 골재 사이에 생기는 ITZ(Interface transition zone)은 콘크리트 강도에 직접적인 영향을 미치는 요소로써 ITZ를 감소시키거나 강화시키기 위한 많은 연구가 이루어져 왔다.

한편 순환골재는 원골재에서 부착모르타르를 완전히 제거하지 못하면서 골재 자체에 old ITZ가 생성되어 있고, 이를 다시 콘크리트에 사용시 new ITZ가 생성되게 된다. 이와 같은 ITZ는 콘크리트에서 강도에 영향을 미칠 수 있는 취약 부위가 증가한다고도 말할 수 있다. 이를 실험적으로 증명하기 위해 Jianzhuang Xiao(2013) 등은 [그림 2.23]과 같이 old ITZ와 new ITZ가 생성된 시편을 제작하여 하중 가력에 따른 균열 발생 및 기계적 특성에 미치는 영향을 분석하였다.[2.28]

그 결과, [그림 2.24]에 나타낸 바와 같이 new ITZ의 w/c에 비례하여 시편의 탄성계수가 증가하는 영향을 나타내었다. 또한 [그림 2.25]에 나타낸 바와 같이 MRAC-30-20에서는 new ITZ에서 첫 균열이 시작하여 다른 곳으로 이어지는 것으로 나타났으며, MRAC-30-30에서는 new ITZ와 old ITZ에서 동시에 첫 균열이 나타나는 패턴을 보였다.

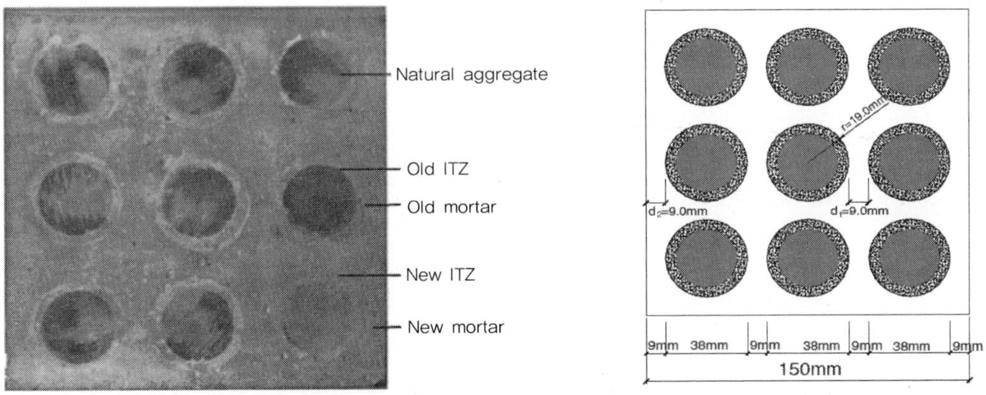

(a) MRAC specimen (b) MRAC schematic

[그림 2.23] 순환골재 콘크리트 실험 모델[2.28]

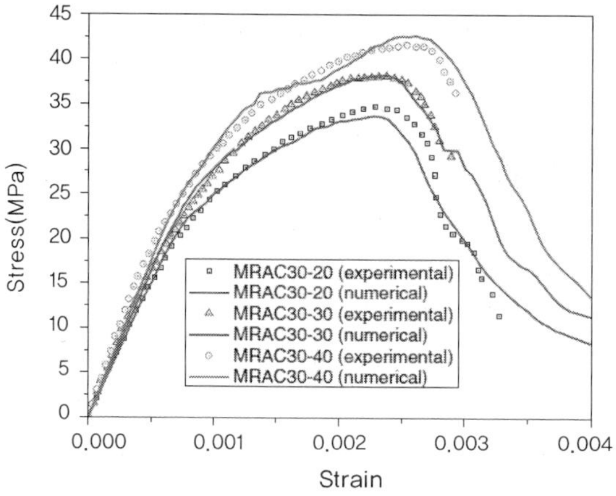

[그림 2.24] 응력변형률 곡선[2.28)]

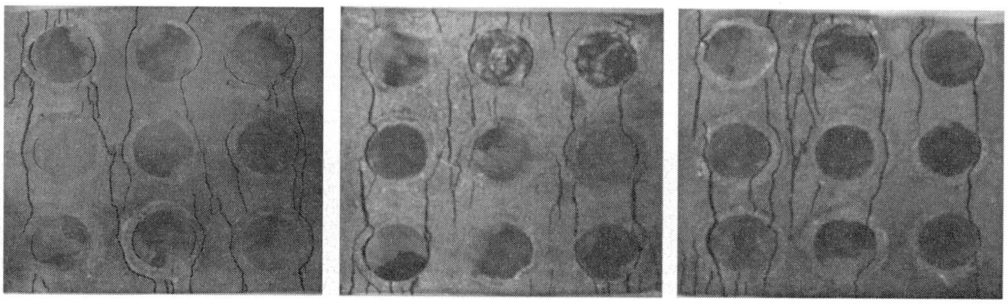

(a) MRAC-30-20 (b) MRAC-30-30 (c) MRAC-30-40

[그림 2.25] 압축 조건에서 파괴 형상[2.28)]

MRAC-30-40의 경우 old ITZ에서 첫 균열을 시작하여 주위까지 이어지는 것으로 나타나고 있었으며, new 모르타르와 old 모르타르의 w/c 비율에 의해 균열 발생에 영향을 미치는 것으로 나타났다.

2.5.2 Nanoindentation에 의한 순환골재의 ITZ 분석

순환골재의 품질을 결정하는 요인은 부착모르타르이며, 그중에서도 부착모르타르와 원골재 사이에서 생성되는 ITZ의 영향이 콘크리트의 특성에 큰 영향을 미칠 것이다. 순환골재에서는 ITZ는 부착모르타르에 의한 Old ITZ와 새로운 배합 조건에 의해 생성되는 New ITZ가 존재하는 만큼 ITZ에 대한 명확한 분석이 중요하다.

Denis Damidot(2003) 등은 콘크리트의 ITZ를 [그림 2.26]과 같이 나노압입(Nanoindentation) 측정에 의해 탄성계수를 측정하여 분석하는 방법을 사용하였다.[2.29] 또한 Wengui Li(2012) 등은 나노압입(Nanoindentation)에 의해 순환골재 및 순환골재를 사용한 콘크리트에 적용하여 [그림 2.27]과 같이 5㎛ 간격으로 Old ITZ 및 New ITZ의 특성을 분석하였다.[2.30] 이를 통해 순환골재에서 원골재와의 거리에 따라 ITZ 내부에서도 다른 특성을 가진다는 연구결과를 도출하였으며, 순환골재의 개질에 의한 ITZ의 강화 및 형성에 대한 다양한 연구가 이루어지고 있다. 이외에도 배합 및 믹싱 조건에 의한 ITZ의 변화 등을 연구하여 취약 부위를 보완하고자 하는 다양한 연구가 수행되고 있다.

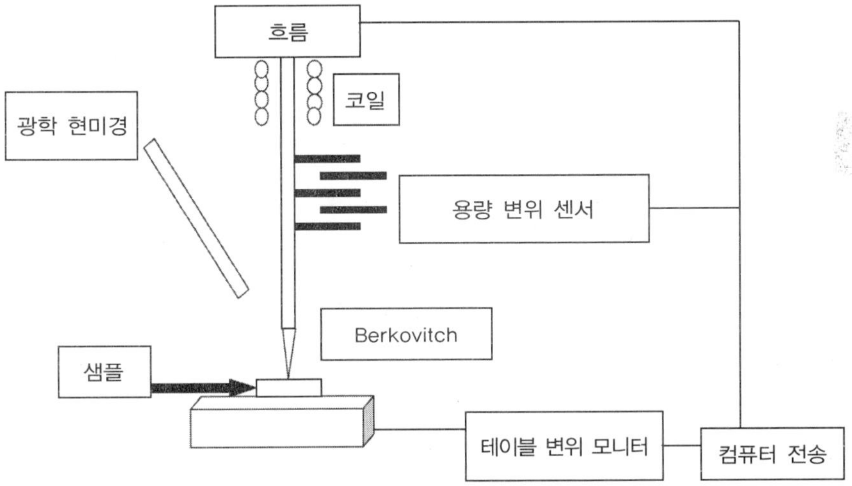

[그림 2.26] 나노압입(Nanoindentation) 실험의 계략도[2.29]

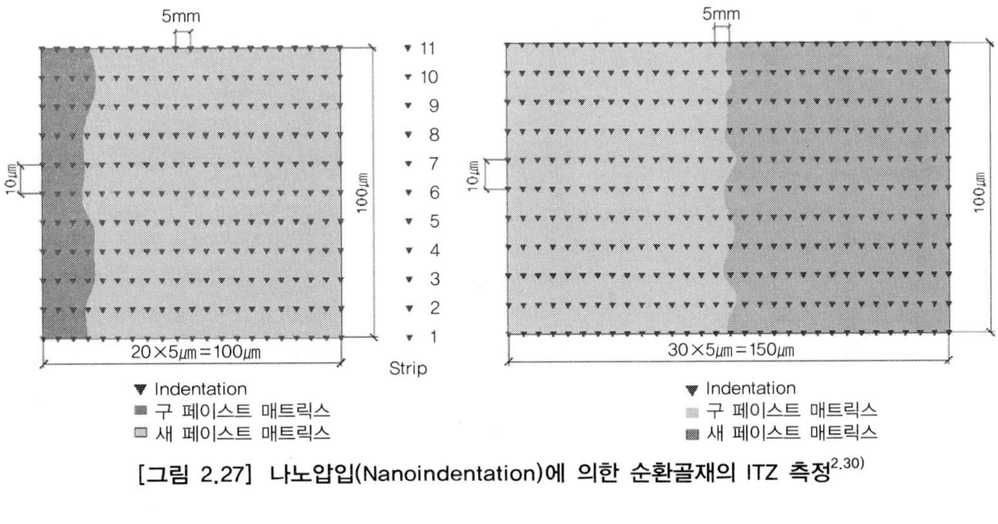

[그림 2.27] 나노압입(Nanoindentation)에 의한 순환골재의 ITZ 측정[2.30]

2.5.3 폐콘크리트 미분 및 공정수의 리사이클링

순환골재의 활용을 활성화하기 위해 '순환골재 품질기준' 등의 다양한 기준이 설립되고 있으며, 이에 적합한 품질의 순환골재를 생산하기 위해 다수의 업체에서 파쇄 공정 횟수를 늘리고 있다. 이와 같이 순환골재에서 파쇄 공정이 증가함에 따라 폐콘크리트 미분말의 발생비율은 증가하고 순환골재 생산 공정은 다른 부산물을 발생시키는 공정이 되고 있는 실정이다. 또한 순환골재의 품질 측면에서 건식 공정에 비해 습식 공정이 유리하기 때문에 대부분의 순환골재 생산업체는 습식 공정을 채택하고 있다.

이에 다량의 알칼리 수가 발생하고 있다. 순환골재의 경우 정책적인 지원을 통해 그 활용이 증가하고 있으나 완전한 재활용을 위해서는 순환골재 생산 공정에서 발생하는 미분말 및 공정수의 재활용도 필수적인 요소일 것이다.

김진만(2011) 등은 폐콘크리트 미분말의 물리, 화학적 특성을 분석하여 폐콘크리트의 미분말에 포함된 다량의 SiO_2를 실리카질 원료로 활용하는 것을 시도하였다.[2.31, 2.32] 구체적으로는 [그림 2.28]과 같이 다양한 콘크리트 2차 제품의 제조에 활용하여 그 활용 가능성을 확인하였다. 그에 대한 결과로 수열합성반응을 일으키는 고온·고압 양생 조건에서 폐콘크리트 미분말을 사용한 시편에서 토버모라이트(tobermorite) 등이 잘 생성되는 것을 확인하여 실리카 원료의 대체재로써 활용 가능성이 있다고 보고하였다.

김진만, 전종기, 이철호, 이상민(2016) 등은 습식 순환골재 생산 공정의 침전조에 저류된 상징액을 분석하여 Ca^{2+}이온이 존재함을 확인하였다.[2.33] 이에 [그림 2.29]에 나타낸 것과 같이 이산화탄소와 반응시킬 수 있는 광물탄산화 공정을 구성하여 그 활용 가능성을 검토하였다.

그 결과 이산화탄소의 유입속도를 조절하여 광물탄산화 반응의 효율 증가가 가능함을 확인하였고, 추가 연구를 통해 반응 생성물인 고순도의 $CaCO_3$가 제조 가능함을 확인하였다.

몰드타설 성형 진동가압 성형

원심력 성형 압출 성형

[그림 2.28] 폐콘크리트 미분말 활용 2차 제품의 성형 설비[2.32)]

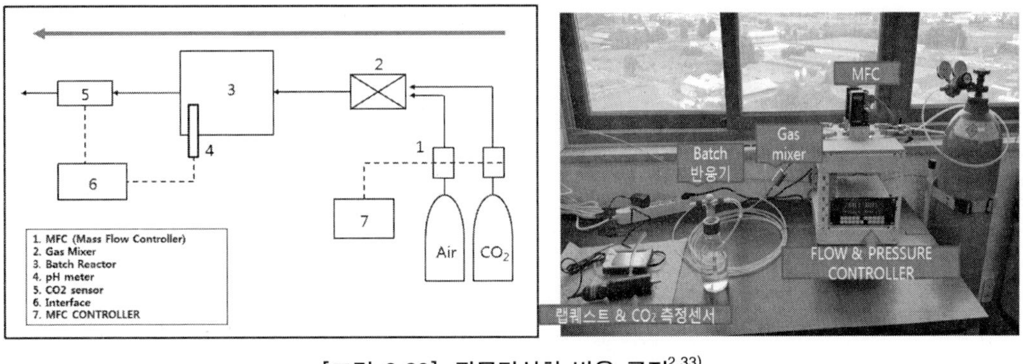

[그림 2.29] 광물탄산화 반응 공정[2.33)]

2.6 결론

우리나라는 연간 약 3억 톤의 콘크리트를 사용하고 있으며, 연간 약 4천만톤 수준의 폐콘크리트가 발생하고 있지만 이 수치는 점차 증가할 것으로 추정된다. 이와 같은 다량의 폐콘크리트가 적절하게 활용되지 못하면 폐기물로서 환경을 파괴하는 요인이 되지만, 이를 파쇄 과정 등의 가공을 통해 순환골재로 생산하게 되면 유효한 자원으로 활용될 수 있을 것이다. 순환골재는 그 품질과 인식 등의 문제로 구조체로의 적용은 원활하지 않은 실정이다. 구조용 콘크리트 골재 등의 천연자원 대체재로 활용되기 위해서는 순환골재의 품질 향상이 필수적이며, 추가 용도개발을 위한 노력을 기울일 필요가 있다. 이와 같은 지속적인 노력은 건설산업을 중심으로 한 자원순환형 사회를 구축하는 기반이 될 것이며, 모든 자원의 순환과 자원이 가지는 가치를 향상시키는 결과로 나타날 것이다.

현대의 사회는 천연자원 고갈과 환경보존이라는 문제에 직면해 있으며, 이러한 문제 해결은 모든 자원을 순환하여 폐기물이 제로화되는 자원순환형 사회 구축 및 지속적인 발전을 통해 이루어져야 할 것이다.

제3장

순환골재 콘크리트의 특성

3.1 서론

건설폐기물 중 폐콘크리트에서 생산되는 순환골재의 재활용은 천연부순 골재의 대체재로서 활용 가능성이 높지만 현재까지 순환골재는 주로 도로공사의 노반재로 사용되고 있다. 최근 들어 순환골재를 사용한 굳지 않은 콘크리트와 굳은 콘크리트의 물리적 또는 기계적 성질에 관한 연구와 순환골재를 생산하는 플랜트 개발에 관한 연구가 많은 진전을 이루고 있으며, 이로 인해 순환골재의 품질향상이 두드러지고 있다. 그러나 국내에서는 순환골재를 적용한 구조체의 내구성에 대한 연구는 최근 몇몇 연구를 제외하고는 아직 미진한 상태이며, 이러한 이유 중 하나로 순환골재는 콘크리트용 일반골재의 표준을 100% 만족시키지 못하여 순환골재를 사용한 보통 콘크리트는 내구성 또는 물리적 성질 등에서 문제점이 발생하기 때문이다.

우리나라에서는 2003년 "건설폐기물의 재활용 촉진에 관한 법률" 제정을 계기로 제도적 근거를 모두 마련하게 되었으나 한국산업 표준 KS F 2573에서는 순환 굵은골재를 사용한 구조용 콘크리트의 설계기준 강도는 27MPa 이하로 제한하고 있으며, 치환율은 총 굵은골재 용적의 30% 수준으로 권장하고 있다. 최근 신축되고 있는 대부분의 건축물에 사용되는 콘크리트는 설계기준강도 27MPa를 넘지 않고 있다는 현실과 건설폐기물을 재활용하는 차원에서 순환골재 사용의 필요성은 증가하고, 설계기준강도 27MPa 이하의 신축 건축물에 사용되는 콘크리트에는 순환골재 적용이 가능함에도 불구하고 재활용 골재라는 부정적인 선입견 때문에 순환골재는 비구조물의 단순 용도로만 사용되고 있는 문제점이 있다. 이는 순환골재 콘크리트에 대한 일반인들의 인식 부족과 주요 구조부재에 적용한 사례가 많지 않을 뿐만 아니라 순환골재 콘크리트의 내구성 및 강도저하에 대하여 아직까지 명확하게 규명되지 못했기 때문이다.

따라서 이 장에서는 발표된 국내·외 연구자료를 바탕으로 순환골재 콘크리트의 특성을 굳지 않은 순환골재 콘크리트의 특성, 굳은 순환골재 콘크리트의 특성, 순환골재 콘크리트의 장기거동과 순환골재 콘크리트의 이론적 연구로 구분하여 정리함으로써 순환골재 콘크리트의 품질과 신뢰성을 제고하여 구조부재로의 활용을 증대시키고 향후 순환골재의 연구방향에 대하여 논의하고자 한다.

3.2 굳지 않은 순환골재 콘크리트의 특성

3.2.1 작업성

굳지 않은 콘크리트의 작업성은 밀도, 공기량, 강도와 같은 다양한 콘크리트 물성에 영향을 미치기 때문에 중요하다. 순환골재가 콘크리트의 작업성에 미치는 영향은 천연골재와 다르기 때문에 다양한 연구가 수행되고 있다. 콘크리트의 작업성을 평가하기 위한 다양한 방법들이 제시되고 있으나 슬럼프가 가장 보편적으로 사용되고 있다. 순환골재 콘크리트의 슬럼프 시험은 KS F 2402에 따른다. 순환골재 콘크리트의 슬럼프는 순환골재가 천연골재와 비교하여 상대적으로 흡수율이 높기 때문에 일반 콘크리트와 비교하여 작다. 순환골재의 표면 형태는 순환골재 콘크리트의 작업성에 중요하게 작용한다. 순환골재는 천연골재와 비교하여 기공률과 흡수율이 높기 때문에 비빔 전에 프리웨팅(Prewetting)을 실시하기도 하며, 프리웨팅 기술에 따라 슬럼프 차이가 크다.

Poon 등의 연구(2009)에서는 콘크리트의 슬럼프에 영향을 미치는 순환골재의 함수상태에 관하여 검토하였다.[3.1] 함수상태는 기건(AD), 절건(OD), 표건(SSD)상태의 3종류로 설정했으며, 배합계시 단위수량 및 골재량은 모든 배합에서 동일하게 하였다. OD

및 AD 상태의 순환골재를 사용하는 배합에서는 흡수율이 높아져 좀 더 많은 단위수량이 필요했다. 슬럼프는 비빔 직후(0 min)에 측정하고 이후 15분 간격으로 경시변화를 살펴보았다. 순환골재의 종류 및 함수상태에 따른 다양한 순환골재 콘크리트의 슬럼프 경시변화를 [그림 3.1]에 나타내었다. 그 결과 OD 순환골재를 사용한 배합 직후 슬럼프는 다른 함수상태와 비교하여 높았다. OD 및 AD 골재를 사용한 배합의 초기 슬럼프는 골재량이 증가할수록 높아졌다. OD 골재를 사용하거나 OD와 AD 골재량이 증가할수록 슬럼프가 높은 것은 배합에서 자유수가 증가했기 때문이다. SSD 골재를 사용한 순환골재 콘크리트의 직후 슬럼프는 천연골재 대체율에 관계없이 일정하게 나타났다. 경과시간에 따른 슬럼프 저하는 OD 골재 배합에서 빠르고 SSD 골재 배합에서 상대적으로 느리게 나타났다.

Yang(2008) 등의 연구에서는 [그림 3.2]에 나타낸 바와 같이 순환골재의 흡수율(Q_w)과 슬럼프 로스 기울기(Slope of slump loss)의 관계를 분석하였다.[3.2] 슬럼프 로스 기울기는 Q_w 증가와 더불어 증대되고 있다.

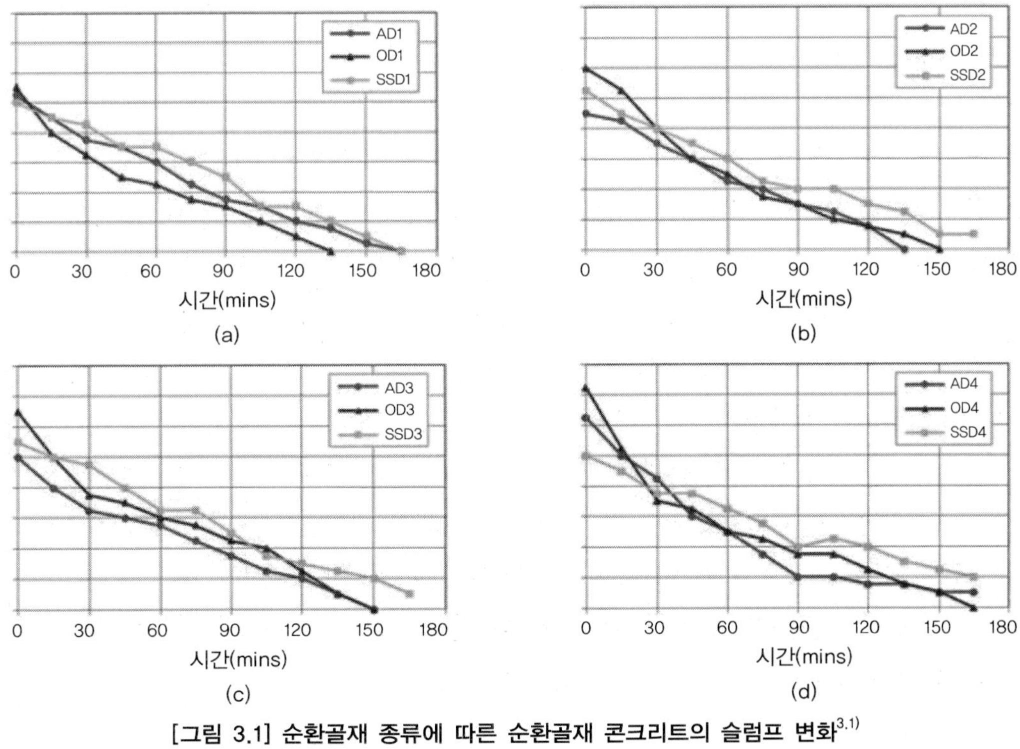

[그림 3.1] 순환골재 종류에 따른 순환골재 콘크리트의 슬럼프 변화[3.1]

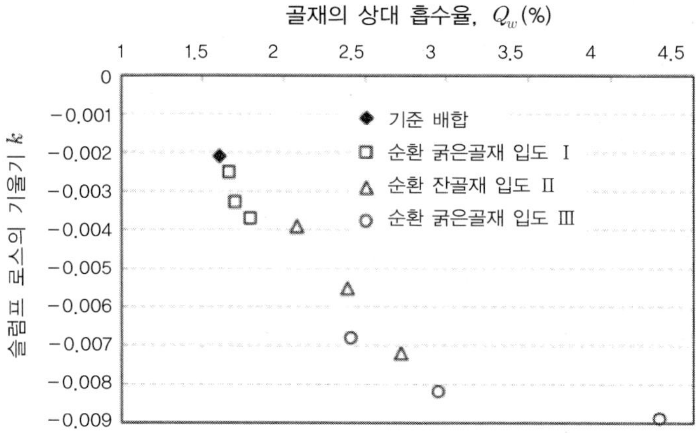

[그림 3.2] 순환골재 흡수율과 슬럼프 로스 기울기와의 관계[3.2)]

이는 순환골재 대체율과 흡수율이 높을수록 경과시간에 따른 굳지 않은 콘크리트의 작업성이 저하되는 것을 의미한다. 또한 순환골재의 종류 및 대체율은 굳지 않은 콘크리트의 초기 슬럼프보다 경과시간에 따른 작업성 손실에 더 큰 영향을 미친다.

3.2.2 밀도

순환골재 콘크리트의 단위용적질량 시험은 KS F 2409에 따른다. 굳지 않은 콘크리트의 밀도는 공극을 포함하는 단위용적당 질량이다. 굳지 않은 콘크리트의 밀도는 골재, 시멘트 종류, 단위수량, 공기량과 같은 요인들에 의하여 영향을 받는다. 또한 굳지 않은 콘크리트의 밀도는 경화 콘크리트의 다양한 물성에 영향을 미친다. 예를 들면 시멘트와 골재의 양이 동일한 경우 물과 공극량이 증가하게 되면 굳지 않은 콘크리트의 밀도는 작아지게 되고 경화 콘크리트의 강도가 작아지게 된다.

순환골재를 사용한 굳지 않은 콘크리트의 밀도는 순환골재의 밀도가 천연골재보다 낮기 때문에 천연골재를 사용한 콘크리트와 비교하여 낮아진다. 순환골재에 부착되어 있는 낮은 밀도의 잔여 시멘트 모르타르 입자는 순환골재 콘크리트의 밀도가 낮아지는 중요한 원인이 된다. [표 3.1]은 골재의 밀도와 순환골재와 천연골재를 사용한 콘크리트 밀도와의 관계에 관한 기존 연구 사례를 나타냈다.

3.2.3 공기량

순환골재 콘크리트의 공기량 시험은 KS F 2409에 따른다. 콘크리트 혼합과정 중에 연행된 일정량의 공기량은 굳지 않은 콘크리트 및 경화콘크리트의 물성에 이로운 영향을 미친다. 굳지 않은 콘크리트에서 약 3%의 공기량은 비빔수량을 줄일 수 있고 블리딩과 골재분리를 감소시킬 수 있다. 그러나 공기량이 규정 이상이면 점성이 증가되어 마감작업을 어렵게 한다. 따라서 콘크리트 배합에서는 공기량이 중요하기 때문에 순환골재가 굳지 않은 콘크리트의 공기량에 미치는 영향에 관하여 수많은 연구자가 관심을 가져왔다. [표 3.2]는 다양한 종류의 순환골재와 천연골재를 사용한 순환골재 콘크리트 공기량에 관한 기존 연구결과 사례를 나타내었다.

기존 연구 결과들에서는 순환골재를 사용하면 공기량이 증가하는 것으로 보고하고 있다. Lopez-Gayarre(2009) 등은 [그림 3.3]에 나타낸 바와 같이 순환골재 대체율이 50% 이상에서 공기량이 증가하는 것으로 보고하고 있다.[3.3)] 또한 고품질 순환골재(MA)를 사용한 배합의 공기량이 저품질 순환골재(OV)를 사용한 배합보다 작게 나타났다. 이 연구에서 사용한 2종류의 순환골재 물성을 [표 3.3]에 나타내었다.

[표 3.1] 프리웨팅 순환골재를 사용한 콘크리트의 밀도 연구 사례

참고문헌	골재 종류 (대체율 ; %)	밀도 (kg/m^3)	밀도/골재 밀도[a] (kg/m^3)
Sagoe-Crentsil 외 (2001)	천연 굵은골재	2,466	2,890
	순환 굵은골재(100)	2,335	2,394
		2,321[b]	
		2,335[c]	
Gomez-Soberon (2002)	천연 굵은 및 잔골재	2,130	2593.3
	순환 굵은 및 잔골재	2,090	2236.7
Vieira 외 (2011)	천연골재	2413.5	2,600(굵은)
	순환 굵은골재(20)	2392.3	2,400
	순환 굵은골재(50)	2355.0	
	순환 굵은골재(100)	2299.8	
Elseberria 외 (2007)	천연골재	2,420	2,670
	순환 굵은골재(25)	2,400	2,430
	순환 굵은골재(50)	2,390	
	순환 굵은골재(100)	2,340	

참고문헌	골재 종류 (대체율 ; %)	밀도 (kg/㎥)	밀도/골재 밀도[a] (kg/㎥)
Gonzalez-Fonteboa 외 (2011 d(MatStruc))	천연골재	2,340, 2,360	2,725
	순환 굵은골재(25)	2,320, 2,330	2,400
	순환 굵은골재(50)	2,300, 2,310	
	순환 굵은골재(100)	2,270, 2,270	
Katz (2003)	천연골재	2,463	-
	순환 굵은 및 잔골재	2,175(1일[e]) 2,145(7일[e]) 2,156(28일[e])	2.23~2.59[a] 2.25~2.60[a] 2.23~2.55[a]
Buyle-Budin과 Zaharieva (2002)	천연골재	2,360~2,410	2,600(잔) ; 2,680(굵은)
	순환 굵은 및 잔골재	2,195~2,220	2,160(잔); 2,250(굵은)
Topcu과 Sengel (2004)	천연골재	~2,386	2,700
	순환 굵은골재(50)	2,301(50)	2,470
	순환 굵은골재(100)	2,251	

a. 비중
b. 결합재는 슬래그시멘트
c. 5% 시멘트량 추가
d. w/c 0.65, 0.50
e. 원콘크리트 파쇄 재령

[표 3.2] 프리웨팅 순환골재를 사용한 콘크리트의 공기량 연구사례

참고문헌	골재 종류(치환율)	공기량(%)	비고
Sagoe-Crentsil 외 (2001)	천연 굵은골재	2.4	
	순환 굵은골재	2.4	
		1.8	슬래그 시멘트
		2.3	
Katz(2003)	천연골재	1.3	백색 포틀랜트 시멘트
	순환 굵은 및 잔골재	5.4(1일)	
		4.1(7일)	
		5.0(28일)	
	순환 굵은 및 잔골재	4.8(1일)	보통 포틀랜트 시멘트
		5.4(7일)	
		5.6(28일)	
Rustom 외 (2007)	보통	1.0~2.0	보통 포틀랜트 시멘트
	재생 콘크리트	1.8~3.3	

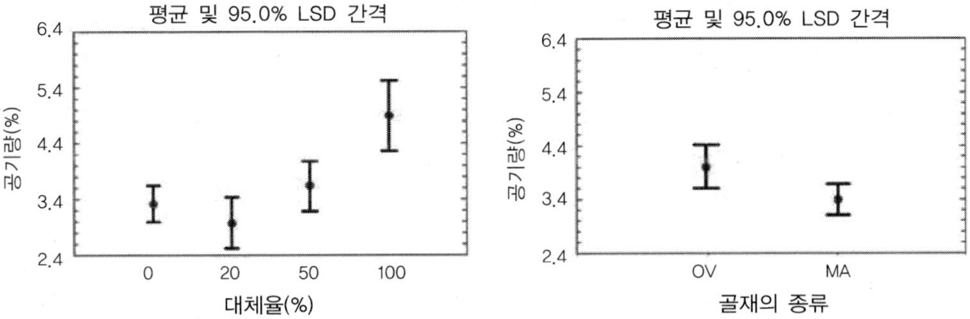

[그림 3.3] 순환골재의 종류별 대체율에 따른 콘크리트 공기량[3.3]

[표 3.3] 사용 순환골재의 물성[3.3]

골재명	크기 (mm)	건조밀도 (kg/㎥)	흡수율 (%)	마모계수 (%)	부착모르타르량 (%)	손실량 (%)
OV	4~20	2,200	5.0	37.2	34.2	2.6
MA	4~20	2,360	3.8	33.1	23.0	1.5

3.2.4 블리딩

순환골재 콘크리트의 블리딩 시험은 KS F 2414에 따른다. 콘크리트의 블리딩은 응결과정 중에 콘크리트 내부에 있는 물이 표면으로 이동하는 분리현상 중 하나이다. 표면으로 이동하는 블리딩수와 함께 시멘트도 같이 올라오기도 한다. 블리딩이 증가할수록 물-결합재비가 높아지고 콘크리트 표면의 강도는 감소하게 된다. 또한 블리딩으로 인한 모세관 공극의 증가는 내구성에 영향을 미친다. 그러나 콘크리트 내부에서 올라오던 블리딩수가 골재의 편평한 부위 또는 철근 하부에 갇혀 표면으로까지 도달하지 못하는 경우도 있다. 이와 같은 내부 블리딩은 시멘트페이스트와 골재와의 부착력을 저하시키고 미세 균열이 증가하는 원인이 된다. 콘크리트 블리딩은 높은 물-결합재비, 낮은 시멘트량, 불량한 골재 입도와 같은 다양한 요인들에 의하여 증가한다.

순환골재 표면에 있는 시멘트페이스트는 비빔수를 흡수하기 때문에 순환 굵은골재 대체율이 증가할수록 콘크리트의 블리딩량은 감소한다.[3.2] 순환 굵은골재 100%와 순환 잔골재 100%를 대체한 연구에서도 순환골재를 사용함으로써 블리딩이 감소하고, 순환 잔골재 콘크리트의 블리딩은 순환 굵은골재 콘크리트와 비교하여 감소하는 것으로 보고하고 있다. 또한 순환골재의 흡수율과 블리딩량의 관계는 [그림 3.4]에 나타낸 바와 같이 순환골재 흡수율이 감소할수록 블리딩량은 증가하는 것으로 보고하고 있다. 이는 순환골재 표면의 구 시멘트페이스트에 블리딩수가 흡수되기 때문이라고 분석하였다.

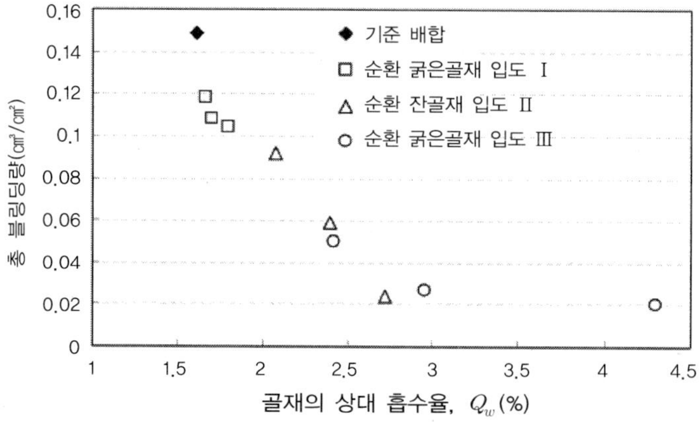

[그림 3.4] 순환골재 흡수율과 블리딩량[3.2)]

3.3 굳은 순환골재 콘크리트의 특성

3.3.1 압축강도

순환골재 콘크리트의 압축강도 시험은 KS F 2405에 따른다. 순환골재 콘크리트는 [그림 3.3]에 나타낸 바와 같이 골재와 매트릭스 사이에 두 개의 계면이 존재하고, 이는 순환골재 콘크리트의 강도에 영향을 미치게 된다. [그림 3.5]에 나타낸 순환

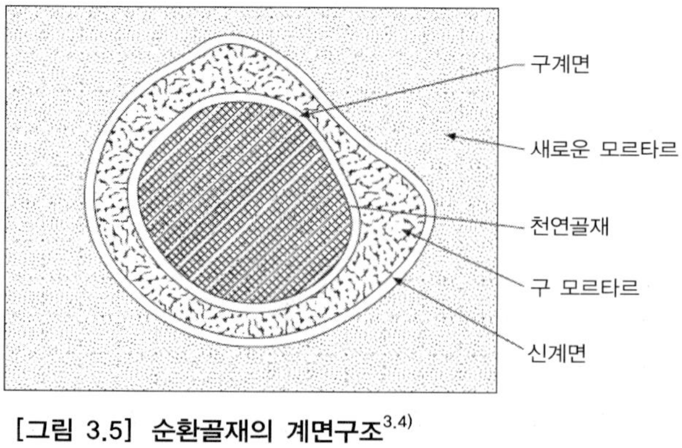

[그림 3.5] 순환골재의 계면구조[3.4)]

골재와 새로운 모르타르 사이의 신 계면(New ITZ : Interfacial Transition Zone)의 품질이 원골재와 구 모르타르 사이의 구 계면(Old ITZ)보다 우수하다면 순환골재 콘크리트의 강도는 구 계면이 있는 순환골재 품질에 영향을 미친다.[3.4)]

순환골재를 사용하는 콘크리트의 압축강도는 천연골재를 사용하는 콘크리트와 비교하여 일반적으로 감소하는데, 기존 연구결과에 의하면 40%까지 감소하는 연구결과도 있다.(Katz 2003 ; Chen et al. 2003) 또한 순환골재가 천연골재의 25~30%(Corinaldesi 2011 ; Etxeberria et al. 2007a) 또는 100%(Li et al. 2009 ; Rahal 2007 ; Safiuddin et al. 2011) 대체될 경우 압축강도는 12~25% 감소한다는 연구도 있다.[3.5)~3.8)] 순환골재 혼입에 따른 순환골재 콘크리트 압축강도 감소에 관련한 대표적인 연구결과를 [표 3.4]에 나타내었다. 순환골재를 사용하는 콘크리트는 기공량이 증가하고 골재-매트릭스 부착 계면이 약해지면서 압축강도가 저하하는 주요 원인이 된다.

[표 3.4] 순환골재 혼입에 따른 압축강도 감소 연구 사례

참고문헌	골재 종류	강도감소율 (대체율 ; %)	비고
Oliveira, Vasquez (1996)	굵은골재/RCA	10	함수량 변화
Topou and Sengal (2004)	굵은골재/RCA	23.5 33	C16 type concrete (28일강도 16MPa) C20 type concrete (28일강도 20MPa)
Sani 외 (2005)	굵은/잔골재/RA	40	동일 물-결합재비
Gomez-Soberon (2002)	굵은골재/RA/10분간 프리웨팅	~2, (15) ~5, (30) ~11.5, (100)	대체율 15, 30, 100%
Kou, Poon (2008)	굵은골재/RA/표건 상태	4~6%, (20) 13~17, (50) 16~22, (100)	대체율 20, 50, 100%
Khatib (2005)	잔골재/RCA	~24.5~25, (25~75) ~36, (100)	대체율 25, 50, 70, 100%, w/c 0.5
Yang 외 (2010)	굵은골재/RCA	5.7, (100)	w/c 0.47, 슬럼프 24mm

순환골재 콘크리트도 보통 콘크리트와 같이 결합재/물비와 압축강도와의 직선적인 관계가 존재한다. Nagataki와 Iida(2001)는 [그림 3.6]에 나타낸 바와 같이 원 콘크리트

의 압축강도별로 제조된 순환골재를 사용한 순환골재 콘크리트의 결합재/물비와 압축강도와의 관계를 검토하였다.[3.9] 그 결과 순환골재 제조 전 원 콘크리트의 압축강도에 따라 순환골재 콘크리트의 압축강도는 비례하고 결합재/물비와 압축강도는 직선적인 관계를 나타내고 있다. Kou와 Poon(2006)의 연구에서는 물-결합재비 0.45와 0.55에서 순환 굵은골재 양이 증가할수록 압축강도는 감소하였다.[3.10] 보통 콘크리트와 순환골재 콘크리트의 압축강도는 양생시간이 길어질수록 증가하였고, 물-결합재비가 클수록 감소하였다. 순환골재의 품질이 순환골재 콘크리트의 강도특성에 미치는 영향은 낮은 물-결합재비에서는 크지만 높은 물-결합재비에서는 그 영향이 줄어든다. Chen(2003) 등의 연구에서는 [그림 3.7]에 나타낸 바와 같이 w/c가 어느 이상 되면 보통 콘크리트와 순환골재 콘크리트의 압축강도 차이가 크지 않는데, 특히 w/c 0.58에서 0.80의 범위에서 강도 차이가 작은 것으로 나타냈다.[3.11]

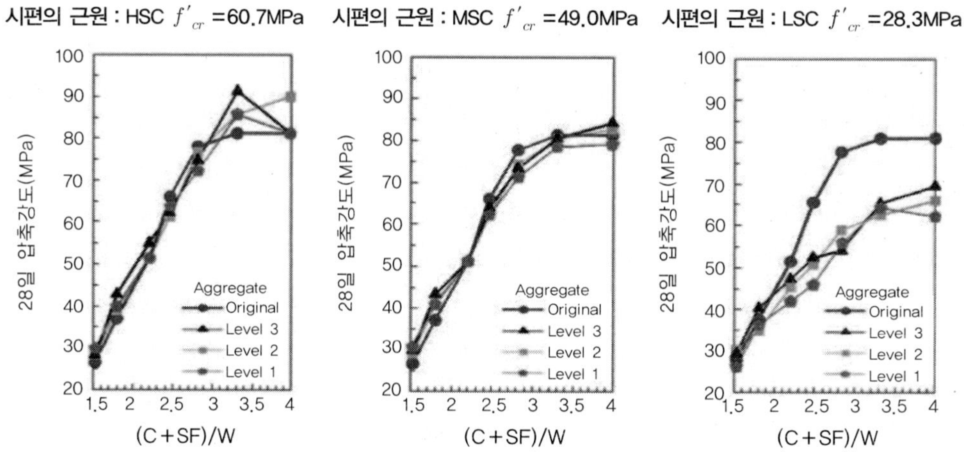

[그림 3.6] 결합재/물비와 압축강도의 관계[3.9]

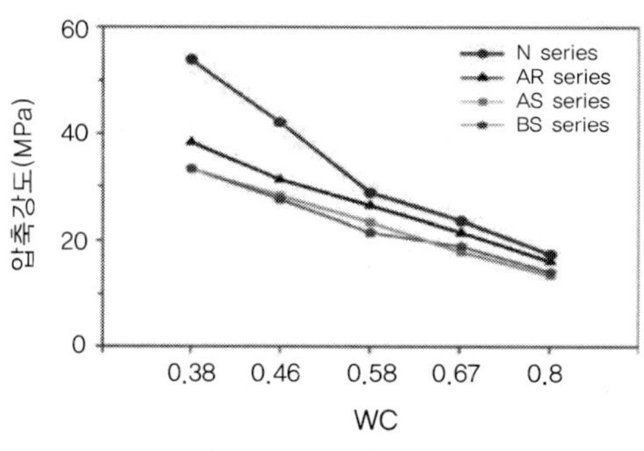

[그림 3.7] 물-결합재비와 압축강도의 관계[3.11]

기건 양생 조건의 순환골재 콘크리트는 순환골재의 높은 흡수율이 강도측면에서 긍정적인 영향을 미치기도 한다. Buyle-Buddin과 Zaharieva의 연구(2002)에서는 천연 잔골재 및 굵은골재가 동일한 크기의 순환골재로 100% 대체한 순환골재 콘크리트를 수중 양생과 기건 양생하였을 경우 압축강도는 보통 콘크리트와 비교하여 수중양생에서 9~12%, 기건 양생에서 3~6% 감소하였다.[3.12] 수중 양생보다 기건 양생에서 보통콘크리트와 비교하여 순환골재 콘크리트의 압축강도가 상대적으로 낮게 감소하는 이유는 기건 양생의 경우 순환 잔골재에서 흡수된 물이 시멘트페이스트로 이동하게 되어 기건 양생으로 부족해진 물을 보상했기 때문이다. 반면에 Rao 등의 연구(2011)에서는 [그림 3.8]에 나타낸 바와 같이 수중 양생한 순환골재 콘크리트 압축강도보다 습윤 양생 후 기건시킨 순환골재의 콘크리트 압축강도가 높게 나타났다. 이는 습윤 양생의 경우 순환골재의 원골재와 부착된 모르타르와의 구 계면에 있던 자유수가 증가하여 구 계면을 약화시키고 이로 인하여 압축강도가 저하된 것으로 보고하였다.

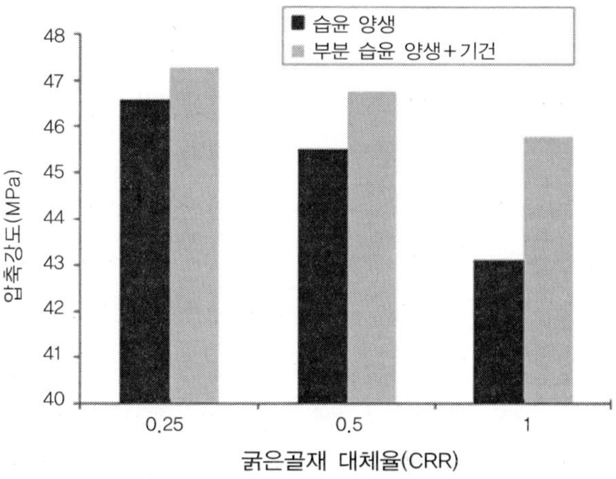

[그림 3.8] 양생조건과 압축강도의 관계[3.13]

Evangelista와 de Brito(2007)의 연구에서는 구조체 콘크리트의 천연골재 대신에 비빔시간별 순환 잔골재(<2.36mm) 대체율에 따른 압축강도에 관하여 검토하였다.[3.7] 콘크리트 비빔시간은 Ⅰ시리즈의 경우 10분, Ⅱ시리즈의 경우 20분으로 하였다. 그 결과를 [표 3.5]에 나타내었다. 순환골재를 사용한 FRCAC(Fine Recycled Concrete Aggregate Concrete)의 Ⅰ시리즈 28일 압축강도는 천연골재를 사용한 FNAC(Fine Natural Aggregate Concrete)와 비교하여 FRCA(Fine Recycled Concrete Aggregate)에 존재하는 미수화

시멘트의 포졸란 반응 때문에 2~5% 정도 높은 것으로 나타났다. 반면에 비빔시간이 길어진 FRCAC의 Ⅱ시리즈 28일 압축강도는 천연골재를 사용한 FNAC와 비교하여 0.6~7.6% 감소하고 있는데, 이는 FRCA가 물에 접하는 시간이 길어짐에 따라 부분적으로 w/c가 증가되어 시멘트페이스트와 골재와의 부착강도가 약해졌기 때문이다.

Ferreira 등은(2011) 콘크리트 비빔방법에 따른 순환 굵은골재를 사용한 순환골재 콘크리트의 압축강도를 비교하였다.[3.13] 비빔방법으로는 혼합 전에 수중에 포수시킨 프리웨팅 방법과 비빔 중에 순환골재로 인하여 흡수되는 수량을 추가시켜주는 수량 추가 방법으로 구분하였다.

[표 3.5] 순환 잔골재 대체율에 따른 콘크리트의 압축강도

콘크리트 종류	FRCA 대체율 (%, v/v)	압축강도 (MPa)	
		Ⅰ 시리즈	Ⅱ 시리즈
FNAC	0	59.4	59.3
FRCAC10	10	62.2	59.0
FRCAC20	20	58.4	57.3
FRCAC30	30	61.3	57.1
FRCAC50	50	60.8	58.8
FRCAC100	100	61.0	54.8

순환골재 콘크리트의 7일 및 28일 압축강도는 [그림 3.9]에 나타낸 바와 같이 순환골재의 프리웨팅 방법이 콘크리트 배합에서 수량을 추가하는 방법과 비교하여 낮은 것으로 나타났다. 이는 시멘트페이스트가 골재 입자 표면으로 침투하는 "네일링 효과(Nailing Effect)"가 작아졌기 때문이다. 비빔 전 프리웨팅은 순환 굵은골재 내부뿐만 아니라 표면과 표면공극에도 함수량이 높아지게 된다. 골재 표면과 표면공극의 수분은 콘크리트 비빔 시 시멘트페이스트가 골재공극으로 침투해 들어가는 것을 방해하여 네일링 효과가 작아지게 되고 결과적으로 순환골재와 시멘트페이스트와의 계면(ITZ)을 약화시킨다.

프리웨팅에 의한 방법은 순환골재 대체율이 증가할수록 콘크리트 내부에 취약 부분이 증가하여 압축강도는 더욱 저하하게 된다.

플라이애시, 메타카올린, 실리카 흄, 고로슬래그와 같은 혼화재를 일정량 사용함으로써 순환골재 콘크리트의 압축강도를 증가시킬 수 있다. Kou와 Poon의 연구(2006)에서는 플라이애시를 25% 대체한 순환골재 콘크리트의 압축강도는 90일 재령에서 향상

되었지만 35% 대체한 순환골재 콘크리트에서는 저하하였다. 플라이애시 대체율 25% 및 35% 순환골재 콘크리트의 28일 이후 90일 사이에 압축강도 증진율은 보통 콘크리트와 비교하여 높은 것으로 나타났다.[3.14] 또한 재령 28일부터 재령 10년까지의 순환골재 콘크리트 압축강도 증진은 플라이애시 양과 함께 증가하였다. Corinaldesi의 연구(2009)에서는 시멘트 100% 보다는 플라이애시 30% 또는 실리카흄 15%를 대체한 순환골재 콘크리트의 56일 습윤 양생 압축강도가 높게 나타났다.[3.15] 특히 실리카흄 혼입 순환골재 콘크리트가 플라이애시 혼입보다 높았으며, 보통 콘크리트와 비교하여 모든 재령에서 높게 나타났다.

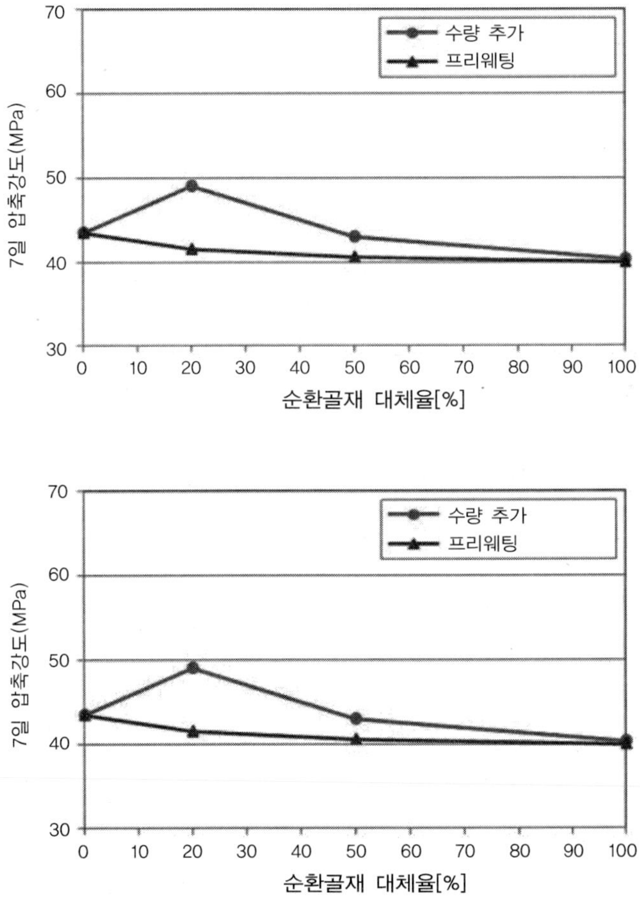

[그림 3.9] 비빔방법에 따른 순환골재 콘크리트의 압축강도[3.13]

Kou 등의 연구(2011)에서는 [그림 3.10]에 나타낸 바와 같이 각종 혼화재료를 혼입한 순환골재 콘크리트의 압축강도를 검토한 결과 고로슬래그 55%와 플라이애시 35%를 대체한 순환골재 콘크리트의 압축강도가 현저하게 낮게 나타났다. 그러나 실리카 흄 10%와 메타카올린 15%를 혼입한 순환골재 50%와 100% 순환골재 콘크리트의 압축강도는 천연골재 콘크리트와 유사한 수준으로 개선되었다. 실리카 흄과 메타카올린을 혼입한 순환골재 대체율 50% 콘크리트의 압축강도는 보통콘크리트와 유사한 수준이었다. 그러나 순환골재 대체율 100%에서의 재령 90일 압축강도는 모든 배합에서 보통콘크리트와 비교하여 현저하게 낮았다. 실리카 흄과 메타카올린 혼입 순환골재 콘크리트의 압축강도는 플라이애시와 고로슬래그 혼입 순환골재 콘크리트와 비교하여 재령 28일까지의 초기재령에서는 높았지만 재령 28일부터 재령 90일까지의 장기재령에서는 낮았다. 이는 플라이애시와 고로슬래그의 경우 포졸란반응에 의하여 수화생성물이 순환골재의 공극과 미세균열을 충진시켜 계면(ITZ)의 부착성능을 향상시켰기 때문이다. 광물질 혼화재가 순환골재 콘크리트의 압축강도 증진에 미치는 영향은 보통콘크리트와 비교하여 상대적으로 크다.

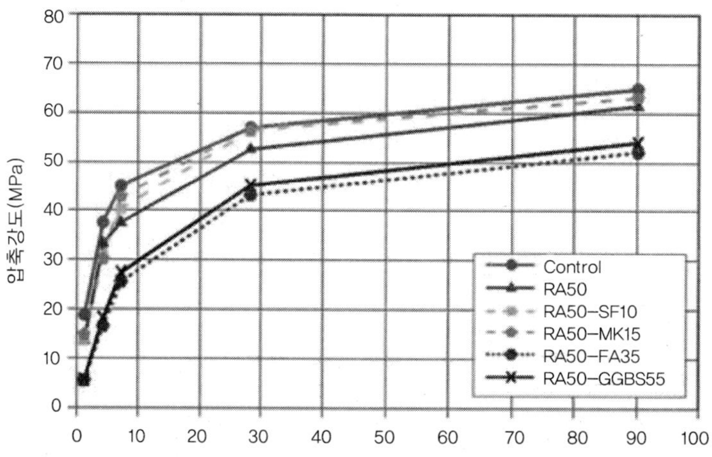

[그림 3.10] 혼화재 사용 순환골재 콘크리트의 압축강도

순환골재 콘크리트의 압축강도 저하를 보완하기 위하여 시멘트량을 증가시키거나 물-결합재비를 낮추는 콘크리트 배합 측면과 더불어 비빔 방법도 제안되고 있다. 순환골재 콘크리트 압축강도가 저하되는 주요 원인이 순환골재와 시멘트페이스트와의 약화된 부착력이다. 이와 같은 약화된 부착력을 개선시키기 위한 방법으로 특수재료를 첨가하는 연구와 실리카 흄 또는 나노실리카로 골재의 표면을 코팅하는 연구도 수행되었다. Akbarnezhad 등의 연구(2011)에서는 [그림 3.11]에 나타낸 바와 같이 순환골재를 마이크로웨이브로 가열하여 사용한 콘크리트의 압축강도 저하가 현저히 줄어들었다. 이는 마이크로웨이브 가열로 인하여 순환골재에 붙어 있는 모르타르와 골재의 취약부가 제거되었기 때문이다. 보통 콘크리트와 마이크로웨이브 가열 순환골재 콘크리트의 28일 압축강도 차이는 순환골재 대체율 40%까지는 거의 나타나지 않았다. 또한 순환골재 대체율 100%에서 보통 콘크리트와의 압축강도 차이는 일반 순환골재 콘크리트의 경우 30%, 마이크로웨이브 가열 순환골재 콘크리트의 경우 10%로 나타나고 있어 마이크로웨이브 가열 순환골재가 일반 순환골재와 비교하여 20% 정도의 강도 증진 효과가 있었다.

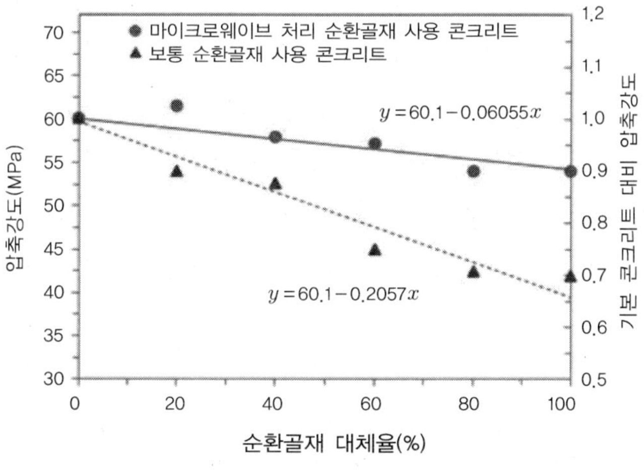

[그림 3.11] 마이크로웨이브 가열 순환골재를 사용한 콘크리트의 압축강도

3.3.2 탄성계수

순환골재 콘크리트의 탄성계수는 압축강도와 마찬가지로 보통 콘크리트와 비교하여 낮고 순환골재 대체율이 증가할수록 감소하게 된다. 순환골재 콘크리트 탄성계수가 낮아지는 이유는 콘크리트의 탄성계수가 기본적으로 골재의 탄성계수에 영향을 받는데, 순환골재의 탄성계수가 천연골재보다 낮기 때문이다. 또한 순환골재 혼입에 의하여 콘크리트의 기공특성과 골재-시멘트페이스트 부착력이 저하되고 이로 인하여 콘크리트 강성이 저하되었기 때문이다.

순환골재 콘크리트의 탄성계수는 대체율, 골재의 품질 및 크기, w/c 등과 같은 다양한 요인들에 따라 다르겠지만 보통 콘크리트의 50% 수준인 연구결과도 있다. 순환골재 혼입에 의하여 탄성계수가 저하하는 것이 압축강도가 저하하는 것보다 크다. Gomez-Soberon의 연구(2002)에서는 [그림 3.12]에 나타낸 바와 같이 순환 굵은골재 대체율 60%까지 순환골재 콘크리트의 탄성계수가 대체율이 증가할수록 조금씩 감소하였으나 대체율 100%에서는 탄성계수의 감소가 멈추고 대체율 60%와 유사한 수준을 보인다.[3.16] 순환골재 콘크리트의 탄성계수는 순환골재 혼입량이 증가할수록 감소하고 재령이 지날수록 증가하였으나 순환골재 대체율 100%에서는 재령에 따른 탄성계수의 증가는 나타나지 않았다.

Padimini 등의 연구(2009)에서는 순환 굵은골재를 혼입함으로써 기공량이 증가하기 때문에 순환골재 콘크리트의 탄성계수가 현저히 감소한다고 고찰하였다. 더욱이 크기가 작은 순환 굵은골재를 혼입한 콘크리트의 기공량이 증가하여 탄성계수가 작게 나타났다. 그러나 순환골재 제조 전 원 콘크리트의 강도는 순환골재 콘크리트의 탄성계수에 영향을 미치지는 않았다. Corinaldesi의 연구(2010)에서는 직경 4~12㎜의 잔골재와 직경 11~22㎜의 굵은골재 30% 대체한 w/c 0.40, w/c 0.45에서의 순환골재 콘크리트 28일 탄성계수는 [그림 3.13]에 나타낸 바와 같이 보통 콘크리트와 비교하여 각각 약 23%, 13%씩 감소하였다.[3.16]

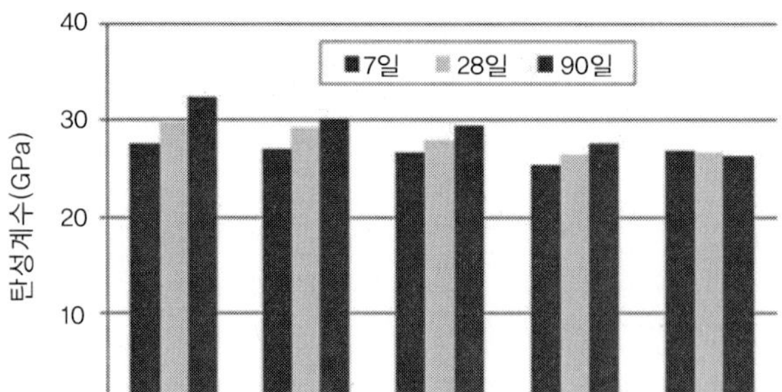

[그림 3.12] 순환골재 대체율에 따른 콘크리트의 탄성계수[3.16]

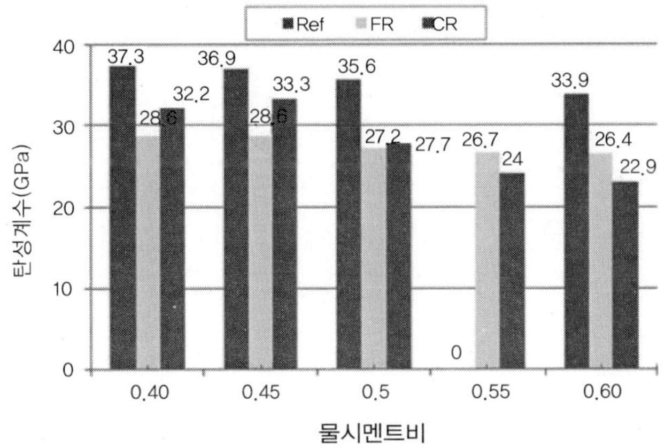

[그림 3.13] 순환골재콘크리트의 w/c별 탄성계수[3.16)]

Poon 등의 연구(2006)에서는 순환골재 콘크리트의 탄성계수 저하는 낮은 순환골재 대체율의 증기 양생보다 수중 양생에서 크게 나타났다. Fonseca 등의 연구(2011)에서는 양생 조건별 순환골재 대체율에 따른 콘크리트 탄성계수를 검토하였다.[3.17)] 양생은 수중 양생(WIC), 습윤 챔버 양생(WCC), 외기 노출 양생(OEC), 실험실 실내 양생(LCC) 등 4가지 조건에서 실시하였다. 그 결과 [그림 3.14]에 나타낸 바와 같이 순환골재 대체율이 증가할수록 모든 양생조건에서 콘크리트 탄성계수는 감소하였다. 또한 양생 조건 중 가장 건조한 양생조건인 실험실의 실내 조건에서 양생한 순환골재 콘크리트의 탄성계수가 가장 낮게 나타났는데, 이는 실험실 실내 조건이 낮은 습도로 인하여 시멘트페이스트 내부에 다공질의 미세구조가 형성되었기 때문이다.

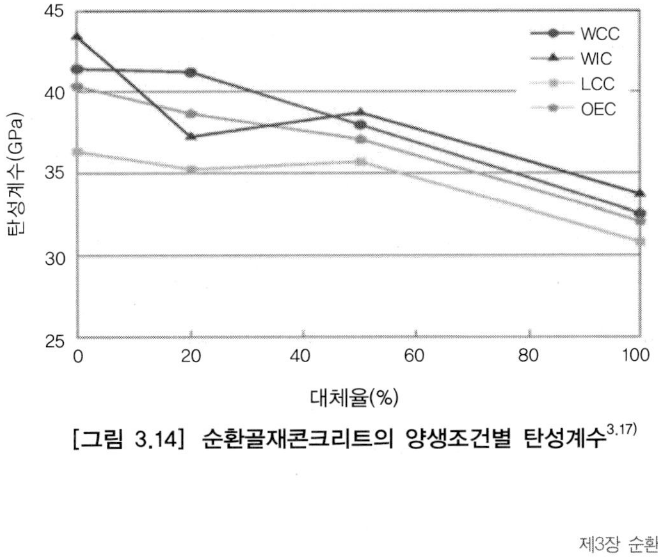

[그림 3.14] 순환골재콘크리트의 양생조건별 탄성계수[3.17)]

3.3.3 쪼갬인장강도

순환골재 콘크리트의 쪼갬인장강도는 [표 3.6]에 나타낸 바와 같이 보통 콘크리트와 비교하여 순환골재 대체율이 증가할수록 감소한다. 천연골재와 비교하여 순환골재의 낮은 역학적 특성이 순환골재 콘크리트의 압축강도와 동일하게 인장강도에도 부정적인 영향을 미치게 된다.

[표 3.6] 순환골재 콘크리트의 28일 쪼갬인장강도

참고문헌	골재 종류	인장강도(MPa)/대체율(%)
Gomez-Soberon(2002)	순환 잔/굵은골재	3.7/0 ; 3.7/15 ; 3.6/30 ; 3.4/60 ; 3.3/100
Gomez-Fonteboa(2008)	순환 굵은골재	3.15/0 ; 3.00/50
Kou and Poon(2008)	순환 굵은골재	2.43/0 ; 2.40/20 ; 2.35/50 ; 2.26/100

Sagoe-Crentsil 등의 연구(2001)에서는 [그림 3.15]에 나타낸 바와 같이 보통 포틀랜드 시멘트를 사용한 순환골재 콘크리트의 인장강도는 보통 콘크리트와 비교하여 약간 낮았으나 슬래그 시멘트를 사용하면 보통 콘크리트와 비교하여 28일 이후 재령에서 높은 것으로 나타났다.[3.18] 한편 시멘트를 5% 더 추가한 순환골재 콘크리트의 쪼갬인장강도는 보통 콘크리트와 비교하여 초기재령에서는 높았으나 재령 1년 후에는 유사하게 나타났다.

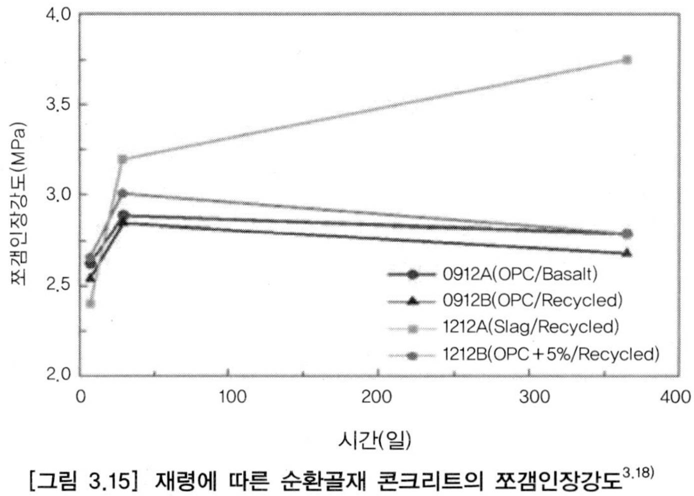

[그림 3.15] 재령에 따른 순환골재 콘크리트의 쪼갬인장강도[3.18]

Kou 등의 연구(2011)에서는 RA(Recycled Aggregate)와 RCA(Recycled Concrete Aggregate)를 혼입한 순환골재 콘크리트의 쪼갬인장강도는 [그림 3.16]에 나타낸 바와 같이 보통 콘크리트와 비교하여 재령 28일에서는 각각 10%, 7%로 작았으나 재령 1년 및 5년 후에는 오히려 보통 콘크리트와 비교하여 높게 나타났다. RAC와 RCAC의 재령 28일과 재령 5년 사이의 쪼갬인장강도 증진율은 각각 56%, 65%로서 보통 콘크리트 37%와 비교하여 높게 나타나고 있다. 또한 재령 28일부터 재령 5년 사이의 쪼갬인장강도 증진율은 RA와 RCA 혼입량이 증가할수록 증대하였다. 장기재령에서의 RCAC 쪼갬인장강도 증진은 재령이 길어질수록 지속적인 수화반응으로 새로운 시멘트페이스트와 구재 골재와의 부착강도가 좋아져 ITZ의 미세구조가 향상되고 순환골재 자체의 수화반응으로 밀실 해졌기 때문이다. Kou와 Poon의 연구(2008)에서도 [그림 3.17]에 나타낸 바와 같이 재령 28일의 경우 RCA 대체율이 증가할수록 쪼갬인장강도가 감소하나 재령 5년 경과 후에는 RCA 대체율이 증가할수록 오히려 쪼갬인장강도는 증가한다.[3.19]

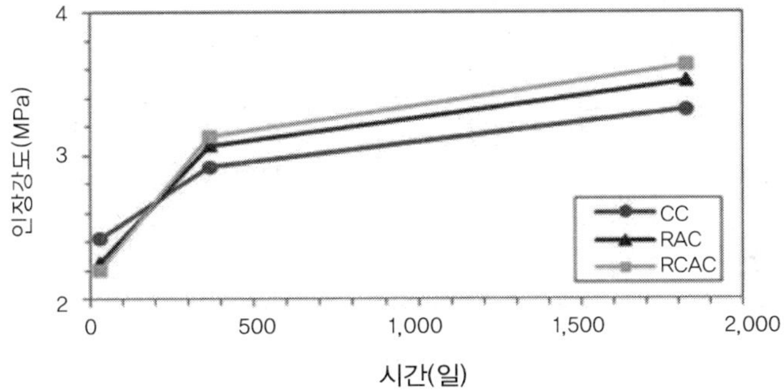

[그림 3.16] 순환골재 종류별 재령에 따른 순환골재 콘크리트의 쪼갬인장강도

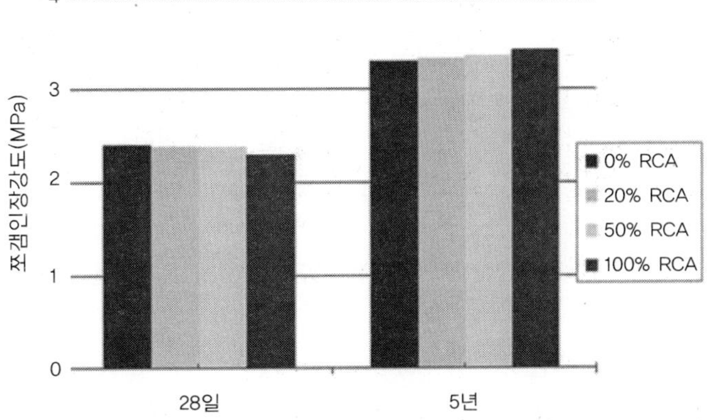

[그림 3.17] 재령별 순환골재 대체율에 따른 콘크리트의 쪼갬인장강도[3.19]

3.3.4 휨강도

순환골재 콘크리트의 휨강도는 압축강도 및 인장강도와 유사하게 순환골재 대체율이 증가할수록 감소한다. 그러나 순환골재 대체율에 따른 휨강도의 감소는 압축강도와 비교하여 크지 않다. 기존 연구결과에 의하면 순환골재 대체율, 순환골재의 품질, w/c, 설계기준강도 등 다양한 요인들에 의하여 편차는 있겠지만 보통 콘크리트에 대한 순환골재 콘크리트의 휨강도 감소율은 대체로 30% 미만이다.

Takavoli와 Soroushian의 연구(1996)에서는 최대치수가 낮은 순환골재를 사용한 콘크리트의 휨강도는 최대치수가 높은 순환골재를 사용한 콘크리트와 비교하여 높게 나타났다.[3.20] Oliveira와 Vazquez의 연구(1996)에서는 [그림 3.18]에 나타낸 바와 같이 다양한 함수상태의 순환 굵은골재를 사용한 콘크리트의 휨강도를 검토하였다.[3.21] 함수상태는 건조(D), 함수율 89.5%(S1), 함수율 88.1%(S2), 함수율 100%(S3)의 4수준으로 설정하여 검토하였다. 순환골재 콘크리트의 휨강도는 재령 3일과 재령 28일에서 보통 콘크리트와 비교하여 약 10% 정도 감소하였다. 또한 건조 및 90% 정도로 함수된 순환골재를 사용한 콘크리트의 휨강도는 표건상태의 순환골재를 사용한 콘크리트와 비교하여 상대적으로 높게 나타났다.

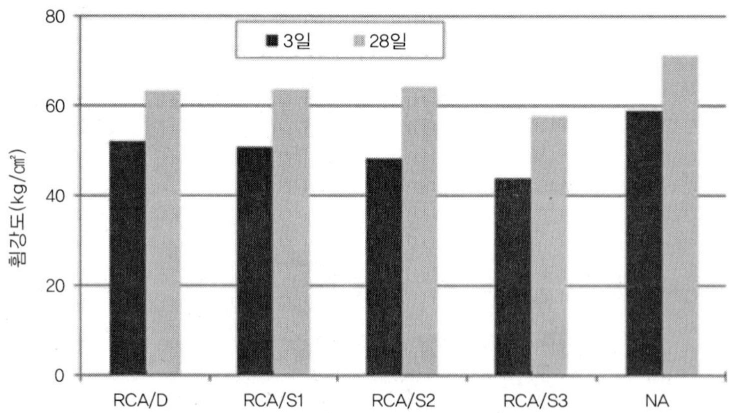

[그림 3.18] 순환골재의 함수상태별 순환골재 콘크리트의 휨강도[3.21]

Ahmed의 연구(2011)에서는 [그림 3.19]에 나타낸 바와 같이 순환 잔골재 대체율과 더불어 플라이애시를 혼입한 순환골재 콘크리트의 휨강도를 검토하였다.[3.22] 그 결과 순환 잔골재만을 혼입한 배합의 휨강도는 순환 잔골재 대체율이 증가할수록 감소하는 경향을 보이고 있었다. 그러나 순환 잔골재 대체율 25%와 플라이애시 대체율 30%, 순환 잔골재 대체율 50%와 플라이애시 대체율 30%, 순환 잔골재 대체율 50%와 플라이애시 대체율 40%의 플라이애시를 혼입한 순환골재 콘크리트 배합에서는 보통 콘크리트와 비교하여 휨강도가 높게 나타났다.

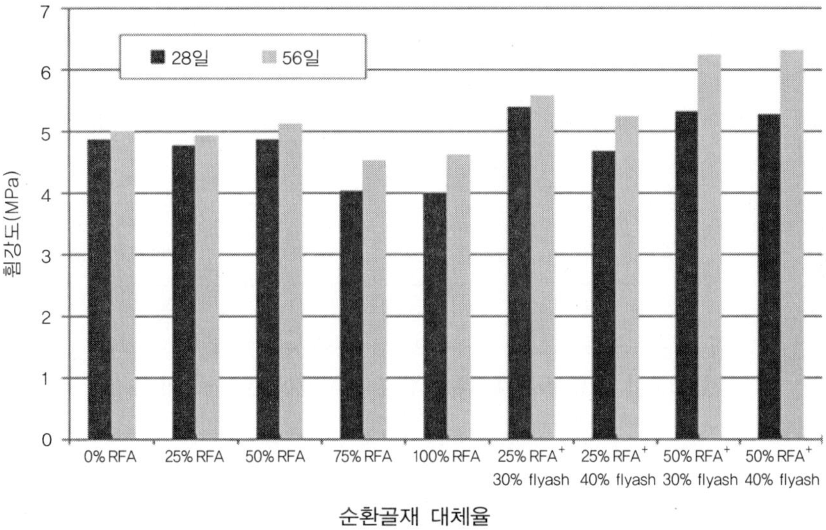

[그림 3.19] 순환골재 및 플라이애시 대체율에 따른 순환골재 콘크리트의 휨강도[3.22)]

3.3.5 물 흡수성

콘크리트의 흡수성은 수분이 접근 가능한 콘크리트 공극에 대한 데이터를 제공해주는 중요한 물성이다. 콘크리트 흡수율이 높으면 가혹한 환경조건에서 내구성이 저하한다. 순환골재의 흡수율이 천연골재와 비교하여 높기 때문에 순환골재 콘크리트의 흡수율은 보통 콘크리트와 비교하여 높아진다. 흡수율은 콘크리트 시험체의 열린 공극(Open porosity)을 측정할 수 있는 침지시험 및 콘크리트 표면의 액체와 모세관 내부와의 압력차에 의한 모세관 흡수량을 측정하는 모세관 시험에 의하여 평가한다.

Kwan 등의 연구(2012)에서는 [그림 3.20]에서 보는 바와 같이 순환골재 대체율에 따른 순환골재 콘크리트의 흡수율을 검토하였다. 순환골재 대체율 30%까지의 순환골재 콘크리트 흡수율은 3% 미만이었으나 순환골재 대체율 80%에서는 보통 콘크리트와 비교하여 약 2.2배 높은 것으로 나타났다. Rao 등의 연구(2011)에서는 천연골재 흡수율과 비교하여 3.5배 높은 순환골재의 혼입량에 의하여 순환골재 콘크리트의 흡수율도 점차적으로 증가하였다.

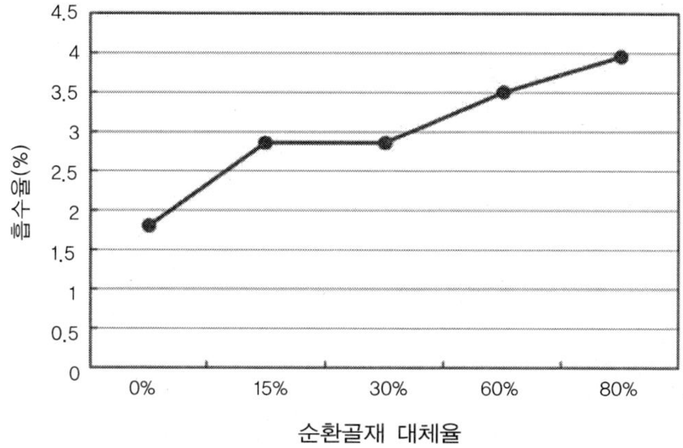

[그림 3.20] 순환골재 대체율에 따른 순환골재 콘크리트의 흡수율

Soutsos 등의 연구(2011)에서는 천연 굵은골재 및 잔골재를 동일 크기의 순환 굵은골재 및 잔골재로 대체하여 제조한 보도블록 콘크리트의 흡수율을 검토하였다.[3.23] 보도블록 콘크리트의 흡수율은 순환골재 대체율이 증가할수록 높게 나타났다. 순환골재 대체율 증가에 따른 콘크리트 흡수율은 [그림 3.21]에 나타낸 바와 같이 순환 굵은골재보다는 순환 잔골재를 사용한 콘크리트에서 높게 나타났다. 순환 굵은골재 대체율 55% 이하와 순환 잔골재 대체율 25% 이하로 제작한 보도블록 콘크리트는 BS EN1338에서 규정하고 있는 흡수율 6% 이하를 만족시키는 것으로 나타났다.

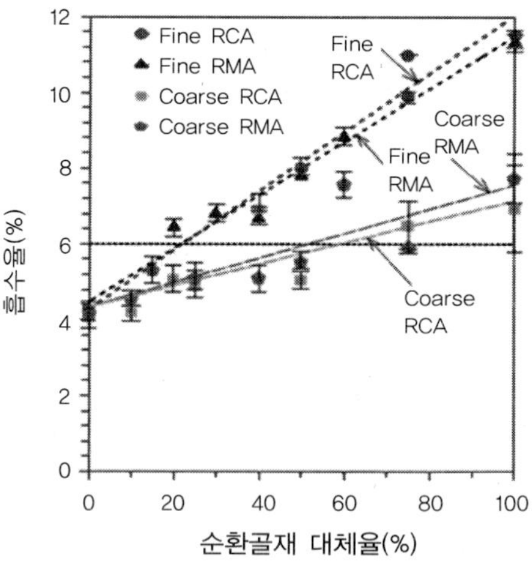

[그림 3.21] 순환골재 대체율과 순환골재 콘크리트 흡수율과의 관계[3.23]

3.4 순환골재 콘크리트의 장기거동

3.4.1 크리프

콘크리트의 크리프는 지속 응력 하에서 시간에 따른 콘크리트 변형으로 정의할 수 있다. 크리프는 골재 물성과 페이스트 양 등과 같은 다양한 요인에 영향을 받게 된다. 일반적으로 크리프는 높은 강성을 지니고 강도가 높은 골재를 사용한 콘크리트에서 작아진다. 순환골재는 천연골재와 물성에서 차이가 크기 때문에 순환골재 콘크리트의 크리프는 보통 콘크리트와 비교하여 큰 차이를 나타낸다. 일반적으로 순환골재 혼입량이 많을수록 순환골재 콘크리트의 크리프는 증가한다. 콘크리트 배합 측면에서 페이스트 양을 증가시키면 콘크리트 크리프 저감에 도움을 줄 수 있다. 순환골재 콘크리트의 크리프 시험은 KS F 2453에 따른다.

Domingo-Cabo 등의 연구(2010)에서는 굵은 순환골재 대체율에 따른 순환골재 콘크리트의 크리프 계수를 검토한 결과 [그림 3.22]에 나타낸 바와 같이 순환골재 대체율이 증가할수록 크리프 계수는 증대하였다.[3.3] 180일간 하중을 가한 결과 순환골재 콘크리트의 최종 크리프 변형은 대체율 20%, 50%, 100%에서 보통 콘크리트와 비교하여 각각 35%, 42%, 51%로 증가하였다.

Limbachiya의 연구(2010)에서는 설계기준강도 30MPa 콘크리트에 대한 순환골재 대체율 30%의 28일 크리프 응력이 [표 3.7]에 나타낸 바와 같이 보통 콘크리트와 유사한 수준이었다.

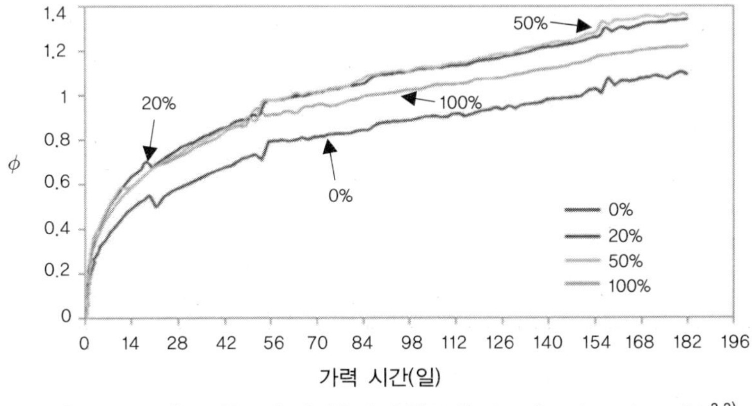

[그림 3.22] 순환골재 대체율별 순환골재 콘크리트의 크리프 계수[3.3]

그러나 순환골재 대체율 50%와 100%에서의 크리프는 각각 13%와 54%로 증가하였다. Limbachiya 등의 연구에서는 순환 굵은골재를 사용한 고강도 콘크리트의 크리프가 보통 콘크리트와 비교하여 크고 순환골재 대체율이 증가할수록 증대하였다.

[표 3.7] 순환골재 콘크리트의 크리프 기존 연구 결과

참고문헌	골재 종류	크리프 계수/ 대체율(%)/재령	비고
Limbachiya(2010)	순환 굵은골재	1.25/0/28 ; 1.24/30/28 ; 1.41/50/28 ; 1.93/100/28	설계기준강도 30MPa
Limbachiya 등(2000)	순환 굵은골재	1.14/0/90 ; 1.15/30/90 ; 1.31/50/90 ; 1.88/100/90	설계기준강도 50MPa
		0.81/0/90 ; 0.83/30/90 ; 0.99/50/90 ; 1.08/100/90	설계기준강도 100MPa

[그림 3.23]에서 나타난 바와 같이 순환 굵은/잔골재 콘크리트에서는 천연골재 콘크리트에 비하여 크리프 변형률이 다소 증가하는 경향을 보이지만 10% 이내로 크지 않았다. 따라서 순환 굵은/잔골재는 골재 용적의 60%까지는 천연골재와 동등한 크리프 특성을 확보할 수 있는 것으로 판단된다.

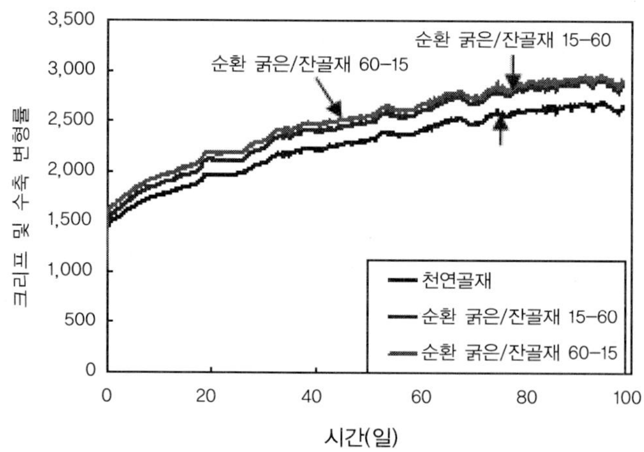

[그림 3.23] 순환골재콘크리트의 크리프 특성

3.4.2 건조수축

콘크리트의 건조수축은 수화된 시멘트에 흡착되었던 수분이 증발하여 콘크리트에 발생하는 체적감소 현상으로서 일반적으로 구조물이 완성된 뒤에 발생하기 때문에 역학적으로 많은 문제를 발생시킨다. 양생 후 외기에 노출된 콘크리트는 수분의 증발에 따라 건조수축이 진행되는데, 임의의 시점에 외부에서 수분을 공급하게 되면 팽창이 발생하기도 한다.

순환골재 혼입에 따른 콘크리트 내 페이스트 양의 증대는 건조수축을 증가시키는 중요한 원인이다. Domingo-Cabo 등의 연구(2010)에서는 천연 굵은골재 대체하여 순환 굵은골재를 20%, 50%, 100% 사용한 순환골재 콘크리트의 건조수축에 대하여 분석하였다. 연구결과에 의하면 180일 후 건조수축량은 보통 콘크리트와 비교하여 순환골재 대체율 50%, 100%에서 각각 20%, 70% 증가하였다. 이와 같은 건조수축량의 증가는 순환골재 혼입에 따라 콘크리트 내 시멘트페이스트 양 및 세공량이 증가했기 때문으로 고찰하였다.

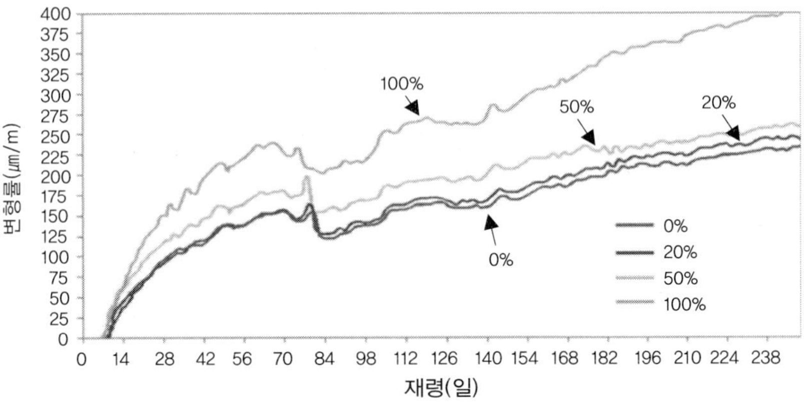

[그림 3.24] 순환골재 종류별 압축강도와 휨강도와의 관계[3.3)]

Yang 등의 연구(2008)에서는 건조수축 시험 재령 10일 이내의 수축량이 크지만 이후로는 점차 줄어들었다. 순환 굵은골재 및 순환 잔골재를 100% 사용한 순환골재 콘크리트의 건조수축량은 순환골재의 높은 흡수량 때문에 시험 재령 10일 이내에서는 보통 콘크리트와 비교하여 감소하였다. 그러나 이후에 순환골재가 천연골재와 비교하여 강성이 낮기 때문에 순환골재 콘크리트의 건조수축량은 증대하였다. 또한 순환골재의 흡수율이 낮을수록 순환골재 콘크리트의 장기 수축량이 감소하는 경향을 나타내었다.

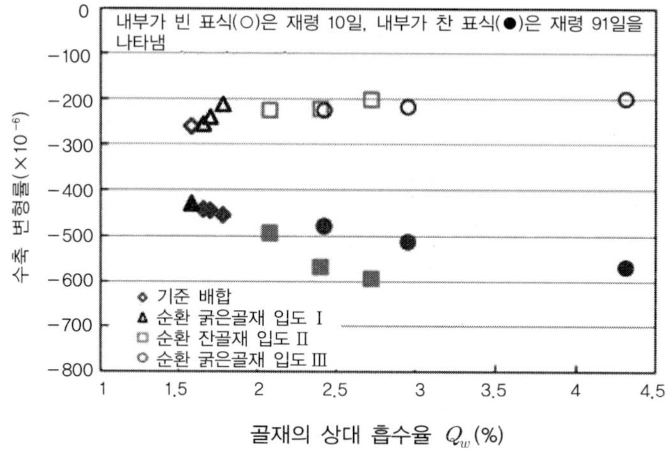

[그림 3.25] 순환골재 종류별 압축강도와 휨강도와의 관계

순환골재를 이용한 콘크리트의 경우 고품질의 순환골재를 사용해도 재령 6개월에는 8×10^{-4} 이상의 건조수축률이 발생하는 것이 확인되어, 비록 고품질 순환골재를 사용한다 해도 흡수율이 천연골재보다 상대적으로 높아져 콘크리트에 영향을 주어 건조수축률이 증가한다.

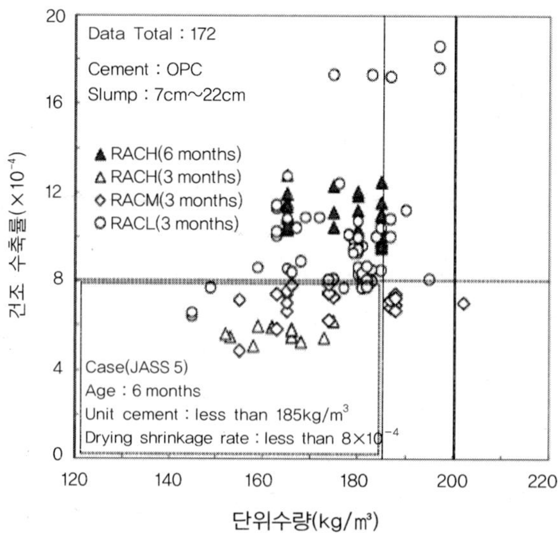

[그림 3.26] 순환골재 콘크리트의 단위수량과 건조수축률(3개월)과의 관계[3.24]

3.4.3 탄산화 저항성

철근콘크리트 구조물에서 철근은 알칼리 환경의 콘크리트로 감싸져 있기 때문에 화학적으로 부식에 보호를 받을 수 있다. 그러나 시간이 지남에 따라 화학 및 물리적 요인들에 의하여 대기 중의 이산화탄소에 의한 콘크리트 탄산화로 알칼리양이 줄어들게 되고 철근 부식 저항성이 저하된다. 콘크리트의 기공 및 미세균열은 탄산화를 촉진시킨다. 일반적으로 순환골재 콘크리트의 탄산화는 보통 콘크리트와 비교하여 빠르게 진행된다.

[표 3.8] 순환골재 콘크리트의 28일 쪼갬인장강도 기존 연구 결과

참고문헌	골재 종류	콘크리트 종류	탄산화 깊이/대체율(%)
Limbachiya(2010)	순환 굵은골재	C30(설계강도 30MPa)	21/0 ; 21 ; 30 20 ; 50 ; 18.5/100
		C35(설계강도 35MPa)	18/0 ; 18/30 ; 17.5 ; 50 ; 16.5 ; 100
Goms 외 (2009)	순환 굵은골재	보통 콘크리트	5.13/0
		RCAC1	5.63/50
		RCAC2	5.56/25
		RCAC3	6.57/37.5

기존 연구결과에 의하면 순환골재 콘크리트의 탄산화 깊이는 [그림 3.27]에 나타낸 바와 같이 천연골재 콘크리트와 비교하여 1.1~2.5배 큰 것으로 보고되고 있으며, 물-결합재비가 클 경우에 차이가 더욱 큰 것으로 보고되고 있다.

(a) 천연골재 콘크리트 (b) 순환골재 콘크리트

[그림 3.27] 천연 및 순환골재콘크리트의 탄산화깊이[3.4)]

이는 순환골재에 붙어 있는 원골재와 구 모르타르와의 구 계면(Former ITZ : Interfacial Trazition Zone)으로 인하여 순환골재 콘크리트가 천연골재 콘크리트와 비교하여 투기성이 높아졌기 때문이며, 순환골재와 새로운 모르타르와의 신 계면(New ITZ) 품질이 좋아지면 탄산화 깊이는 감소하게 된다.

Lee 등의 연구(2016)에서는 설계기준강도별 순환골재 콘크리트의 탄산화 속도분석 결과를 [그림 3.28]과 같이 나타냈다.[3.25] 저강도 영역에서는 순환골재 종류 및 순환골재 혼입량의 차이에 따른 콘크리트의 탄산화 거동 차이가 큰 것으로 나타났으나, 35MPa급 이상에서는 순환골재 종류, 품질특성 및 혼입량이 콘크리트의 탄산화 특성에 미치는 영향이 감소되어 천연골재를 사용한 콘크리트와 비교하여 1.6㎜ 이내의 탄산화 깊이 차이만을 나타내 거의 유사한 수준의 탄산화 저항성을 확보할 수 있는 것으로 나타났다. Kim et al. 등(2011)의 연구에서도 순환골재 콘크리트의 탄산화 특성은 강도가 향상될수록, 즉 배합상의 w/c가 감소할수록 일반 천연골재를 사용한 경우와 유사한 수준의 성능을 확보할 수 있다고 보고하고 있다.

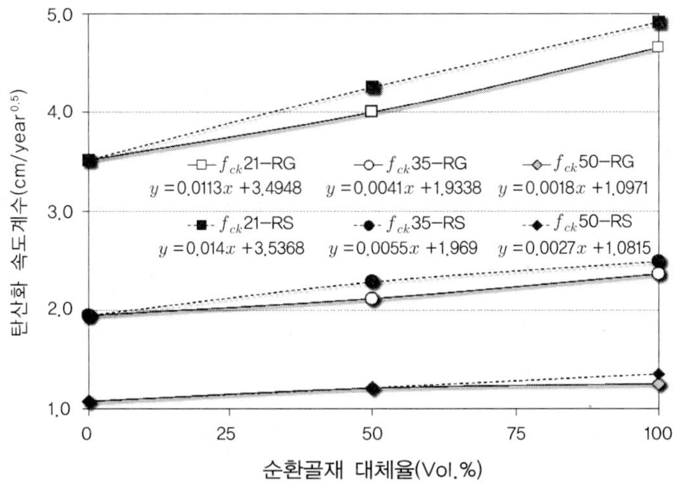

[그림 3.28] Carbonation velocity coefficient of RA concrete[3.25]

3.4.4 염소이온침투 저항성

콘크리트 내부로의 염화물 침투는 시멘트페이스트의 연속 모세관 공극, 골재-페이스트 전이역의 공극과 골재 내부의 미세균열 등을 통한 염화물 침투 및 확산에 의한 것으로 알려져 있다. 일반적으로 순환골재의 구재 모르타르 및 골재 내부의 발생 균열은 보통 콘크리트와 비교하여 내염성능을 저하시키는데, 이는 순환골재 활용량 증대에 있어 장애요인 중 하나이다.

콘크리트 내부로의 염화물 확산에 영향을 미치는 요인으로는 공극률, 공극구조, 계면(ITZ) 등의 내적 요인과 온도, 상대습도, 염화물이온 농도 등의 외적 요인으로 분류될 수 있다. 이 중 내적 요인은 콘크리트의 자체 특성으로서 순환골재를 사용한 콘크리트의 경우 상기 내적 요인에 가장 큰 영향을 미치는 요인으로 강도 수준과 순환골재의 혼입률이 있다.

Olorunsogo 등의 연구(2002)에서는 [그림 3.29]에 나타낸 바와 같이 순환골재 대체율이 증가할수록 염화물 전도도가 확연히 높게 나타났다.[3.26] 순환 굵은골재 대체율 100%를 사용한 순환골재 콘크리트의 염화물 전도도는 보통 콘크리트와 비교하여 86.5%로 높았다.

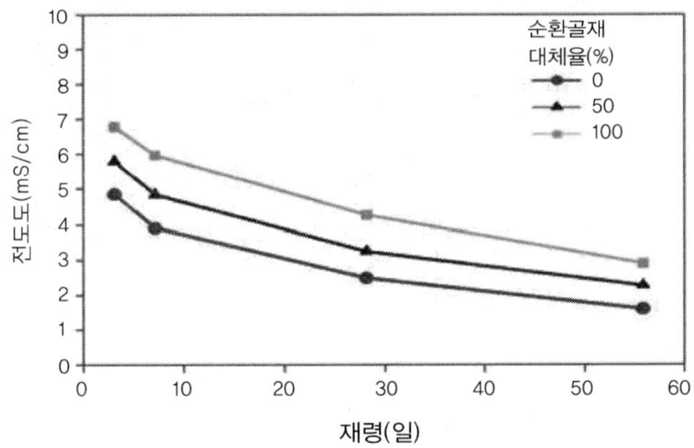

[그림 3.29] 순환골재 콘크리트의 단위수량과 건조수축률(3개월)과의 관계[3.26]

Lee 등의 연구(2016)에서는 순환 굵은골재 대체율이 증가할수록 염화물 확산계수는 증가하여 순환골재 콘크리트의 내염성능이 저하되는 경향을 보였다.[3.27] [그림 3.30]에 나타낸 바와 같이 순환골재 대체율 50%, 100%에서의 염화물 확산계수는 보통 콘크리트와 비교하여 각각 113%, 144% 증가하고 있어 순환골재 50% 이상 사용 시 내염성능이 현저히 저하되었다. 이러한 결과는 콘크리트 내부로의 염화물 확산이 기공 및 공극특성과 밀접한 관계가 있음을 나타내며, 순환골재의 경우 표면에 부착된 구재 모르타르에 의한 기공률 증가, 생산 시 발생하는 순환골재 내부의 망상 및 관통균열 발생,

계면(ITZ)의 상대적 증가에 기인하였다.

천연골재를 활용한 콘크리트와 순환골재 콘크리트의 압축강도와 염화물 확산계수와의 상관성을 [그림 3.31]과 같이 분석하였다. 그 결과 콘크리트의 염화물 확산 특성은 골재의 종류와 관계없이 압축강도 특히 매트릭스의 밀실 정도에 가장 큰 영향을 받은 것으로 나타났으며, 특히 강도가 증가할수록 골재 차이에 따른 영향은 감소하여 염화물 확산계수가 일정 수준으로 수렴되는 것으로 나타났다.

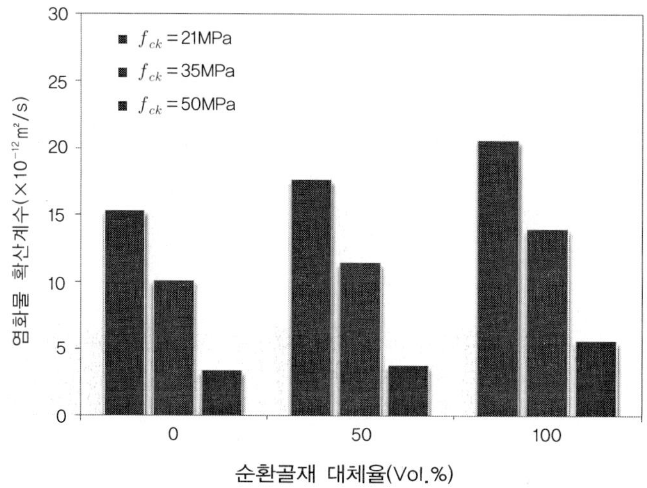

[그림 3.30] 순환골재 콘크리트의 단위수량과 건조수축률(3개월)과의 관계[3.27]

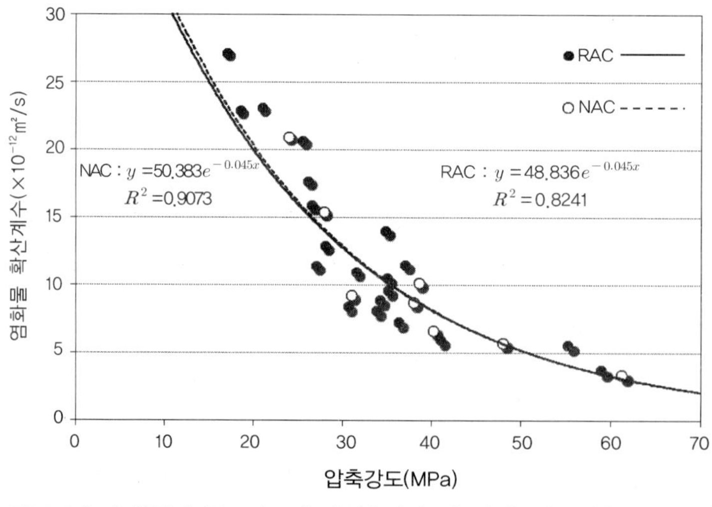

[그림 3.31] 순환골재 콘크리트의 단위수량과 건조수축률(3개월)과의 관계[3.27]

3.4.5 동결융해 저항성

동결융해 작용에 의한 내구성 저하는 대표적인 콘크리트 열화작용 중의 하나이다. 한랭지역에서의 콘크리트는 동결융해에 대한 저항성이 특히 요구된다. 콘크리트 내부의 수분이 동결되면 시멘트페이스트 공극 안에서 팽창응력이 발생하고 시멘트페이스트의 강도보다 높아지면 균열이 발생하게 된다.

공기량이 순환골재 콘크리트의 내구성에 영향을 미친다는 선행연구들에 따르면 연구자마다 상반된 견해를 보인다. McCarty 및 Kim 등의 연구결과에서는 순환골재 내부 공극의 증가로 인해 순환골재 콘크리트의 동결융해 저항성이 좋아지는 것으로 보고하였지만 Hasaba 등의 연구에서는 순환골재 표면의 부착된 미립자들이 내부 공기량을 감소시킴으로써 순환골재 콘크리트의 동결융해 저항성은 나빠지는 것으로 보고하였다.

Nagataki와 Iida의 연구(2001)에 의하면 순환 굵은골재를 사용한 콘크리트의 동결융해 저항성은 보통 콘크리트와 비교하여 감소한다. 하지만 순환골재 콘크리트의 300사이클 후 내구성 지수가 70 이상을 유지하고 있었다. Gokec 등의 연구(2004)에서는 공기를 연행시키지 않은 콘크리트로부터 생산된 순환골재를 사용하여 공기를 연행시킨 순환골재 콘크리트의 동결융해 30사이클 후 상대동탄성계수는 60 이하로써 동결융해 저항성이 낮은 것으로 나타났다. 공기를 연행시키지 않은 순환골재는 적은 양이라도 공기 연행 순환골재 콘크리트의 동결융해 저항성을 현저히 저하시킨다. 이는 순환골재 콘크리트의 전반적인 공극구조가 순환골재에 의하여 부분적으로 비연행 공극구조로 바뀌기 때문이다. 반면에 순환골재의 부착모르타르 양에 관계없이 공기를 연행시킨 콘크리트로부터 생산된 순환 굵은골재를 사용한 순환골재 콘크리트의 동결융해 저항성은 비록 순환골재가 공극이 많고 흡수율이 높지만 동결융행 500사이클 후 보통 콘크리트와 비교하여 우수하였다. Kang 등의 연구(2007)에서는 [그림 3.32]에 나타낸 바와 같이 조건을 동일하게 한 상태에서 순환골재 콘크리트의 공기량만 변화시킨 내구성 지수에 관한 연구결과로서 공기 연행시킨 순환골재 콘크리트의 내구성 지수는 매우 높게 나타났다.[3.28] 또한 순환골재 대체율이 증가할수록 공기량이 많은 시험체의 내구성 지수는 증가하거나 비슷하였지만 공기량이 적은 시험체의 내구성 지수는 순환골재 대체율이 증가할수록 감소하는 경향을 나타냈다. 공기량이 일정할 때 순환 굵은골재

보다 순환 잔골재에서 치환율이 증가할수록 내구성이 저하되는 것은 굵은골재에 비해 비표면적이 넓어 잔골재 표면에 붙어 있는 미립자들로 인해 내부공기량이 감소하기 때문이라고 분석하였다.

Limbachiya 등의 연구(2000)에서는 공기 연행시킨 설계기준강도 30~50MPa의 보통 및 고강도 콘크리트와 순환 굵은골재를 20~100%로 대체한 순환골재 콘크리트의 동결융해 저항성은 유사한 것으로 보고하고 있다.[3.29] [그림 3.33]은 설계기준강도 50MPa의 보통 콘크리트 및 순환골재 콘크리트의 동결융해 300사이클 후 내구성 지수를 나타냈다. 설계기준강도 50MPa의 보통 콘크리트 및 순환골재 콘크리트는 실외 포장블록의 영국 기준(BS 5328 Part 1-1991) 최소 기준치를 모두 만족시키고 있다.

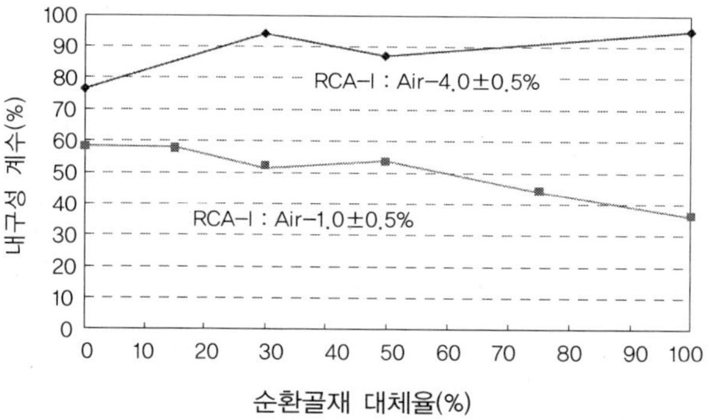

[그림 3.32] 순환골재 대체율과 내구성 지수의 관계[3.28]

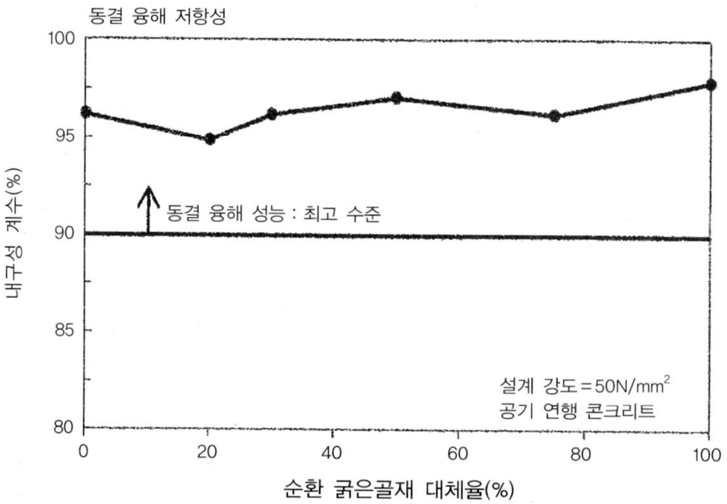

[그림 3.33] 순환골재 콘크리트의 동결융해 내구성 지수[3.29]

3.5 순환골재 콘크리트의 이론적 연구

3.5.1 순환골재 콘크리트의 물성과 압축강도와의 관계

1) 물-결합재비와 압축강도와의 관계

Park의 연구(2014)에서는 일본 내에서 실시된 순환골재를 이용한 콘크리트의 실험 연구를 조사하였는데, 이 중 물-결합재비 30~75%에서의 압축강도와 물-결합재비와의 관계를 [그림 3.34]에 나타낸 바와 같이 정리하였다.[3.30)]

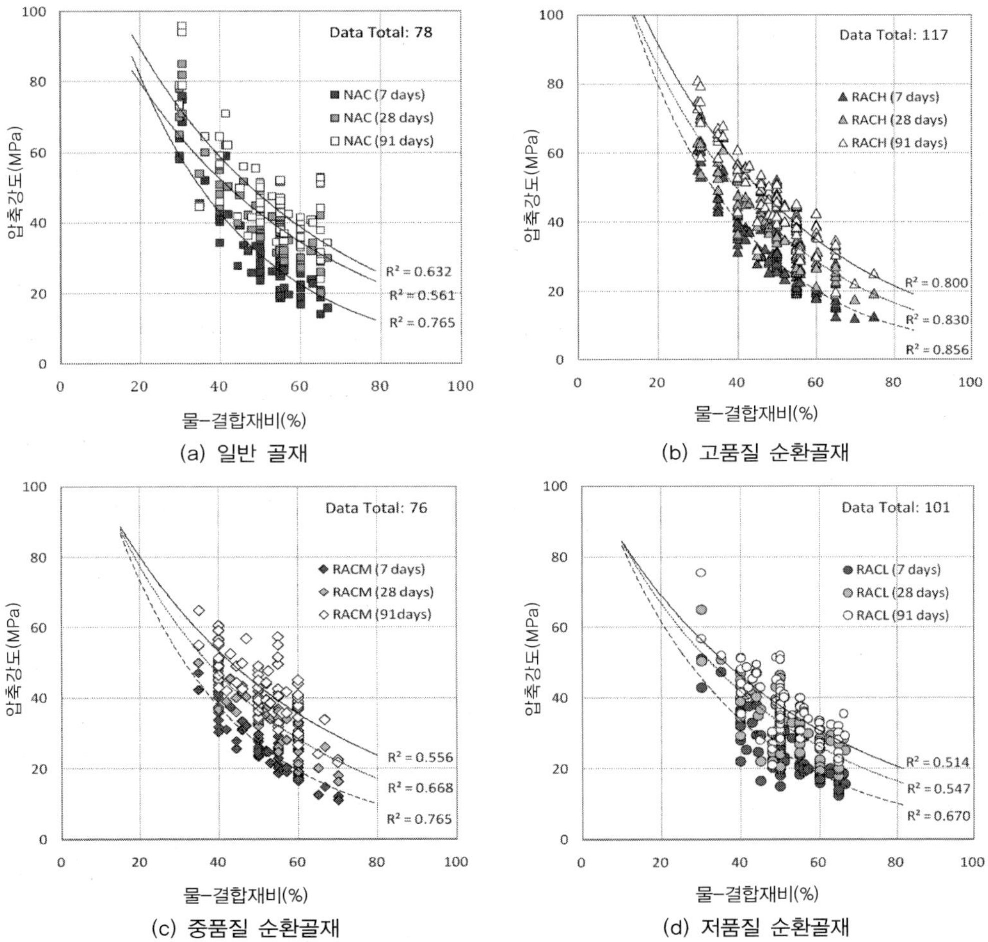

[그림 3.34] 물-결합재비와 압축강도와의 관계[3.30)]

순환골재를 사용한 콘크리트의 경우 물-결합재비(x_1) 범위 30~75%에서의 압축강도 추정은 물-결합재비와 순환골재 품질에 따라 다음과 같이 간략하게 일반화가 가능하다.

$$\sigma = k \times \frac{130}{1.026^{X_1}} \qquad [식\ 3.1]$$

k : 순환골재 종류에 의한 보정계수

고품질 : 1.06, 중품질 : 1.0, 저품질 : 0.9

2) 탄성계수와 압축강도와의 관계

현재 설계코드에서의 콘크리트 압축강도를 이용한 탄성계수 산정식은 다음과 같은 형태를 나타낸다.

$$Ec = A(f_{ck})^B (\mathrm{MPa}) \qquad [식\ 3.2]$$

여기서, f_{ck}는 콘크리트 압축강도, A는 계수, B는 지수이다.

콘크리트구조기준(KCI, 2012)의 콘크리트 압축강도를 이용한 탄성계수 산정식은 다음과 같다.

$$Ec = 8,500\sqrt[3]{f_{ck}}\,(\mathrm{MPa}) \qquad [식\ 3.3]$$

ACI 318-11(ACI, 2011)과 AASHTO LRFD 설계기준(AASHTO, 2014)에서는 콘크리트의 압축강도를 이용한 탄성계수 예측식을 다음과 같이 제시하고 있다.

$$Ec = 4,700\sqrt{f'_c}\,(\mathrm{MPa}) \qquad [식\ 3.4]$$

또한, fib Model Code 2010(fib, 2010)에서의 탄성계수 산정식은 다음과 같다.

$$Ec = E_{co}\left(\frac{f_{ck}}{10}\right)^{\frac{1}{3}} (\mathrm{MPa}) \qquad [식\ 3.5]$$

여기서, E_{co} =21,500(MPa)이다.

Yang 등의 연구(2016)에서는 [그림 3.35]에 나타낸 바와 같이 탄성계수 측정결과와 순환콘크리트구조기준, ACI 318-11 및 fib Model Code 2010의 탄성계수 예측결과를 비교하였다.[3.31] 또한, 문헌분석을 통해 국내연구에서 168개의 굵은 순환골재 콘크리트의 탄성계수 측정값을 획득하였으며, 획득한 실험결과를 함께 비교하였다. 측정결과의 분석을 토대로 다음과 같은 탄성계수 예측식을 제안하였다.

$$Ec = 7,300\sqrt[3]{f_{ck}}\,(\mathrm{MPa}) \qquad [식\ 3.6]$$

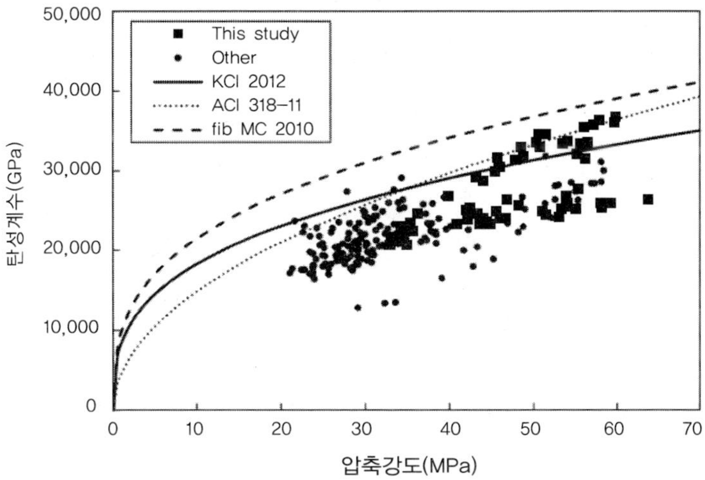

[그림 3.35] 압축강도와 탄성계수와의 관계[3.31]

순환골재 콘크리트 탄성계수 시험결과와 국내 전역의 현장에서 취합된 천연골재 콘크리트 공시체 시험결과를 포함하여 총 490개의 시험결과를 분석한 연구결과에 의하면 [그림 3.36]에 나타낸 바와 같이 순환골재 적용에 따른 탄성계수 저하는 보이지 않고 있으며, KCI 2007 기준식과 비교하여 [그림 3.37]에 나타낸 바와 같이 천연 및 순환골재 콘크리트 모두 전반적으로 감소하는 경향을 나타냈다.

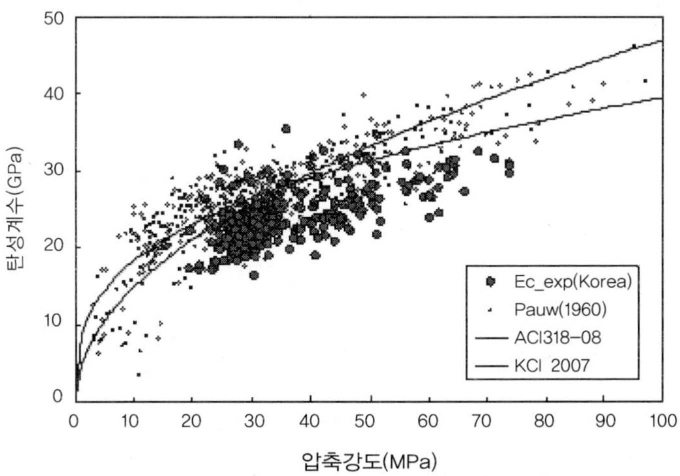

[그림 3.36] 천연 및 순환골재 콘크리트의 탄성계수 비교

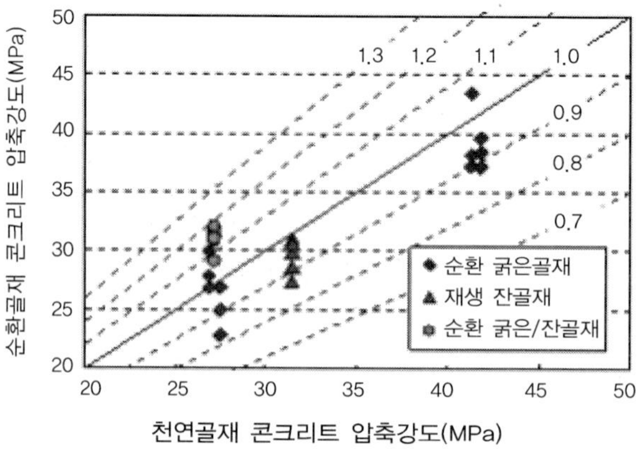

[그림 3.37] 순환골재 콘크리트의 압축강도

3) 쪼갬인장강도와 압축강도와의 관계

일반적으로 콘크리트의 쪼갬인장강도는 다음과 같이 압축강도와의 관계로서 제안되고 있다.

ACI-318(1995)

$$\delta_{SP} = 0.56 \times \delta^{0.5} \quad [식\ 3.7]$$

ACI-363(1992)

$$\delta_{SP} = 0.59 \times \delta^{0.5} \quad [식\ 3.8]$$

Ahmad and shah(1985)

$$\delta_{SP} = 0.46 \times \delta^{0.55} \quad [식\ 3.9]$$

Noguchi(1995)

$$\delta_{SP} = 4 \times \left(\frac{\delta}{60}\right)^{\frac{2}{3}} \quad [식\ 3.10]$$

여기서, δ_{SP} : 쪼갬인장강도(MPa)

δ : 압축강도(MPa)

Park의 연구(2014)에서는 일본 내에서 실시된 순환골재를 이용한 콘크리트의 인장강도 실험연구를 조사하여 원주 공시체의 쪼갬인장강도 시험 데이터를 정리하였다. 수집 데이터에서 압축강도와 쪼갬인장강도와의 관계를 [그림 3.38]에 나타낸 바와 같이 순환골재를 종류별로 분류하고 회귀분석하여 다음과 같은 관계식을 도출하였다.

$$\sigma_{sp} = a \times 0.323 \times \sigma^{0.622}$$ [식 3.11]

여기서, σ_{sp} : 쪼갬인장강도(MPa)

σ : 압축강도(MPa)

a : 순환골재의 종류에 의한 영향계수

고품질 : 0.991, 중품질 : 0.985, 저품질 : 1.022

4) 휨강도와 압축강도와의 관계

일반적으로 콘크리트의 휨강도는 다음과 같이 압축강도와의 관계로서 제안되고 있다.

ACI-318(1995)

$$\delta_f = 0.62 \times \delta^{0.5}$$ [식 3.12]

ACI-363(1992)

$$\delta_f = 0.94 \times \delta^{0.5}$$ [식 3.13]

Ahmad and shah(1985)

$$\delta_f = 0.44 \times \delta^{\frac{2}{3}}$$ [식 3.14]

Noguchi(1995)

$$\delta_f = 7.2 \times \left(\frac{\delta}{60}\right)^{\frac{2}{3}}$$ [식 3.15]

여기서, δ_f : 휨강도(MPa)

δ : 압축강도(MPa)

Park의 연구(2014)에서는 일본 내에서 실시된 순환골재를 이용한 콘크리트의 휨강도 실험연구를 조사하고 시험 데이터를 정리하였다.[3.32] 수집 데이터에서 압축강도와 쪼갬인장강도와의 관계를 [그림 3.39]에 나타낸 바와 같이 순환골재를 종류별로 분류하고 회귀분석하여 다음과 같은 관계식을 도출하였다.

$$\sigma_f = b \times 0.951 \times \sigma^{0.450}$$ [식 3.16]

여기서, σ_f : 휨강도 (MPa)

σ : 압축강도 (MPa)

b : 순환골재의 종류에 의한 영향계수 고품질 및 중품질 : 1.037, 저품질 : 0.946

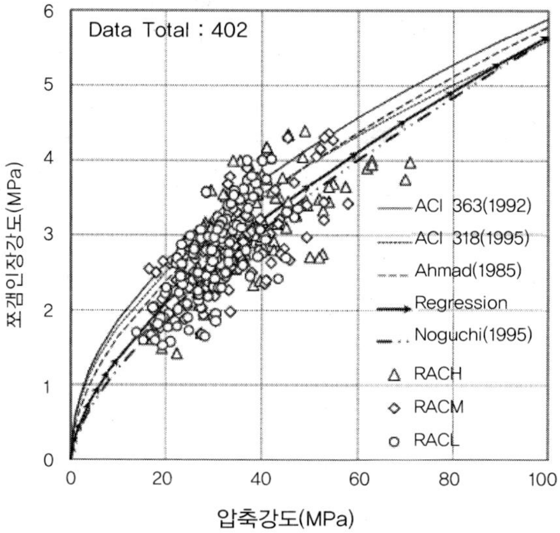

[그림 3.38] 순환골재 종류별 압축

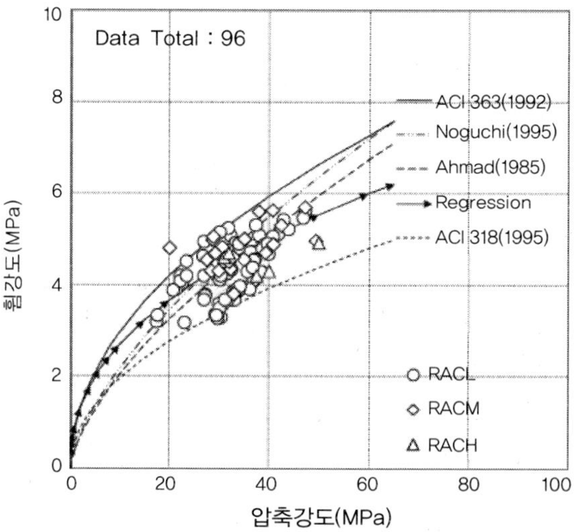

[그림 3.39] 순환골재 종류별 압축강도와 휨강도와의 관계[3.32]

3.5.2 최신 순환골재 콘크리트 배합설계 기법

Park 등의 연구(2011)에서는 콘크리트 배합설계 문제를 다목적 최적화 문제로 취급하고 해의 도출을 위해 Pareto 최적화 개념을 적용하였다.[3.33] 또한 기존의 최적화 수법 가운데 공학 분야에서 널리 사용된 유전적 알고리즘(이하 GA)을 이용하여 요구성능을 만족시키는 순환골재 콘크리트의 배합방법을 도출하였다.

1) GA에 의한 시스템 구성

GA는 생물이 가지는 유전자의 복제, 선택, 변이 등의 진화 메커니즘을 모델로 하고 확률적인 탐색 및 학습을 실시해 최적화시키는 알고리즘의 한 방법이다. 콘크리트 배합설계와 같은 복잡하고 분석이 곤란한 문제에 최적해 집단을 도출하는데 있어 강한 것이 특징으로 공학 분야에서 일반적으로 이용되고 있는 수법이다.

Park 등의 연구(2011)에서는 [그림 3.40]과 같이 콘크리트 구성재료를 0과 1로 코딩된 유전자형(Genotype)과 유전자형으로부터 콘크리트 성능평가 모델인 표현형(Penotype)으로 구성하였다. GA의 적용은 [그림 3.41]과 같이 선택, 교차, 돌연변이 등의 진화프로세스를 통하여 무작위 선별된 개체군(N세대)에서 적응도가 높은 개체를 차세대(N+1세대)로 남기고 이러한 조작을 반복함으로써 최적해 집단을 도출해내는 원리이다.

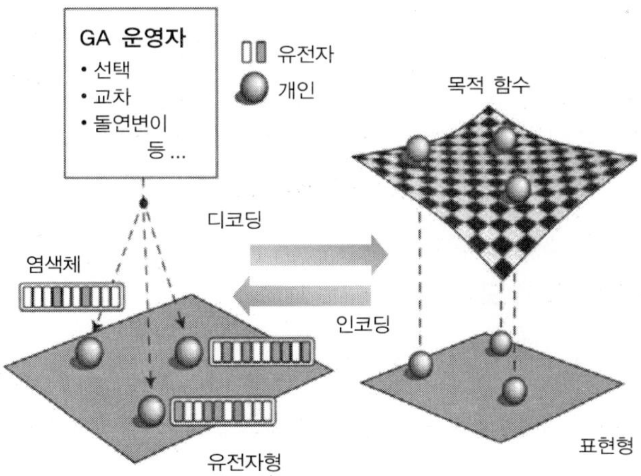

[그림 3.40] GA의 개요[3.33]

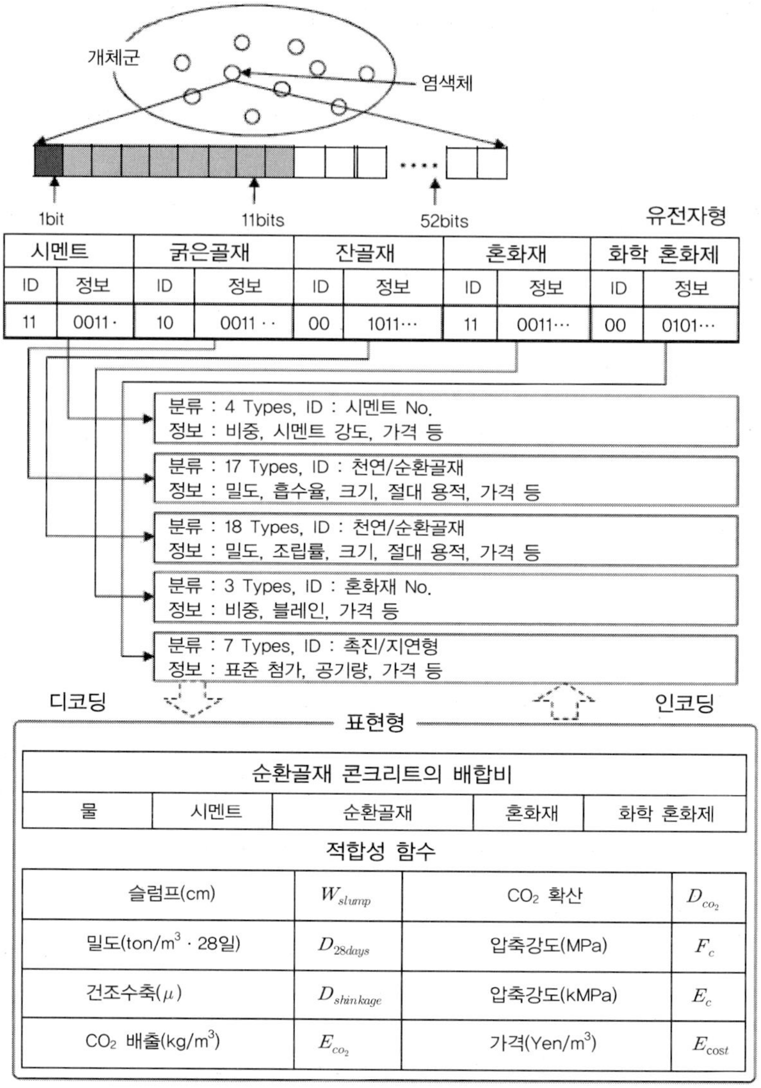

[그림 3.41] 유전자형과 표현형의 관계[3.33)]

2) 콘크리트 성능평가 모델의 구성

Park 등의 연구(2011)에서는 순환골재를 사용한 콘크리트의 성능평가 모델을 구성하기 위해 다수의 기존 문헌으로부터 대표적으로 다음과 같이 콘크리트 성능을 구성 재료 데이터로써 평가 가능한 모델을 도입하였다.

슬럼프(Maruyama, 2002)

$$W_{slump} = a \times \mathrm{Log}(\tau_c) \times \frac{1}{1+W/B} + b \qquad [식\ 3.17]$$

압축강도(Noguchi, 2003)

$$F_c = F_m \times R_{CA} \times R_{FA} \times R_{ad} \times R_{air} \qquad [식\ 3.18]$$

탄성계수(Hashin, 1962)

$$E_c = \left[\frac{(1-V_{ca})E_m + (1+V_{ca})E_{ca}}{(1+V_{ca})E_m + (1-V_{ca})E_{ca}} \right] E_m \qquad [식\ 3.19]$$

3) 결과 및 분석

순환골재 콘크리트에 요구되는 성능을 [표 3.9]와 같이 가정하고 배합설계를 위하여 [그림 3.42]와 같은 GA 프로세스를 거쳤다. 200사이클 후의 배합 중에서 요구성능에 가장 부합하는 배합을 [표 3.10]과 같이 선별하였고 [그림 3.43]은 선별된 배합으로 추정되는 성능을 나타내었다.

[표 3.9] Case Study 구성

슬럼프	압축강도	콘크리트 응결	탄성계수
15cm	36MPa	4시간	24GPa
1 세대수	돌연변이율	진화 사이클	가격
200	0.2%	200세대	13 000

[표 3.10] 요구성능 최적 배합

Mix	w/c (%)	Cement (kg)	Sand (kg)	Aggregate (kg)	Additive (kg)	Admixture (%/C)
Mix 1	67	221	760	1044	87.7	–
Mix 2	63	300	765	985	–	0.1
Mix 3	56	290	739	1,067	–	1.1
Mix 4	61	277	720	1,083	–	1.1

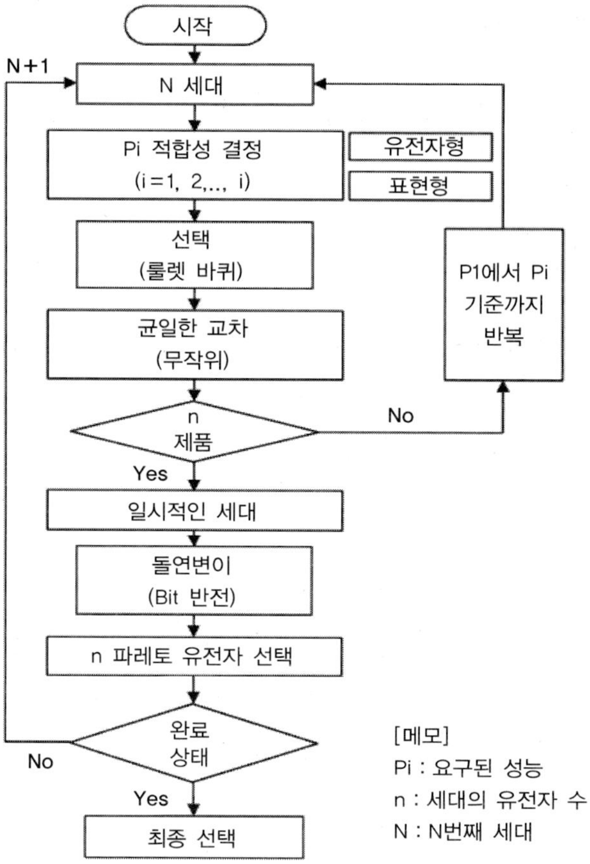

[그림 3.42] GA 프로세스[3.33)]

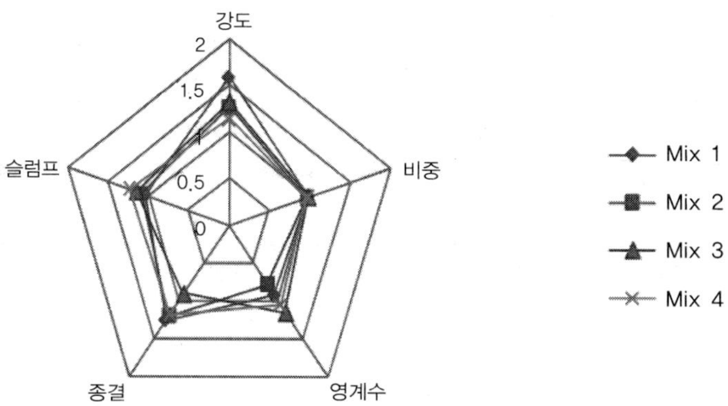

[그림 3.43] 순환골재 콘크리트 성능 추정[3.33)]

3.5.3 순환골재 콘크리트의 리스크 평가

Park의 연구(2014)에서는 순환골재내 불순물과 알칼리양을 순환골재 콘크리트 리스크로 가정하고 정량적인 평가를 수행하였다.[3.24)]

1) 불순물량의 예측

해체시나리오는 [표 3.11]과 같이 설정할 수 있으며, 그에 따른 RC구조물의 발생폐기물은 [표 3.12]와 같이 예측이 가능하다. 이 가운데 콘크리트 폐기물을 순환골재로 생산할 경우 단위 폐콘크리트 분류 및 회수에 관한 구성은 [표 3.13]과 같이 구성할 수 있다.

해체시나리오 4를 기준으로 할 때 [표 3.13]의 C의 발생량과 [표 3.14]에 기반한 폐콘크리트의 제조방식별 혼합폐기물의 세부 구성비율은 [표 3.15]와 같다. 한편, 순환골재의 불순물 구성 및 제한량은 [표 3.16]과 같고, [표 3.14]에서 제시한 생산방식별 불순물 선별기능 여부는 [표 3.17]과 같이 정리된다.

[표 3.11] 해체시나리오의 가정[3.24)]

Scenario 1	4대 폐기물 분리해체, 내장재, 설비재
Scenario 2	4대 폐기물 분리해체, 내장재, 구체중심
Scenario 3	4대 폐기물 분리해체, 구체중심
Scenario 4	4대 폐기물
Scenario 5	Scenario 1+Scenario 4

* 4대 폐기물은 (아스팔트)콘크리트, 목재, 금속으로 가정

[표 3.12] 시나리오별 발생 폐기물 비율 예측[3.24)]

Scenario	Total	C	M	W	E
Scenario 1	0.9	98	1.8	0.16	0.04
Scenario 2	0.93	97.7	1.86	0.16	0.31
Scenario 3	0.97	92.8	3.8	0.5	2.9
Scenario 4	1.0	90	6.7	0.5	2.8
Scenario 5	0.95	90.9	3.7	0.49	4.91

* C : Concrete, M : Metal, W : Wood, E : etc

[표 3.13] 제조방식별 폐콘크리트의 분류 및 회수[3.24)]

Scenario	Total	C	M	W	E
Scenario 1	0.9	98	1.8	0.16	0.04
Scenario 2	0.93	97.7	1.86	0.16	0.31
Scenario 3	0.97	92.8	3.8	0.5	2.9
Scenario 4	1.0	90	6.7	0.5	2.8
Scenario 5	0.95	90.9	3.7	0.49	4.91

* C : Concrete, M : Metal, W : Wood, E : etc

[표 3.14] 제조방식별 폐콘크리트의 분류 및 회수[3.24)]

골재품질	순환골재 생산방식		굵은골재(t)	잔골재(t)	노반재(t)	잔여물(t)
H	가열 분쇄식	HS	0.35	0.3	0	0.35
H	기계 분쇄식	MS	0.3	–	0.69	0.01
H, M	중량 선별	GC	0.27	0.46	0.27	–
H	습식 분쇄	WS	0.27	0.46	0.27	–
M, L	파쇄+분쇄	CS	0.25	0.35	0.4	–
M	다중파쇄+분쇄	MCS	0.25	0.40	0.35	–
M, L	기계 파쇄	MC	0.2	0.2	0.6	–

* 골재품질 H, M, L은 JIS A 5021에 준함.

[표 3.15] 폐콘크리트의 세부구성(시나리오 4의 경우)[3.24)]

생산방식		혼합폐기물의 세부구성비율(추정, %)			
		C	M	W	E
방식	생산	90	6.7	0.5	2.8
MC	순환골재	36.0	–	–	2.8
	부산물	54.0	–	–	–
	폐기물	–	6.7	0.5	–

[표 3.16] 불순물 제한 규정[3.24)]

분류 및 구성		제한	분류 및 구성		제한
A	타일, 세라믹	1.0%	D	무기질 보드	0.5%
B	유리	0.5%	E	플라스틱	0.2%
C	석고보드	0.1%	F	목재, 종이류	0.1%
G1	알루미늄, 아연	1.0%	G2	철재	미정

[표 3.17] 생산 공정별 불순물 선별[3.24)]

방식	불순물 분류							
	A	B	C	D	E	F	G1	G2
HS	○	○	◎	◎	◎	◎	×	◎
MS	○	○	△	△	△	△	×	○
GC	○	○	○	○	◎	◎	×	○
WS	○	○	○	○	◎	◎	×	○
CS	○	○	△	△	△	△	×	△
MCS	○	○	○	○	△	△	×	△
MC	○	○	○	○	△	△	×	×

* ◎ : 매우 우수, ○ : 우수, △ : 불량, × : 불가능

[표 3.18] 순환골재 내 불순물 혼입량 추정[3.24)]

생산방식	순환골재 비율	불순물	골재 대비 질량비	불순물 조합의 가정(%)							
				A	B	C	D	E	F	G1	G2
				20	10	5	5	10	30	15	5
	WRA	WTotal	$\frac{W_{Total}}{W_{RA}}$	순환골재에 대한 질량비 (WTotal의 세부 구성비,%)							
MC	36.0	2.8	7.78	1.6	0.8	0.4	0.4	0.8	2.3	1.2	0.4
	불순물 선별 후 최종추정량			0.8	0.4	0.2	0.2	0.5	1.8	1.2	0.4

[표 3.19] 생산 공정별 불순물 선별[3.24)]

	강도/탄성계수	단위용적질량	슬럼프	응결	중성화	염화이온침투	동결융해
A	○	×	×	△	×	×	×
B	○	×	×	△	×	×	×
C	○	△	○	◎	×	◎	○
D	○	×	×	△	×	×	×
E	○	△	×	△	×	×	×
F	○	△	◎	◎	×	◎	◎
G1	◎	×	×	×	◎	×	×
G2	○	△	×	×	×	△	×

* ◎ : 매우 큰 성능저하, ○ : 성능저하, △ : 약간의 성능저하, × : 영향이 없거나 불확실함

2) 불순물에 의한 리스크 평가

이상과 같이 예상 잔류량을 [표 3.18](시나리오 4)과 같이 정리하여 해체시나리오별, 생산방식별, 골재별 불순물에 대한 예측과 그에 따른 콘크리트에 대한 영향([표 3.19])을 대조하여 ISO/IEC Guide 51에서 제시하는 Risk-Map으로 나타내면 [표 3.20]과 같이 순환골재를 사용한 콘크리트의 리스크가 평가될 수 있다.

[표 3.20] 순환골재를 사용한 콘크리트의 리스크 평가모델[3.24]

<table>
<tr><th colspan="2" rowspan="2">불순물 종류 및 중량비(%)</th><th colspan="6">순환골재 생산방식</th><th rowspan="2">리스크 범위</th></tr>
<tr><th>HS</th><th>GC, WS</th><th>MS</th><th>CS</th><th>MCS</th><th>MC</th></tr>
<tr><td rowspan="2">A~G</td><td rowspan="2">3 이상</td><td rowspan="2">–</td><td>S-5</td><td>S-3, 4, 5</td><td>S-5</td><td>S-5</td><td>S-3, 4, 5</td><td rowspan="2">◎</td></tr>
<tr><td colspan="2">(B, C, D, E, F, G1)</td><td colspan="3">(A, B, C, D, E, F, G1, G2)</td></tr>
<tr><td rowspan="2">A~G</td><td rowspan="2">1~3.0</td><td rowspan="2">S-3, 5(G1)</td><td rowspan="2">S-4 (B, C, G1)</td><td rowspan="2">–</td><td>S-3,4</td><td>S-3,4</td><td>–</td><td rowspan="2">○</td></tr>
<tr><td colspan="3">(B, C, D, E, F, G1)</td></tr>
<tr><td>A~DG</td><td>0.1~1.0</td><td>S-4</td><td>S-3 (B, C, G1)</td><td>S-2 (G1)</td><td>S-2 (F)</td><td>S-2 (F)</td><td>S-2 (F, G1)</td><td rowspan="2">△</td></tr>
<tr><td>A~D, G1</td><td>0.05~0.1</td><td>S-2</td><td>S-2</td><td>–</td><td>–</td><td>–</td><td>–</td></tr>
<tr><td>A, B, G1</td><td>0.05 이하</td><td>S-1</td><td>S-1</td><td>S-1</td><td>S-1</td><td>S-1</td><td>S-1</td><td>×</td></tr>
<tr><td colspan="2">S : 시나리오</td><td colspan="2">×</td><td colspan="2">△</td><td>○</td><td colspan="2">◎</td></tr>
</table>

* ◎ : 매우 큰 성능저하, ○ : 성능저하, △ : 약간의 성능저하, × : 안전

3) 순환골재 알칼리 리스크

가) 알칼리양의 예측

순환골재 모르타르 부착률과 흡수율과의 관계는 다양하게 보고되고 있지만, 한 예로서 다음과 같은 관계를 인용할 수 있다.

모르타르 부착률 = 9.81 × 흡수율 − 5.16

신뢰구간 : 95%

모르타르 부착률과 흡수율과의 관계를 설정한다면, 알칼리총량의 정량적인 추정은 다음과 같이 ①~⑤의 흐름으로 가능할 것으로 판단된다.

① 순환골재의 부착모르타르의 알칼리양의 계산 순환골재는 흡수율이 높을수록 부착된 모르타르양도 많아진다. 여기서, 흡수율 4%를 가정한 모르타르의 알칼리

양을 추정한다면, 다음 식에 의해 산출이 가능하다.

$$R_{adm} = RG_w \times ADM_r \times C_r \times R_c$$

여기서, R_{adm} : 부착모르타르의 알칼리양(kg/m³)

RG_W : 굵은 순환골재 단위량(kg/m³)

ADM_r : 굵은 순환골재의 모르타르 부착률

C_r : 모르타르에 함유된 시멘트 함유율

R_c : 모르타르 내 시멘트의 알칼리양(kg/m³)

② 순환골재의 흡수율과 모르타르 부착률의 관계

흡수율 4%를 가정한 순환골재의 모르타르 부착률은 위 식에 의해 약 34.1%가 되고, 95% 신뢰구간의 상한은 51.0%가 된다.

③ 모르타르에 함유된 시멘트량(함유율)

순환골재 생산으로 활용되는 원 콘크리트의 표준 배합(예-[표 3.21])을 가정하여 시멘트 질량의 40%에 상당하는 수분이 결합수로서 콘크리트에 고정되어 있다고 했을 때, 순환골재에 부착된 모르타르의 시멘트 함유율(C/M)은 다음 식과 같이 계산된다.

$$\text{시멘트 함유율} = \frac{298}{1.4 \times 298 + 840} = 0.237$$

[표 3.21] 콘크리트 배합[3.24)]

w/c(%)	s/a(%)	단위량(kg/m³)			
		W	C	S	G
60	47.2	179	298	840	963

④ 시멘트의 알칼리양

여기서 고려해야 할 점은 원 콘크리트가 발생된 해체구조물의 건설시점 설정이다. 만약에 1975년 정도에 건설된 구조물이라고 가정하면, 해당 기간에 사용된 시멘트의 최대 알칼리양의 0.95%를 이용한다.

⑤ 순환골재 콘크리트의 총알칼리양 계산

총알칼리양 계산은 다음 식과 같이 정량적으로 추정이 가능할 것으로 판단된다.

$$R_t = R_c + R_s + R_m + R_{adm} \quad (4)$$

여기서, R_t : 알칼리 총량(kg/m³)

R_c : 콘크리트 내 시멘트의 전 알칼리양(kg/m³)

Na_2O 및 K_2O의 함유량을 이와 등가인 Na_2O양(Na_2Oeq)으로 환산하여 표현한 값으로서 $Na_2Oeq(\%) = Na_2O(\%) + 0.658K_2O(\%)$로 함.

R_s : 콘크리트 내 골재의 전 알칼리양(kgm³)=단위골재량(kg/m³)×0.87×골재 내 Cl^-양(%)

R_m : 콘크리트 내 혼화제의 알칼리양(kg/m³)

모르타르 부착률을 51%, 시멘트 함유율을 0.237, 시멘트의 알칼리양을 0.95%, 이때의 부착모르타르 알칼리양을 0.115%로 추정할 때, [표 3.22]와 같이 순환골재 콘크리트의 총 알칼리양을 정량적으로 추정할 수 있다. 이와 같은 과정을 설정하여 순환골재 콘크리트 배합의 알칼리양의 정량적인 추적이 가능할 것으로 판단된다.

[표 3.22] 순환골재 콘크리트의 총알칼리양의 계산(F0 : 호칭강도(MPa)[3.24]

	W	C	S	RG	Rc	Rs	Rm	Rc+Rs+Rm	Radm	Rt	판정
F0	kg/m³	kg/m³	kg/m³	kg/m³	0.0065	0.0001	0.010				≤3.0
30	185	378	746	910	2.457	0.039	0.038	2.534	1.045	3.579	NG
27	185	353	767	910	2.295	0.041	0.035	2.370	1.045	3.415	NG
24	185	327	788	910	2.126	0.042	0.033	2.200	1.045	3.245	NG

3.5.4 순환골재 콘크리트의 TSMA 비빔 방식

Tam(2005)의 연구에서는 순환골재 콘크리트의 압축강도를 증진시키고자 Two-stage mixing approach(TSMA) 비빔 방식을 제안하였다.[3.35]

1) 개념

일반적인 조건에서 순환골재 콘크리트를 생산할 경우 기존 콘크리트와 동일한 생산 절차로 생산하기 위해서는 순환골재 콘크리트의 배합을 부분 수정해야 한다. 그러나 이와 같은 순환골재 콘크리트 생산 접근방식은 순환골재의 혼입비율에 따라 콘크리트의 품질이 직접적으로 저하된다. 이 때문에 대부분의 연구에서는 순환골재의 혼입비율을 30% 이하로 권장하고 있다. 이와 같은 이유로 기존의 수많은 연구자들이 포장 및 도로공사, 지하구조물, 기초, 파일 및 매스콘크리트와 같은 단순한 구조물에 순환골재를 적용한 사례는 많지만 아직까지 높은 수준의 성능이 요구되는 구조물에 순환골재를 적용한 사례는 찾기 힘들다.

순환골재가 가지고 있는 높은 기공률, 균열, 다량의 황산염 및 염화물량, 불순물과 시멘트 모르타르량은 순환골재 콘크리트의 역학적 성능을 저하시키는 원인이 된다.

높은 수준의 성능이 요구되는 구조물에 적용되기 위해서는 이와 같은 순환골재의 취약점을 보완하여야 한다. 이와 같은 보완책의 하나로 최근에 새로운 혼합방법으로서 Two-Stage Mixing Approach(TSMA) 비빔 방식을 제안하였다.

기존 Normal Mixing Approach(NMA) 비빔 방식의 경우 믹서에 먼저 굵은골재 약 절반을 넣고 잔골재와 시멘트를 채워 넣은 후 마지막으로 나머지 굵은골재를 넣는다. 혼합수는 드럼의 회전 직전 또는 팬을 시작하기 직전에 첨가한다. 그러나 TSMA의 경우 혼합수는 혼입 과정을 두 부분으로 나누어 별도로 첨가하도록 2개의 수량으로 분할하여 첨가한다. [그림 3.44]는 NMA 비빔 방식과 TSMA 비빔 방식을 도식화하였다.

2) 압축강도 증진 효과 및 원리

[그림 3.45]는 NMA 비빔 방식과 TSMA 비빔 방식별 순환골재 대체율에 따른 순환골재 콘크리트의 압축강도 발현특성을 나타냈다. TSMA 혼합방식에 의한 순환골재 콘크리트의 압축강도가 NMA 혼합방식과 비교하여 향상되는 것을 알 수 있다. 또한 TSMA 혼합방식에 의한 순환골재 콘크리트는 순환골재 대체율이 증가할수록 압축강도는 점진적으로 증가하는 경향을 나타내고 있다.

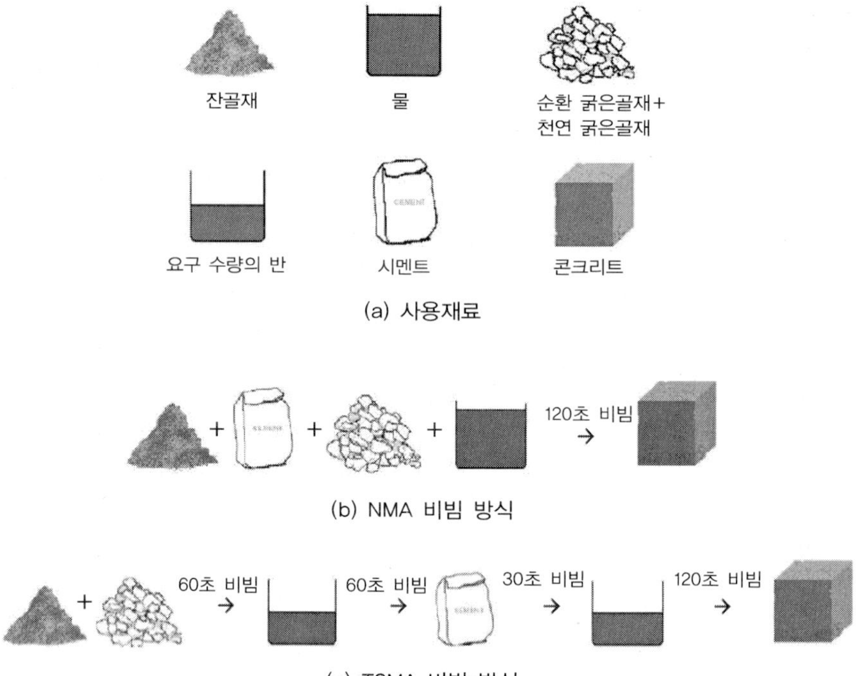

[그림 3.44] NMA 비빔 방식과 TSMA 비빔 방식[3.35)]

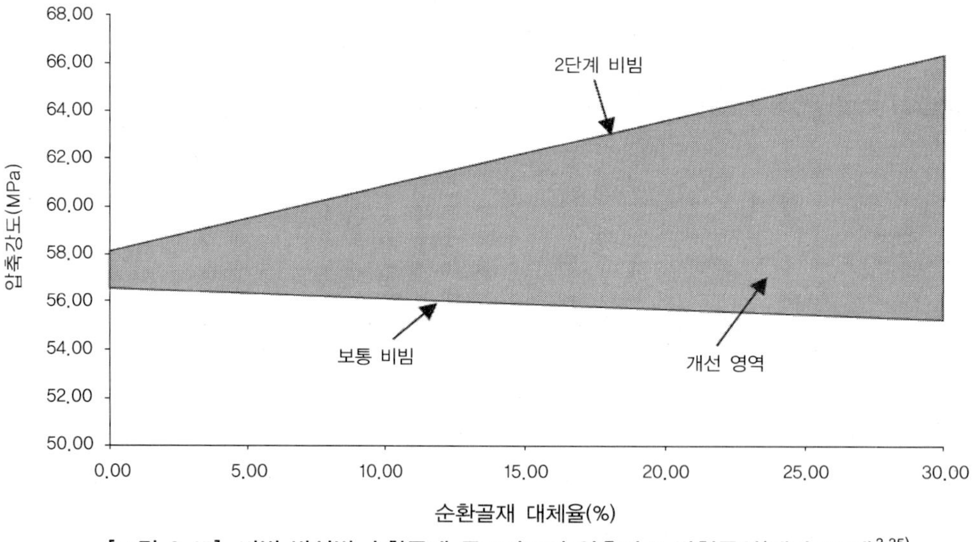

[그림 3.45] 비빔 방식별 순환골재 콘크리트의 압축강도 발현특성(재령 28일)[3.35)]

TSMA 비빔 방식의 경우 첫 번째 비빔단계에서 필요 수량의 절반을 먼저 넣고 혼합하여 순환골재의 표면에 얇은 시멘트 슬러리층을 생성하게 된다. 얇은 시멘트 슬러리

층은 기존에 부착되어 있던 시멘트 모르타르 내부의 균열과 공극에 침투하여 충진된다. 또한 두 번째 비빔단계에서는 콘크리트 비빔 공정에 요구되는 남은 필요 수량을 넣고 혼합하여 완성하게 된다.

[그림 3.46]에 나타낸 바와 같이 TSMA 비빔 방식으로 제조된 순환골재 콘크리트의 신 계면(New interfacial zone)과 구 계면(Old interfacial zone) 모두 NMA 비빔 방식의 순환골재 콘크리트와 비교하여 강화된 것을 알 수 있다. 따라서 TSMA 비빔 방식은 순환골재의 ITZ를 강화시키고 순환골재 콘크리트의 강도를 향상시킨다. [그림 3.47]은 TSMA 비빔 방식에 의한 순환골재 콘크리트의 매트릭스 개념을 형상화한 것이다.

TSMA 비빔 방식은 시멘트 슬러리가 순환골재를 겔화시켜 순환골재 내 균열 및 기공을 채워 취약한 ITZ를 강화시켜 준다. 또한 TSMA 비빔 방식은 순환골재 콘크리트의

(a) TSMA 혼합방식 (b) NMA 혼합방식

[그림 3.46] 혼합방식에 따른 순환골재 콘크리트 계면 성상[3.35)]

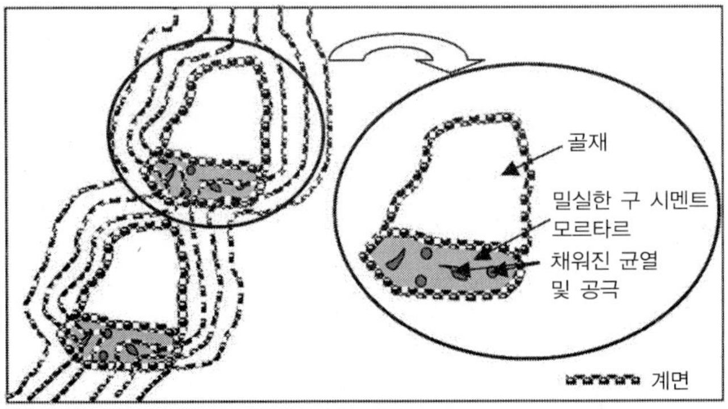

[그림 3.47] TSMA 혼합방식에 의한 순환골재 콘크리트의 매트릭스 개념도[3.35)]

압축강도를 비롯한 역학적 성능을 향상시킬 수 있는 효과적인 방법으로써 순환골재 콘크리트의 적용 범위를 확대시킬 수 있을 것으로 판단된다.

3.5 결론

건설폐기물은 친환경적인 적정처리와 효율적인 활용기술 개발에 의해 콘크리트 및 콘크리트제품 제조용 등 고부가가치로의 활용이 가능한 자원이나 현재 적정처리를 통하여 생산된 순환골재는 품질과 안전 등의 이유로 80% 이상이 성·복토 및 도로공사용 등 극히 제한된 용도로만 사용되는 것이 현실이다. 건설폐기물 재활용 통계조사 보고서에 따르면 건설폐기물의 약 65.1%를 순환골재로 판매하고 있으며, 콘크리트 및 콘크리트제품 제조용이 약 11.8%, 아스팔트콘크리트 제조용이 약 3.6%로 활용되는 등 경제적 부가가치가 높은 용도로의 활용은 아직 저조한 실정이다.

한편 '04년 골재파동 이후 골재수급 안정종합대책(국조실, '04.4)에 따라 '08년부터 남해 EEZ 골재채취단지를 지정·운영하고 있다. 그러나 최근 들어 어민 단체 반대 등으로 '17.1월부터 남해 EEZ 골재채취 중단 이후 동남권 골재공급이 감소하였으며, 심지어 부산·경남 레미콘업계는 모래 부족 및 골재가격 상승에 따른 경제적 손실 증가로 레미콘 생산을 중단하는 사태까지 벌어지고 있다. 이와 같이 열악한 골재수급상황 및 이로 인한 자재가격 상승이 예상됨에 따라 골재원의 다변화 등 골재수급 안정화 대책이 강구되고 있다. 이러한 골재수급 안정화 대책의 하나로 순환골재의 활용·확대가 대안으로 제시되지만 아직까지 순환골재는 천연모래에 비해 품질이 낮아 시공 안정성 등을 감안하면 레미콘 제조에 사용을 기피하고 있는 현실이다.

본 장에서는 순환골재 콘크리트의 굳지 않은 순환골재 콘크리트의 특성, 굳은 순환골재 콘크리트의 특성, 순환골재 콘크리트의 장기거동 및 순환골재 콘크리트의 이론적 연구를 수년 동안 국내·외에서 수행되었던 연구결과를 바탕으로 요약·정리하였다.

매년 콘크리트용 골재로 2억 m^3 이상이 소비되고 있는 국내의 현실을 고려해 볼 때 한정된 천연골재 자원의 채취량 부족 및 골재공급원 개발에 의한 환경문제를 해결하기 위한 대안으로 순환골재의 품질 향상뿐만 아니라 순환골재 콘크리트의 품질에 대한 확신과 신뢰 구축이 함께 병행되어야 할 것으로 판단된다.

제4장 순환골재 콘크리트 구조 거동

4.1 서론

골재 생산에 따른 환경 파괴 등을 방지하기 위해 천연골재 채취를 제한함에 따라 천연골재 수급이 부족하게 되었으며, 이에 따른 순환골재 사용이 필요하게 되었다. 국내에서는 1980년대부터 순환골재 콘크리트에 대한 연구가 이루어졌으며, 폐콘크리트에서 발생되는 순환골재를 콘크리트용 골재로 사용할 수 있도록 하기 위하여 KS F 2573 「콘크리트용 순환골재」 1가 1999년 제정되어 2014년에 최종 개정되었다. 또한 생산된 순환골재가 구조용 또는 레디믹스트 콘크리트 등의 골재로 충분히 사용이 가능하도록 2005년 건설교통부에서는 「순환골재 품질기준」을 제정하였다[4.1, 4.2] 이와 같이 고품질의 순환골재 생산을 유도하기 위한 「순환골재 품질기준」에 적합한 순환골재를 사용할 경우 천연골재와 동등한 품질이 확보되어 시설물의 구조적 안전이나 품질에는 지장이 없는 것으로 보고하고 있다.

아직까지 국내에서 순환골재를 사용한 콘크리트의 적용 사례가 많지 않고 내구성 확보 문제 등을 근거로 [표 4.1]과 같이 현재 순환골재를 적용할 수 있는 콘크리트의 설계 기준압축강도의 한계는 27MPa 이하로 제한하고 있다. 또한, 기존 연구 결과에서 일반 콘크리트와 유사한 특성을 나타낼 수 있는 순환 굵은골재의 최대 치환율을 참조

하여 현재 KS F 2573 「콘크리트용 순환골재」에서는 치환율을 30% 이하로 권장하고 있다.[4.1)]

[표 4.1] 순환골재 콘크리트의 적용[4.1)]

설계기준압축강도 (MPa)	사용 골재의 종류		적용 용도[a]
	굵은골재	잔골재	
21 이상 27 이하	천연 굵은골재 및 순환 굵은골재[b]	천연 잔골재	기둥, 보, 슬래브, 내력벽, 교량 하부공, 옹벽, 교각, 교대, 터널 라이닝공 등
21 미만		천연 잔골재 및 순환 잔골재[b]	콘크리트 블록, 도로구조물 기초, 측구, 집수받이 기초, 중력식 옹벽, 중력식 교대 버림 콘크리트, 강도가 요구되지 않는 채움재 콘크리트, 건축물의 비구조체 콘크리트 등

a. 순환골재로 만든 콘크리트 용도에서 도로용으로 사용되는 빈배합 콘크리트는 적용하지 않으며, 여기에서 제시한 용도 이외의 콘크리트 제품 등에 적용되는 경우는 관련 표준 또는 당해 공사의 설계도에 따르되 해당 분야의 책임기술자 등의 확인을 받아야 한다.

b. 순환골재는 한국산업표준에서 정한 콘크리트 제품 등에 사용할 수 있다. 다만, 사용되는 순환골재의 품질은 각각의 제품 생산에 지장이 없어야 하며, 제품의 품질에 적합하여야 한다.

한편, 현재 순환골재 콘크리트에 대한 인식 부족 및 구조물에 사용된 사례가 거의 없어 국토교통부와 환경부는 순환골재에 대한 인식을 개선시키고 사용 활성화를 유도하기 위해 [표 4.2]와 같이 '순환골재 100% 활용 시범사업'을 2013년부터 추진하고 있다. 이러한 정부의 정책적 노력에도 불구하고 아직 민간사업에서는 순환골재의 콘크리트 적용, 특히 구조체 콘크리트에의 적용 사례가 매우 적은 실정이다. 이는 과거에 국내에서 이루어진 순환골재 콘크리트에 관한 연구가 재료 분야에 집중되어 구조체 적용성 검증에 관한 연구결과가 부족했기 때문이다.

이에 4장에서는 순환골재 콘크리트를 사용한 구조부재의 거동특성에 관한 연구결과를 기술하였다. 기술된 보(휨, 전단), 기둥, 보-기둥 접합부, 부착에 관한 연구 결과는 주로 국내 연구자를 중심으로 작성하였으며, 연구 결과의 비교 및 검증을 위해 일부 해외 연구 결과를 인용하였다.

[표 4.2] 순환골재 100% 활용 시범사업 추진 현황

발주기관	사업 대상	사용량	현장 사진	진행 현황
한국 도로공사	경부 고속도로 '입장휴게소 화장실'			준공 ('13. 2월)
한국 도로공사	광주-대구 고속도로 '강천산휴게소 화장실'	462㎥ (순환골재)		준공 ('15. 12월)
한국철도 시설공단	진주-광양 복선화공사 '횡천역사'	316㎥ (순환골재)		구조물 완료
한국토지 주택공사	행정복합도시 공원 '관리사무소'	330㎥ (순환골재)		관리사무소 완공
국립공원 관리공단	내장산 국립공원 '공중화장실'	274㎥ (순환골재)		준공 ('15. 11월)
대전지방 국토관리청	대산-석문 도로건설공사 '순환아스콘 표층'	597톤 (순환 아스콘)		준공 ('15. 8월)
한국 수자원공사	송산그린시티 우음도 캠핑장 '화장실, 샤워장, 창고'	설계 중	-	

4.2 보 부재

4.2.1 실험체 일람

1) 휨 실험 데이터베이스

[표 4.3]은 분석에 사용된 철근콘크리트 보의 휨 실험 데이터베이스를 보여준다. 수집된 자료는 총 97개이며, 철근콘크리트 보의 휨 실험에 관한 연구 중에서 대표적인 구봉근(2001) 등, 이영오(2007) 등, 지상규(2007) 등, 송선화(2009) 등, 여진동(2011) 등, 김상우(2012) 등, 김우석(2012) 등, 이용택(2014) 등, Maruyama(2004) 등, Ivan(2013) 등 총 10명의 연구자가 수행한 실험을 정리하여 나타냈다.[4.3)~4.12)]

사용된 순환골재의 특성을 각 연구자별로 정리하면 다음과 같다.

이영오(2007) 등 및 지상규(2007) 등의 연구에서는 절건밀도 및 흡수율이 2,540kg/m³ 및 1.86%인 순환 굵은골재, 절건밀도 및 흡수율이 2,470kg/m³ 및 3.64%인 순환 잔골재를 사용하였으며, 송선화(2009) 등의 연구에서는 절건밀도 및 흡수율이 2,480~2,490 kg/m³ 및 3.00~3.01%인 순환 굵은골재, 절건밀도 및 흡수율이 2,150~2,290kg/m³ 및 5.83~7.95%인 순환 잔골재, 이용택(2014) 등의 연구에서는 절건밀도 및 흡수율이 2,570kg/m³ 및 1.67%인 순환 굵은골재를 사용하는 등 KS F 2573 「콘크리트용 순환골재」에서 제시하는 순환 굵은골재에 대한 품질기준을 만족시켰다.[4.4)~4.6), 4.10)]

그러나 구봉근(2001) 등의 연구에서는 절건밀도 및 흡수율이 2,190kg/m³ 및 7.26%인 순환 굵은골재, 여진동(2011) 등의 연구에서는 절건밀도 및 흡수율이 2,200kg/m³ 및 5.37%인 순환 굵은골재, 김상우(2012) 등의 연구에서는 절건밀도 및 흡수율이 2,110~2,540kg/m³ 및 3~6%인 순환 굵은골재, 김우석(2012) 등의 연구에서는 절건밀도 및 흡수율이 2,200kg/m³ 및 5.37%인 순환 굵은골재, Maruyama(2004) 등의 연구에서는 절건밀도 및 흡수율이 2,460kg/m³ 및 6.18%인 순환 굵은골재, 절건밀도 및 흡수율이 2,230kg/m³ 및 12.5%인 순환 잔골재, Ivan(2013) 등의 연구에서는 흡수율이 3.7~4.6%인 순환 굵은골재를 사용하는 등 KS F 2573 「콘크리트용 순환골재」에서 순환 굵은골재에 대한 품질기준을 만족시키지 못하는 골재를 사용하였다.[4.3), 4.7), 4.8), 4.9), 4.11), 4.12)]

순환골재를 사용한 철근콘크리트 보의 휨 실험값은 [표 4.3]과 같이 콘크리트 압축강도 $15.6 \le f_{cu} \le 106.4$MPa, 보의 유효 깊이 $160 \le d \le 525$㎜, 인장철근비($\rho_{st} = A_{st}/bd$) $0.0028 \le \rho \le 0.0254$, 그리고 인장철근의 항복강도는 $380.0 \le f_y \le 621.0$MPa, 순환골재의 치환율은 0~100%를 나타내었다. 실험에 사용된 순환골재의 품질은 순환 굵은골재의 경우 밀도와 흡수율을 각각 2,190~2,570kg/m³와 1.67~7.26%를, 순환 잔골재는 밀도와 흡수율을 각각 2,120~2,470kg/m³와 3.64~7.95%를 나타내었다.

[표 4.3] 순환골재를 사용한 철근콘크리트 보의 휨 실험 결과

연구자	시험체 수	콘크리트 압축강도, f_{cu} (MPa)	보 폭, b (㎜)	보 유효 깊이 (전체 깊이), $d(h)$(㎜)	인장철근비, ρ_{st}	인장철근 항복강도, f_y(MPa)	순환골재 치환율 (%)
구봉근	16	22.9~25.8	170	(250)	0.0075~0.0228	–	0~100*
이영오	7	31.6~39.7	170	215~270	0.0083~0.0218	488	50~100**
지상규	3	31.6~39.7	170	170	0.0049	414	50~100**
송선화	7	23.9~37.0	400	525	0.0217~0.0241	380~433	0~100**
여진동	16	29.0~38.6	135	(270)	0.0046~0.0183	400	0~50*
김상우	3	15.6~22.3	200	360	0.0161	488	0~100*
김우석	12	48.8~64.5	135	230	0.0054~0.0183	400	0~30*
이용택	12	39.2~58.0	150	(250)	0.0044~0.0048	400	0~100*
Maruyama	12	29.4~106.4	150	160	0.0106	331	0~100**
Ivan	9	42.5~44.2	200	(300)	0.0028~0.0254	555~621	0~100*
합계	76	15.6~106.4	170~400	170~525	0.0045~0.0241	380~488	0~100*

* 굵은골재 치환율
** 굵은골재 및 잔골재 치환율

2) 전단 실험 데이터베이스

[표 4.4]는 분석에 사용된 순환골재 철근콘크리트 보의 전단 실험 데이터베이스를 보여준다. 수집된 자료는 총 10개이며, 구봉근(2001) 등, 한병찬(2002) 등, 이원석(2007a) 등, 이원석(2007b) 등, 이영오(2010) 등, 김상우(2012) 등, 이영오(2012) 등, 백승민(2013) 등, 이정훈(2013) 등, 이호경(2015) 등 총 10명의 연구자들에 의해 수행되었다.[4.3), 4.13)~4.21)] 수집된 전단 실험 데이터는 순환골재를 사용한 철근콘크리트 보 실험 중 전단 파괴되었다고 보고된 실험체를 대상으로 하였다. 콘크리트 압축강도는 $21.0 \le f_{cu} \le 71.0$MPa, 보의 유효깊이는 $203 \le d \le 600$㎜, 전단경간비는 $1.5 \le a/d \le 5.0$, 인장철근비($\rho_{st} = A_{st}/bd$)는 $0.008 \le \rho_{st} \le 0.0241$, 그리고 인장철근의 항복강도는 400≤

$f_y \leq$650MPa를 나타내었다. 실험에 사용된 순환골재의 품질은 순환 굵은골재의 경우 밀도와 흡수율을 각각 2,200~2,590kg/m³와 1.67~6.28%, 순환 잔골재는 밀도와 흡수율을 각각 2,150~2,470kg/m³와 3.64~7.95%를 나타내었다.

[표 4.4] 순환골재 철근콘크리트 보의 전단 실험 데이터베이스

연구자	시험체 수	f_{ck} (MPa)	b (mm)	d (mm)	ρ	f_y (MPa)	순환골재 치환율(%)	a/d	전단 보강근
구봉근	16	22.0 23.0 24.0 25.0	170	250	0.0117	–	0, 30 50, 100	1.5 2.0 2.5 3.0	–
한병찬	10	30.0 50.0 70.0	170	270	0.0111, 0.0187	412	100	2.0 3.0 4.0	–
이원석	8	27.0	400	525	0.0188	433	0, 30 60, 100	5.0	–
이원석	6	30.0	170	270	0.0110	429	0, 50, 100	2.0	보강 : 3개 무보강 : 3개
이영오	6	21.0	400	525	0.0241	410	0, 30 60, 100	5.0	보강 : 2개 무보강 : 4개
김상우	6	30.0	200	600	0.0143	650	0, 50, 100	2.5	보강 : 3개 무보강 : 3개
이영오	5	27.0	400	525	0.0241	410	0, 30 60, 70, 100	5.0	–
백승민	28	50.0	135	270	0.0080, 0.0127, 0.0184	400	0, 15 30, 50	2.0 3.0 4.0	–
이정훈	28	30.0	135	270	0.0080, 0.0127, 0.0184	400	0, 15 30, 50	2.0 3.0 4.0	–
이호경	10	35.0	135, 180 225, 270 315	203, 270 338, 405 473	0.0120	400	30	3.0	–
합계	123	21.0 ~70.0	135~400	203~600	0.0080 ~0.0241	400 ~650	0~100	1.5 ~5.0	

4.2.2 실험 방법

1) 휨 실험 방법

[표 4.5]는 철근콘크리트 보의 휨 실험 데이터베이스 실험 방법을 나타낸다. 일반적인 철근콘크리트 보의 휨 실험은 실험체의 특성에 따라 3점 가력(three point loading)과 4점 가력(four point loading) 방법을 이용해 실험을 수행하고 있으며, 10명의 연구자들이 수행한 휨 실험에서 실험 방법을 조사한 결과 구봉근(2001) 등, 이영오(2007) 등, 지상규(2007) 등, 송선화(2009) 등, 여진동(2011) 등, 김상우(2012) 등, 김우석(2012) 등, 이용택(2014) 등, Maruyama(2004) 등, Ivan(2013) 등 연구자가 모두 4점 가력 방법을 사용하였다.[4.3)~4.12)]

[표 4.5] 순환골재를 사용한 철근콘크리트 보의 휨 실험 방법

실험 방법	연구자	건수
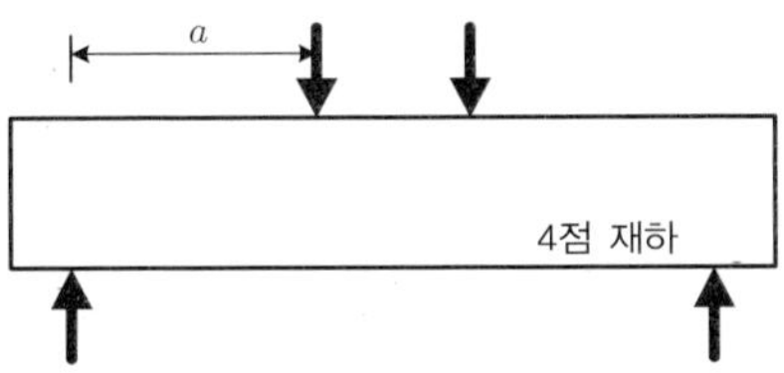	-	0
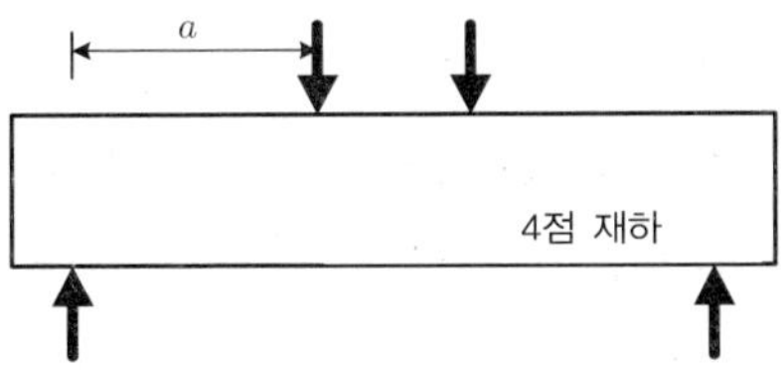	구봉근(2001) 등, 이영오(2007) 등, 지상규(2007) 등, 송선화(2009) 등, 여진동(2011) 등, 김상우(2012) 등, 김우석(2012) 등, 이용택(2014) 등, Maruyama(2004) 등, Ivan(2013) 등	10
합계		10

2) 전단 실험 방법

[표 4.6]은 보고된 전단 실험의 하중 가력 방법을 보여준다. 연구자들이 수행한 전단 실험에서 하중 가력 방법을 조사한 결과 3점 가력(three point loading), 4점 가력(four point loading) 방법이 주로 사용되었다. 가력 방법 중 3점 가력은 1건, 4점 가력은 9건으로 조사되었다.

[표 4.6] 순환골재를 사용한 철근콘크리트 보의 전단 실험 방법

실험 방법	연구자	건수
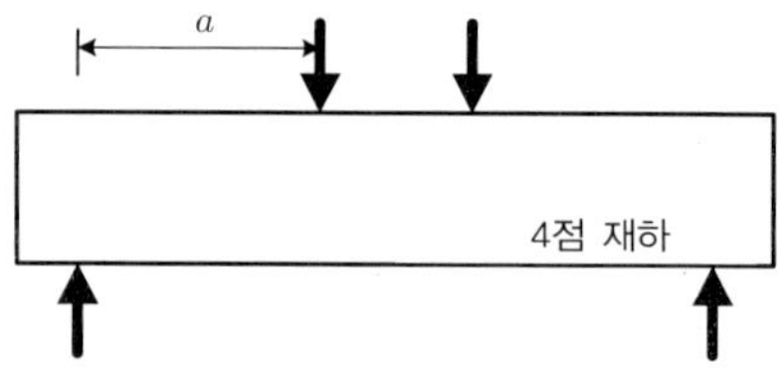	구봉근(2001) 등	1
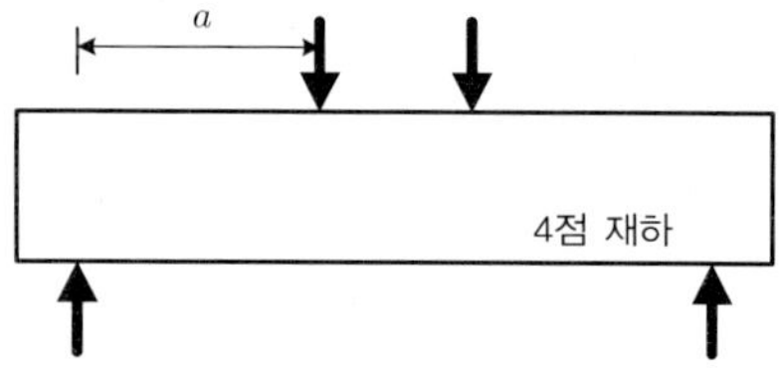	한병찬(2002) 등, 이원석(2007a) 등, 이원석(2007b) 등, 이영오(2010) 등, 김상우(2012) 등, 이영오(2012) 등, 백승민(2013) 등, 이정훈(2013) 등, 이호경(2015) 등	9
합계		10

4.2.3 실험 결과

1) 휨 실험 결과

구봉근(2001) 등은 인장철근비와 순환 굵은골재의 치환율을 변수로 휨 실험을 수행하였다.[4.3] 연구에 따르면 콘크리트의 압축강도는 치환율 50%와 100%에서 약 4~8%의 강도가 저하되는 경향을 나타내지만 치환율 30%에서는 기준 콘크리트 배합보다 강도가 4% 높아 동일 물-결합재비(w/b)의 경우 순환골재의 사용이 콘크리트의 압축강도에 나쁜 영향을 주지 않는 것으로 보고하고 있다. 그러나 콘크리트의 탄성계수는 기준 콘크리트 배합보다 약 30~40% 감소하는 경향을 나타냈다. 인장철근비에 따른 철근콘크리트 보의 휨강도는 [그림 4.1(a)]에 나타낸 바와 같이 순환 굵은골재의 치환율에 관계없이 인장철근비에 지배적인 것으로 나타났으며, 연성능력(인장철근 항복시점의 처짐에 대한 파괴시점의 처짐 비)은 [그림 4.1(b)]와 같이 순환골재를 사용한 실험체의 경우 천연골재를 사용한 실험체보다 대체로 감소하는 경향을 나타내 휨 부재의 안전을 위해 균형철근비에 대한 최대철근비를 70% 이하로 규정하는 것이 타당하다고 보고하고 있다.

이영오(2007) 등은 고품질의 순환 굵은골재 및 잔골재를 사용해 치환율과 인장철근

비에 따른 휨 성능을 평가하였다.[4.4] 연구에서는 인장철근비가 동일한 경우 골재의 종류에 관계없이 유사한 휨 거동을 나타냈으나 순환골재를 사용한 실험체에서 최대내력 이후 다소 급격한 내력저하가 발생하였다. 또한, 실험에 의한 휨강도를 ACI 기준과 비교한 결과 18.5~23.6% 높게 나타나 고품질의 순환골재 사용에 따른 보다 많은 실험적 연구 및 기준 정립의 필요를 보고하고 있다.

지상규(2007) 등, 이영오(2007) 등은 고품질의 순환 굵은골재 및 잔골재를 사용해 치환율에 따른 철근콘크리트 보의 단기 및 장기 지속하중에 따른 휨 성능을 평가하였다.[4.5), 4.4] 그 결과 [그림 4.2(a)]와 같이 초기 휨강성은 공칭강도의 50%가 작용되도록 1년 동안 장기 지속하중을 경험한 실험체가 장기 지속하중을 경험하지 않은 실험체보다 약 35% 낮은 휨강성을 나타냈으나 균열 단계 이후에는 장기 지속하중을 경험한 실험체도 단기 하중에 따른 휨 거동 특성과 유사한 경향을 나타냈다. [그림 4.2(b)]와 같이 휨강도는 ACI 기준과 비교해 높은 수치를 나타내어 현행 기준식의 적용 가능성을 보고하고 있다.[4.22] 송선화(2009) 등은 철근콘크리트 보에서 철근의 기여분을 최소화하고 순환골재에 따른 영향을 평가하고자 콘크리트의 극한변형률(ε_{cu} =0.003)에 따른 인장철근의 변형률(ε_{st} = 0.004, ε_{st} = 0.005)과 치환율을 변수로 실물 크기의 휨 실험을 수행하였다.[4.6] 연구에서 콘크리트의 역학적 특성은 치환율에 따라 다소 저하되었으나 휨 부재 적용에 따른 휨 성능은 콘크리트구조기준을 만족시키는 결과를 나타냈다.[4.23] 최대내력 이후에는 콘크리트 압괴에 의해 급격하게 파괴가 진행되는

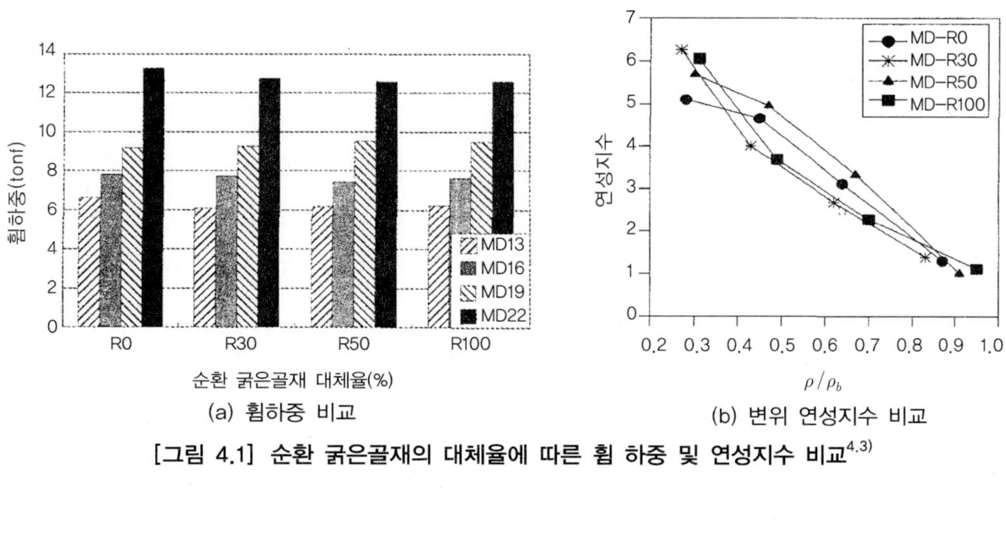

(a) 휨하중 비교

(b) 변위 연성지수 비교

[그림 4.1] 순환 굵은골재의 대체율에 따른 휨 하중 및 연성지수 비교[4.3]

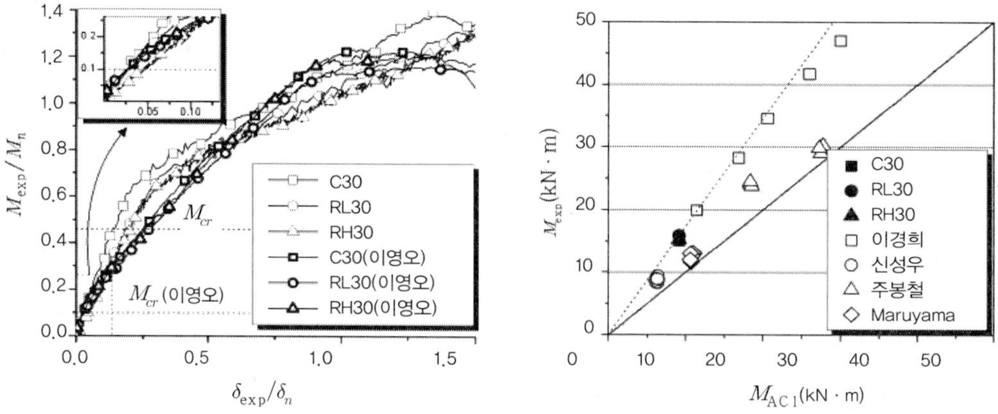

(a) 손상되지 않은 실험체와 비교 (b) ACI 기준과 비교

[그림 4.2] 단기 및 장기 지속하중에 따른 휨 성능 및 극한모멘트 비교[4.5)]

취성적인 파괴양상이 나타나 이영오(2007) 등과 같이 연성적인 거동을 확보하기 위해서는 최대철근비의 제한이 검토되어야 한다고 보고하고 있다.[4.22)]

여진동(2011) 등은 구봉근(2001) 등의 연구와 유사하게 인장철근비와 순환골재의 치환율을 변수로 휨 거동을 평가하였다.[4.7), 4.3)] 재령별 콘크리트의 역학적 특성은 구봉근(2001) 등, 송선화(2009) 등과 유사하게 치환율에 따라 압축강도와 쪼갬인장강도 및 휨강도가 기준 배합보다 저하되는 경향을 나타냈으나 목표 압축강도는 상회하는 결과를 보였다.[4.3), 4.6)] [그림 4.3]과 같이 실험체의 파괴 하중은 인장철근비에 관계없이 치환율이 증가함에 따라 내력이 감소하였으나 전반적으로 차이가 크게 나타나지 않았다. 휨 거동은 구봉근(2001) 등, 이영오(2007) 등, 송선화(2009) 등의 연구와 같이 최대내력 이후 연성이 감소하고 취성적인 파괴모드를 나타냈다고 보고하고 있다.[4.3), 4.4), 4.6)]

김상우(2012) 등은 순환 굵은골재의 흡수율 차이에 따른 휨 성능을 검토하고 전단의 영향을 평가하였다.[4.8)] [그림 4.4(a)]와 같이 흡수율 6%의 순환 굵은골재를 사용한 실험체는 전단의 영향이 큰 경우에도 천연골재를 사용한 실험체와 유사한 휨 거동을 나타냈으며, [그림 4.4(b)]에 나타낸 바와 같이 비선형 유한요소해석 프로그램을 이용하여 실험체의 거동을 예측한 결과 유사한 결과를 얻을 수 있음을 보고하고 있다.

김우석(2012) 등은 순환골재를 사용한 고강도 철근콘크리트 보(f_{cu} = 48.8~64.5MPa)의 휨 거동을 평가하고자 인장철근비와 순환골재의 치환율을 변수로 적용하여 실험연구를 수행하였다.[4.9)] 순환골재를 사용한 고강도 콘크리트의 역학적 특성은 보통강도 콘크리트와 유사하게 순환골재의 치환율이 증가함(0%에서 30%)에 따라 압축강도와 쪼갬인장강도 및 휨강도가 저하되는 경향을 나타냈으나 [그림 4.5]와 같이 실험체의 휨강도와 거동은 유사한 것으로 나타났다.

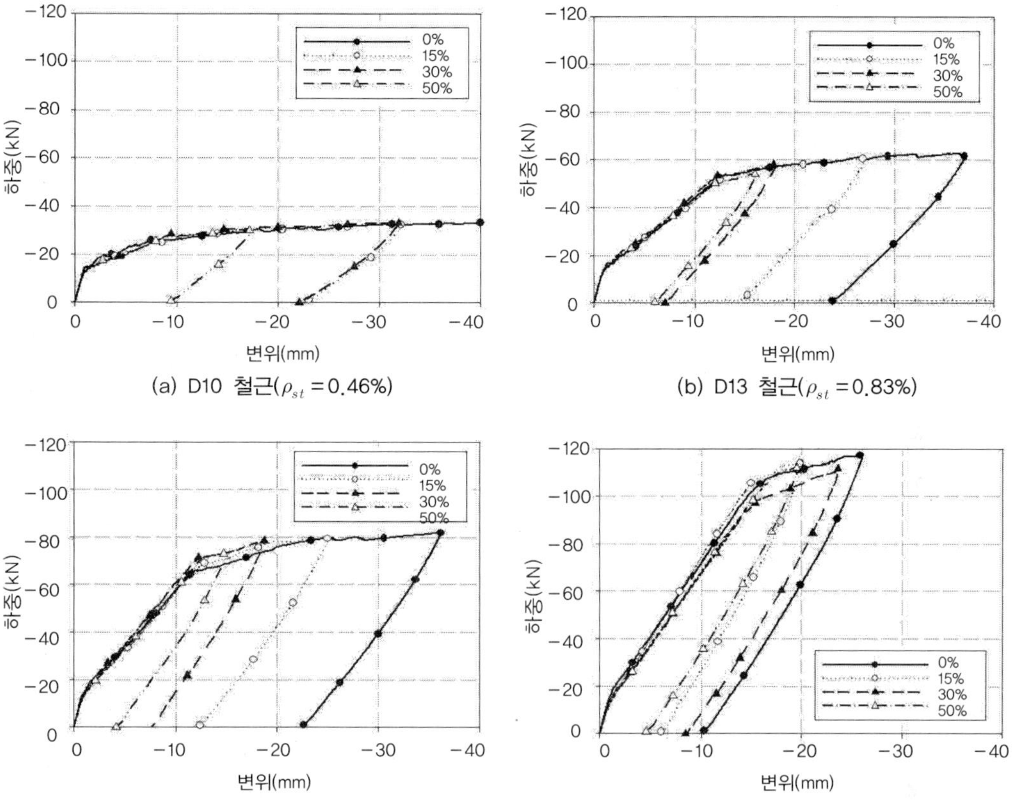

(a) D10 철근(ρ_{st} =0.46%)

(b) D13 철근(ρ_{st} =0.83%)

(c) D16 철근(ρ_{st} =1.29%)

(d) D19 철근(ρ_{st} =1.83%)

[그림 4.3] 인장철근비에 따른 하중-변위 관계[4.7]

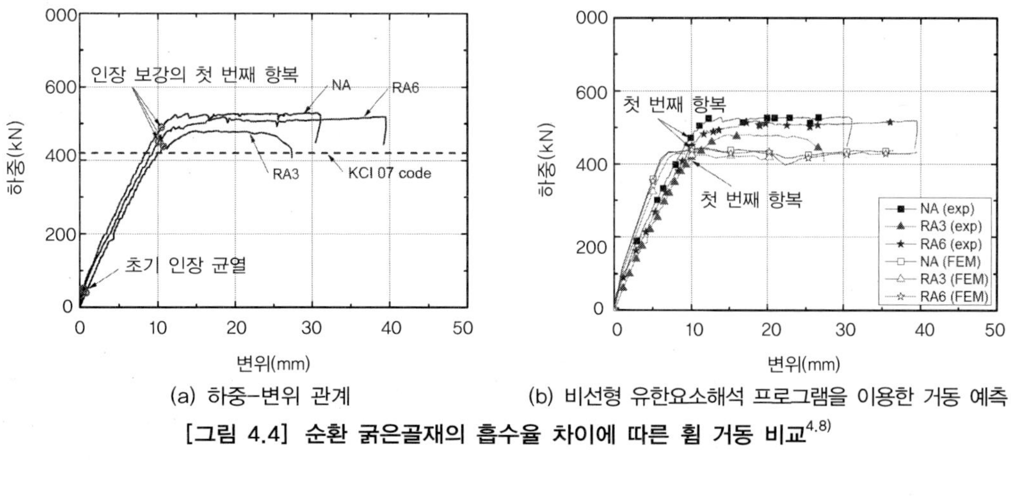

(a) 하중-변위 관계

(b) 비선형 유한요소해석 프로그램을 이용한 거동 예측

[그림 4.4] 순환 굵은골재의 흡수율 차이에 따른 휨 거동 비교[4.8]

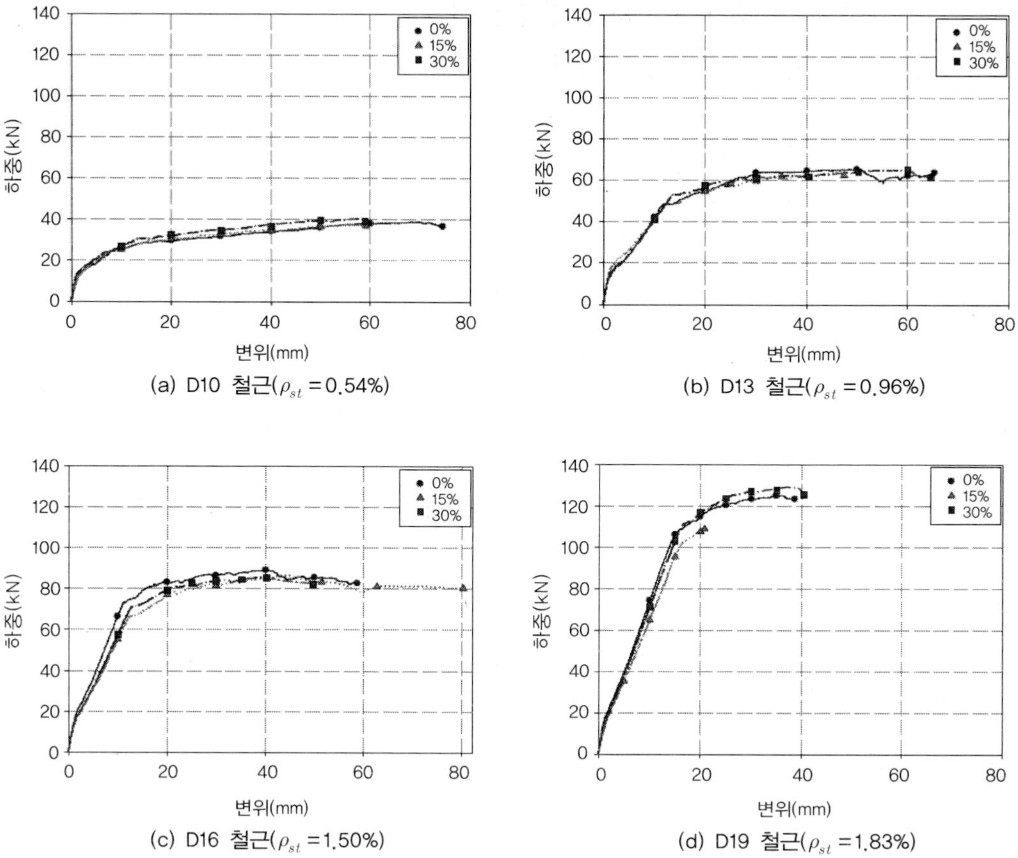

(a) D10 철근(ρ_{st} =0.54%)

(b) D13 철근(ρ_{st} =0.96%)

(c) D16 철근(ρ_{st} =1.50%)

(d) D19 철근(ρ_{st} =1.83%)

[그림 4.5] 인장철근비에 따른 하중-변위 관계(고강도 콘크리트, f_{cu} =48.8~64.5MPa)[4.9]

이용택(2014) 등은 순환 굵은골재의 치환율과 콘크리트의 압축강도에 따른 철근콘크리트 보의 휨 거동을 평가하고자 하였으며, 콘크리트의 압축강도는 40~60MPa, 순환 굵은골재의 치환율은 0~100%로 총 12체의 실험체를 제작하여 휨 실험을 수행하였다.[4.10] 균열 양상은 순환 굵은골재를 사용한 실험체에서 천연골재를 사용한 실험체보다 비교적 압축측까지 균열이 진전되는 특성을 보였으며, 휨 성능은 [그림 4.6]과 같이 골재의 차이에 관계없이 유사하게 나타났다. 휨강도 비교는 실험 결과가 콘크리트구조기준에서 제시하는 해석결과보다 1.08~1.29로 상회하는 값을 나타내어 순환골재를 사용한 고강도 철근콘크리트 보의 휨 부재 설계에 적용 가능성을 보고하고 있다.[4.23]

Maruyama(2004) 등은 물-결합재비(w/b)와 순환골재의 치환율을 변수로 휨 실험을 수행하였다.[4.11] [그림 4.7]에 나타낸 바와 같이 콘크리트의 역학적 특성은 구봉근(2001) 등, 여진동(2011) 등, 김우석(2012) 등의 연구와 유사하게 순환골재를 적용한

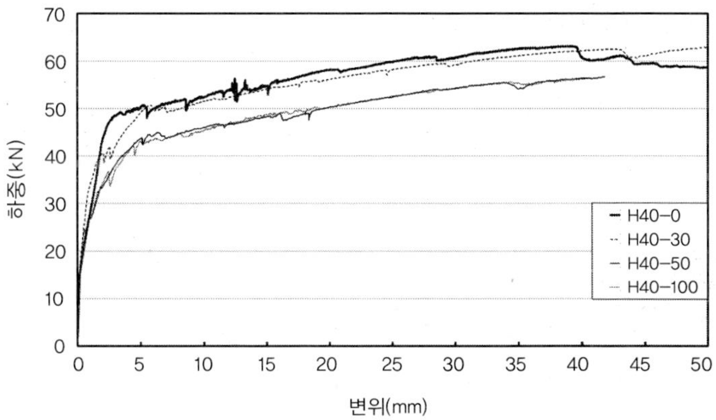

(a) 40MPa

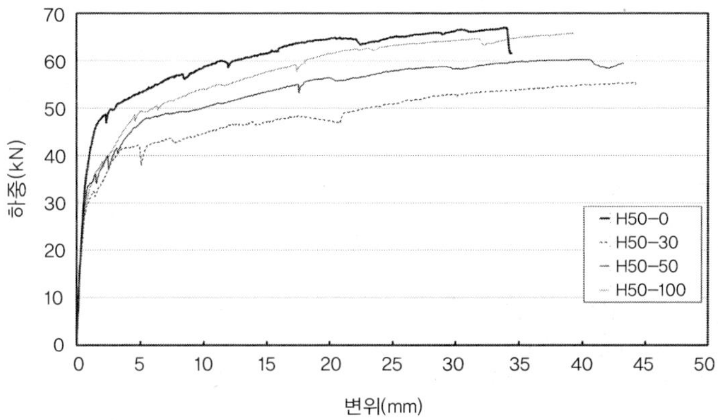

(b) 50MPa

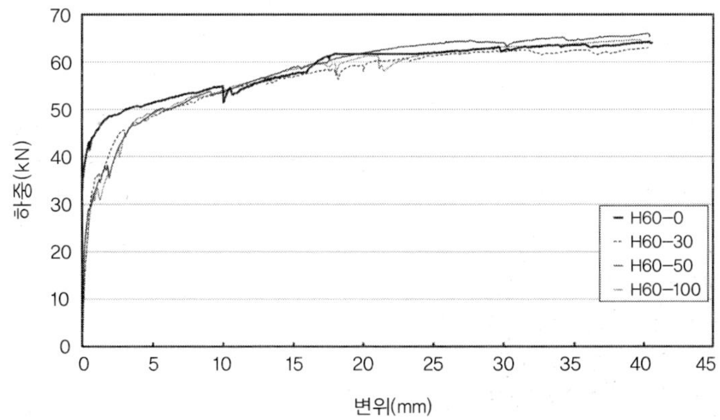

(c) 60MPa

[그림 4.6] 콘크리트 압축강도에 따른 하중-변위 관계[4,10)]

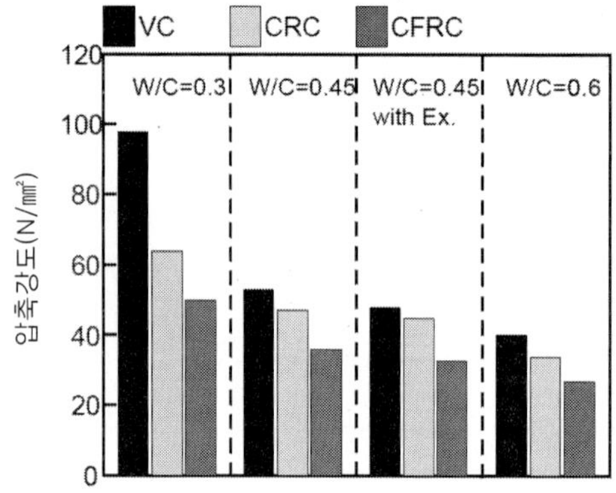

(a) 압축강도

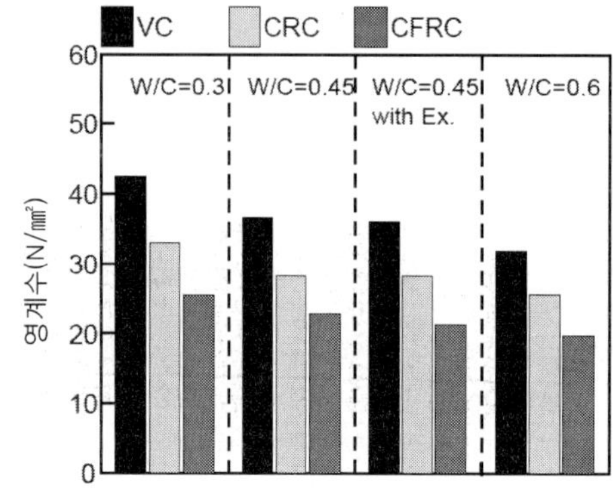

(b) 탄성계수

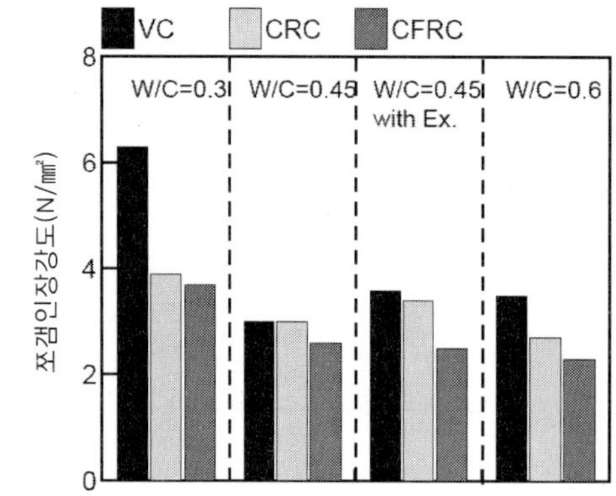

(c) 쪼갬인장강도

[그림 4.7] 콘크리트의 역학적 특성[4.11]

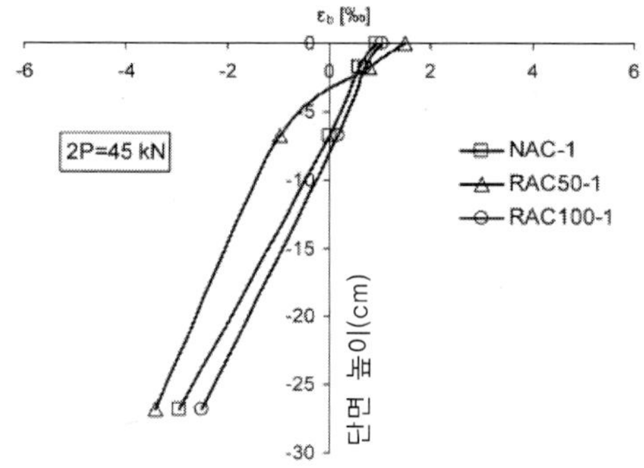

(a) $\rho_{st}=0.28\%$

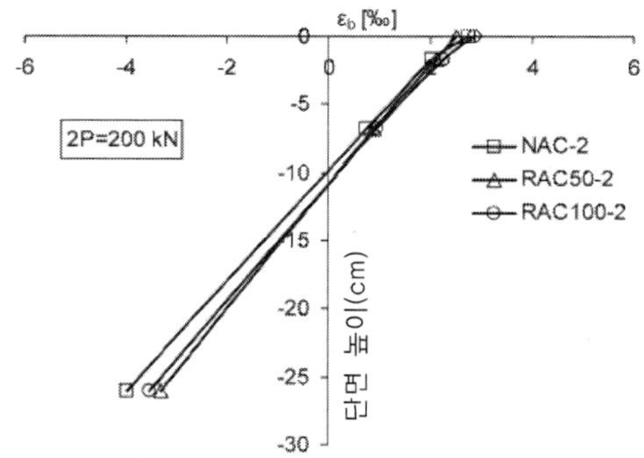

(b) $\rho_{st}=1.46\%$

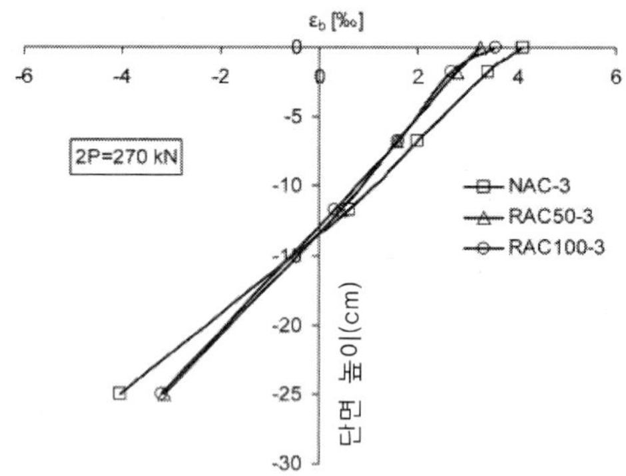

(c) $\rho_{st}=2.54\%$

[그림 4.8] 인장철근비에 따른 변형률 분포[4.12]

실험체는 천연골재를 적용한 시험체보다 압축강도와 탄성계수 및 쪼갬인장강도가 저하되는 경향을 나타냈으며, 팽창성 혼화제를 혼입할 경우 휨 부재의 가력 초기 균열을 약 20~30% 감소시키는데 기여하는 것으로 나타났다. 또한, 휨강도는 항복 휨모멘트보다 10~20% 높게 나타나 콘크리트의 압괴 이전에 인장철근의 항복이 선행된다면 휨강도는 감소하지 않는다고 보고하고 있다.[4.3), 4.7), 4.9)]

Ivan(2013) 등은 순환 굵은골재의 치환율과 인장철근비에 따른 철근콘크리트 보의 휨 거동을 평가하였다.[4.12)] 김우석(2012) 등과 같이 동일한 인장철근비일 때 순환 굵은골재의 치환율에 따른 휨 거동의 차이는 나타나지 않았으며 [그림 4.8]과 같이 순수 휨 구간에서 부재 단면의 깊이에 따른 변형률 분포가 선형적으로 나타나 순환 굵은골재의 치환율에 관계없이 평면유지의 가정이 성립함을 보고하고 있다.[4.9)]

2) 전단 실험 결과

구봉근(2001) 등은 순환골재를 사용한 철근콘크리트 보의 전단강도를 평가하기 위해 전단 실험연구를 수행하였다.[4.3)] 실험체는 사각형 단면을 가진 16개의 보로 구성되어 있으며 실험체 단면의 크기는 모두 170㎜×250㎜이다. 실험체의 변수는 전단경간비(a/d), 그리고 순환골재 치환율이며, 콘크리트 압축강도는 f_{cu}=22～25MPa의 범위로 실험을 실시하였다.

[그림 4.9]는 순환골재 치환율에 따른 실험체의 전단강도를 나타낸 그래프이다. 실험체의 전단강도는 순환골재 치환율에 큰 영향을 받지 않았으나, 전단경간비에 대한 영향은 크게 나타났다. 또한 순환골재를 사용한 철근콘크리트 보는 천연골재를 사용한 보에 비하여 사인장 균열하중의 감소로 균열 발생 시기가 빠르다고 하였으며, 안전을 고려하여 순환골재 치환율은 30% 이하가 적절하다고 하였다. 깊은보의 기준은 전단경간비 2.0으로 보는 것이 타당하다고 하였다.

한병찬(2002) 등은 콘크리트 압축강도와 전단경간비를 변수로 총 10개의 철근콘크리트 보 실험체의 전단실험을 수행하였다.[4.13)] 실험체 단면의 크기는 모두 170㎜×300㎜이다.

콘크리트 압축강도는 f_{cu}=30～70MPa이며, 전단경간비(a/d)는 2.0~4.0이다. 모든 실험체는 하중 제어방식으로 4점 가력을 실시하였다. 실험 결과는 [그림 4.10]에 나타낸 바와 같이 콘크리트 압축강도별로 ACI(KCI), AIJ, CEB-FIP, Zsutty의 강도 모델식의 예측값들과 함께 비교·분석되었다.

콘크리트 압축강도 30~70MPa, 전단경간비 2.0~3.0의 범위를 갖는 전단보강되지 않은 천연골재 콘크리트 보의 전단강도에 대한 실험값에 대한 기준식의 비는 1.02~1.55로써 순환 굵은골재로 100% 대체한 콘크리트 보의 전단강도를 과소평가하였다. 그러나 전단경간비가 4.0 이상인 경우에는 실험값에 대한 기준식의 비가 0.76~1.01로써 기준식이 과대평가되는 경향으로 나타나 이에 대하여 보다 명확한 실험연구가 필요할 것으로 판단하였다.

이원석(2007a) 등은 순환골재의 치환율에 따른 철근콘크리트 보의 전단파괴 거동을 실험적으로 규명하기 위하여 총 8개의 실험체를 제작하였으며, 실험체 단면의 크기는 모두 400㎜×525㎜이다.[4.14]

콘크리트 압축강도는 27MPa, 전단경간비는 5.0으로 일정하게 계획하였으며, 순환골재 치환율은 0~100%이다. 이 연구에서는 [그림 4.11]과 같이 ACI(KCI), AIJ, CEB-FIP, JSCE, Zsutty의 강도 모델식의 예측값들과 실험 결과를 비교·분석하였다. 더불어 기존 연구자들의 연구결과를 추가로 비교하였다.

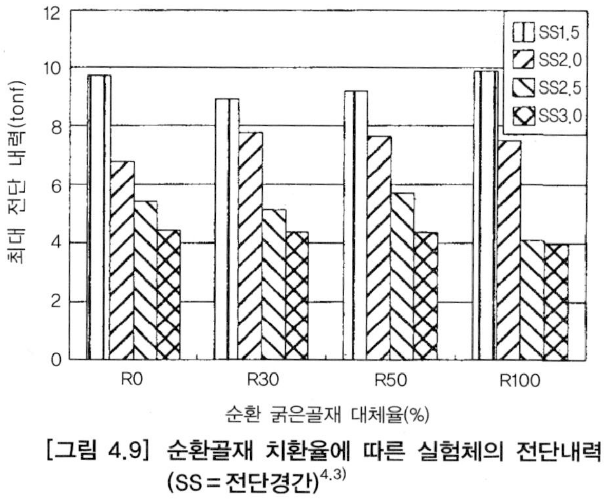

[그림 4.9] 순환골재 치환율에 따른 실험체의 전단내력 (SS = 전단경간)[4.3]

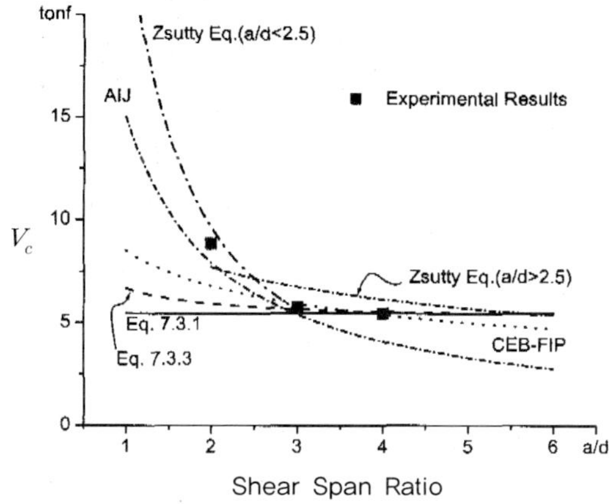

(a) f_{cu} =30MPa

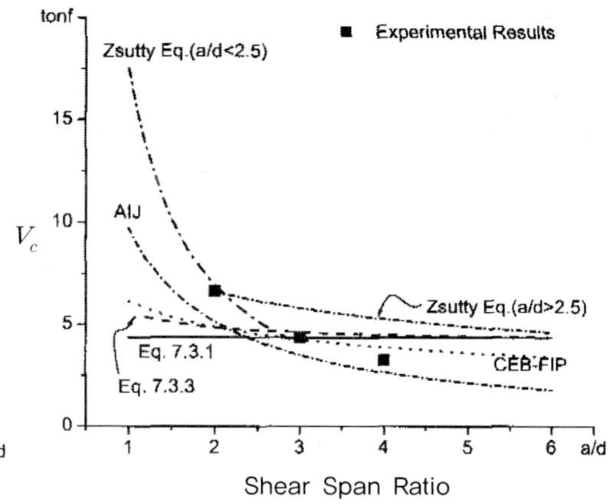

(b) f_{cu} =50MPa

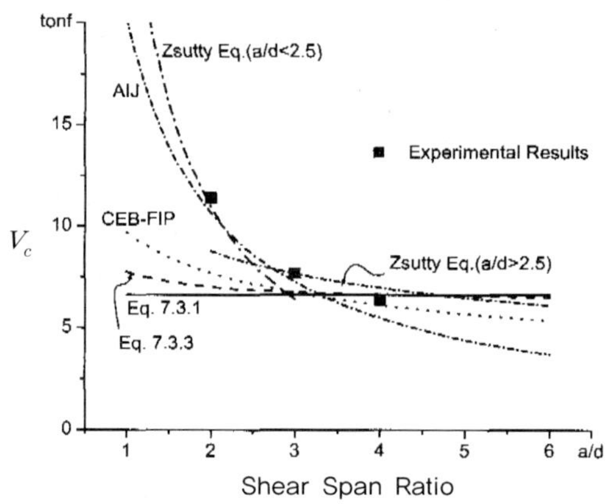

(c) f_{cu} =70MPa

[그림 4.10] 콘크리트 압축강도에 따른 기준식과 실험 결과 비교[4.13)]

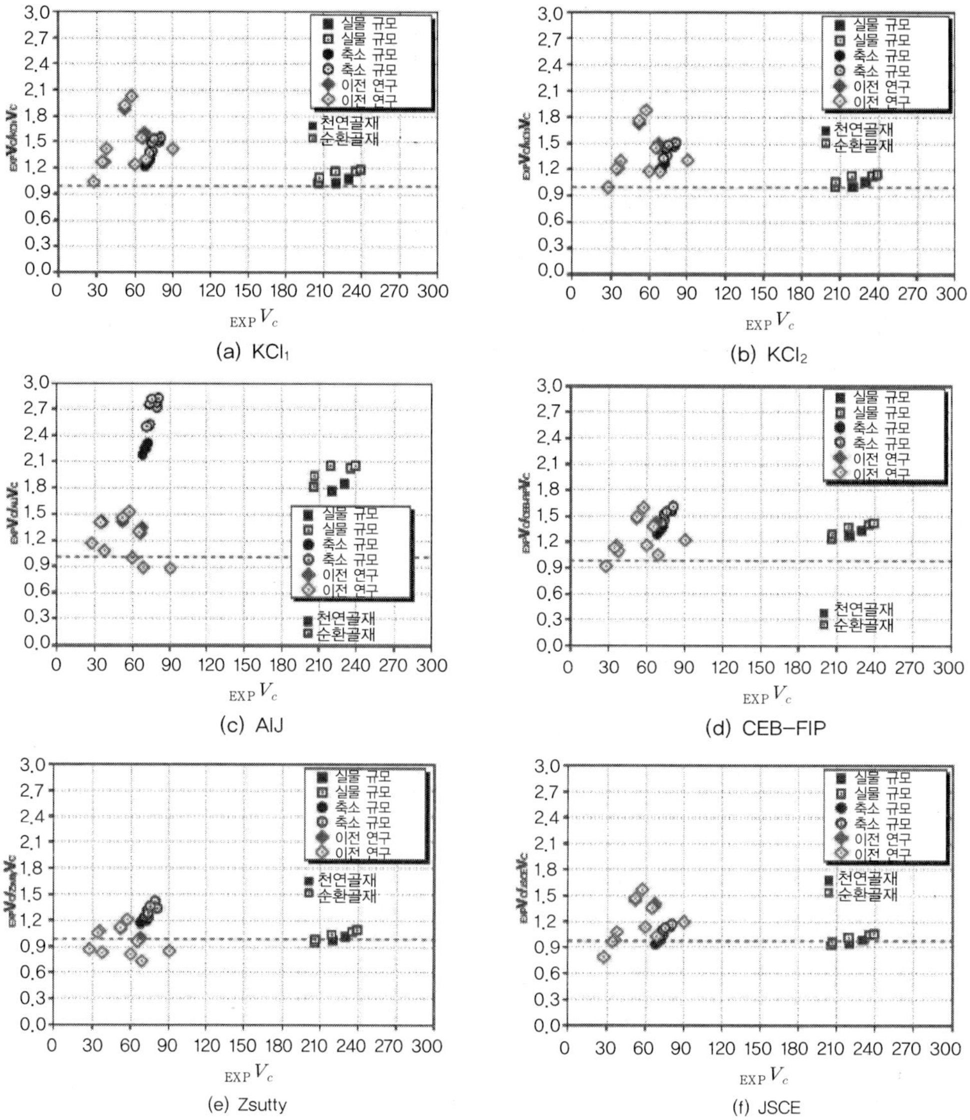

(a) KCl₁ (b) KCl₂ (c) AIJ (d) CEB-FIP (e) Zsutty (f) JSCE

[그림 4.11] 실험 결과와 예측식의 비교[4.14)]

실험 결과의 전단강도를 현행 기준식 및 제안식과 비교한 결과 ACI 및 CEB-FIP에 의한 계산값은 실험값과 약 10%의 오차를 보여 가장 잘 예측하는 것으로 나타났으나 AIJ 기준식에 의한 계산값은 실험값의 50% 정도를 나타내어 잘 예측하지 못하는 것으로 나타났다. Zsutty의 제안 식 및 JSCE에 의한 계산값은 대체로 실험값을 과소평가하는 것으로 나타났다.

이원석(2007b) 등은 순환골재 종류 및 전단보강 유무를 변수로 철근콘크리트 보의 전단파괴 거동을 실험적으로 규명하기 위하여 총 6개의 실험체를 제작하였다.[4.15) 실험체 단면의 크기는 모두 170㎜×300㎜이며, 콘크리트 압축강도는 30MPa, 전단경간비는 2.0으로 일정하게 계획하였다. 순환골재 치환율은 0~100%이다. 이 연구에서는 [그림 4.12]와 같이 전단보강의 유무로 실험체의 하중-처짐을 분석하였다. [그림 4.12(a)]와 [그림 4.12(b)]에서 나타낸 바와 같이 전단보강의 유무와 순환골재 사용에 무관하게 최대내력까지 유사한 거동을 나타내었다. 또한 ACI(KCI), AIJ, Zsutty의 강도 모델식의 예측값들과 실험값을 비교한 결과 콘크리트 압축강도 21.6~39.7MPa 범위에서 0.95~2.79 범위로 대체로 계산값이 실험값을 과소평가하는 것으로 나타났다.

이영오(2012) 등은 순환 굵은골재를 사용한 철근콘크리트 보의 전단파괴가 일어날 때 거동 특성을 실험적으로 규명하기 위하여 순환골재 치환율(0~100%)과 전단보강근의 유무를 변수로 하여 총 6체의 실험체를 제작하였다.[4.16) 실험체 단면의 크기는 모두 400㎜×600㎜이다. 실험 결과를 나타낸 [그림 4.13]과 같이 전단보강 유무에 관계없이 순환 굵은골재 치환율에 따른 전단내력의 저하는 크게 나타나지 않았다. 또한 실험체의 최대 전단강도를 현행 설계기준 및 제안식에 의한 계산값과 비교한 결과 순환골재 치환율에 관계없이 전단내력에 대한 현행 설계기준을 만족시키는 것으로 나타났다.

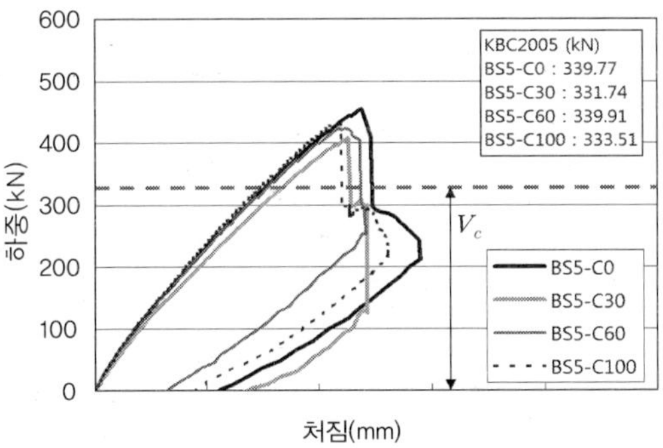

(a) 전단무보강 실험체

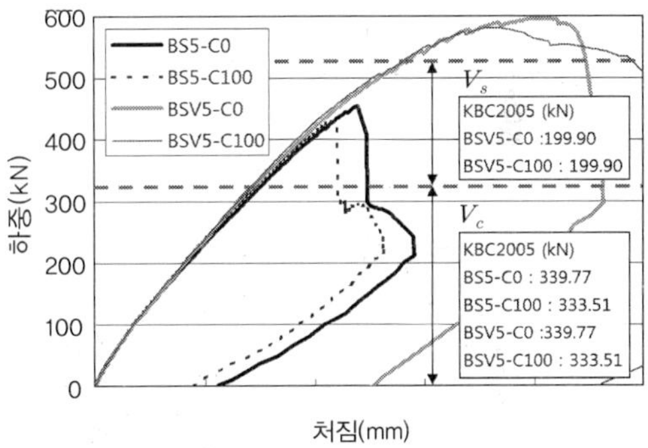

(b) 전단보강 실험체

[그림 4.12] 실험체의 하중-처짐 관계 곡선[4.15)

김상우(2012) 등은 순환골재의 치환율이 철근콘크리트 보의 전단성능에 미치는 영향을 파악하기 위하여 전단보강 유무와 순환 굵은골재의 치환율을 변수로 총 6체의 실험체를 제작하였다.[4.17) 실험체 형상은 200㎜×600㎜의 사각형 단면이며, 전단경간비는 2.5로 동일하다. 사용된 콘크리트 압축강도는 31.8~34.9MPa이었다. 실험 결과를 나타낸 [그림 4.14(a)]에 의하면 순환 굵은골재를 사용한 실험체는 전단보강근의 유무와 순환 굵은골재 치환율에 관계없이 천연골재를 사용한 실험체와 유사한 전단강도를 나타냈다. 기존 전단강도식을 이용하여 실험값을 예측한 결과 해석값과 실험값의 비는 0.89~1.42로 예측하였으며, VecTor2 비선형 유한요소해석 프로그램을 이용한 해석값과 실험값의 비는 0.84~1.05로 실험체의 전단거동을 비교적 정확히 예측하였다.

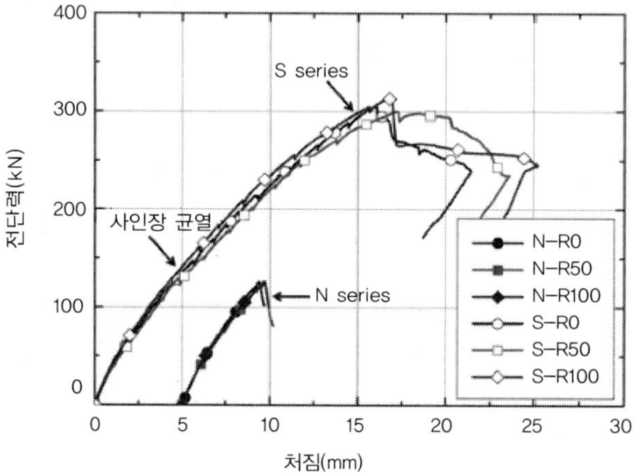

[그림 4.13] 실험체의 하중

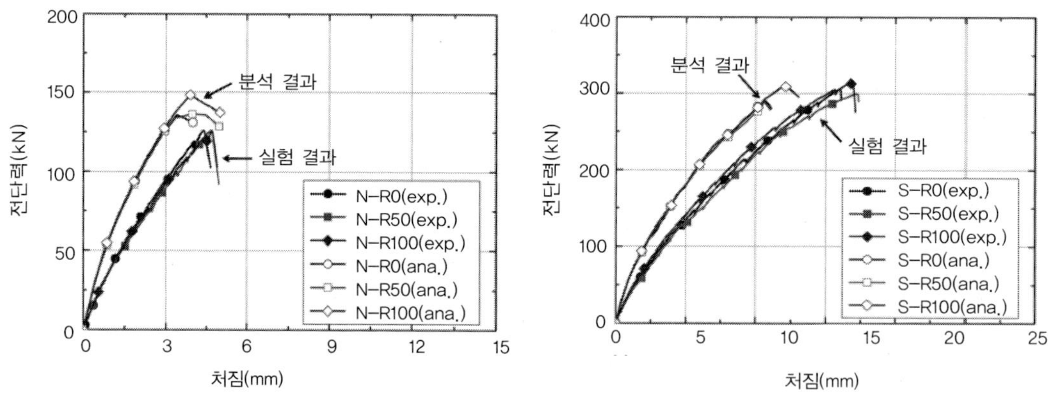

(a) 전단무보강 실험체

(b) 전단보강 실험체

[그림 4.14] 실험 결과와 해석결과의 비교[4.17]

이영오(2012) 등은 순환골재를 사용한 철근콘크리트 보의 전단성능에 미치는 영향을 파악하기 위하여 순환 굵은골재의 치환율(0~100%)과 순환 잔골재의 치환율(70%)을 변수로 총 5체의 실험체를 제작하였다.[4.18] 실험체 형상은 400㎜×600㎜의 사각 단면이며, 전단경간비는 5이다. 사용된 콘크리트 압축강도는 27MPa이다. 이 연구에서는 [그림 4.15]와 같이 ACI(KCI), JSCE, CSA, Zsutty, MCFT의 강도 모델식의 예측값들과 실험값을 비교·분석하였다. 각 예측식들은 실험 결과를 약 8~30% 정도 과소평가하고 있는 것으로 나타났다. 순환 굵은골재 및 순환 잔골재 콘크리트 보의 철근비에 의한 영향을 천연골재 콘크리트 보와 비교한 결과 [그림 4.16]과 같이 순환골재 콘크리트 치환에 따른 내력 저하는 나타나지 않았다. 또한 순환골재 콘크리트의 치환율에 따른 영향을 비교한 결과 순환골재를 100% 치환하였을 경우 전단내력이 다소 감소하였으나 기준값을 상회하는 것으로 나타났다.

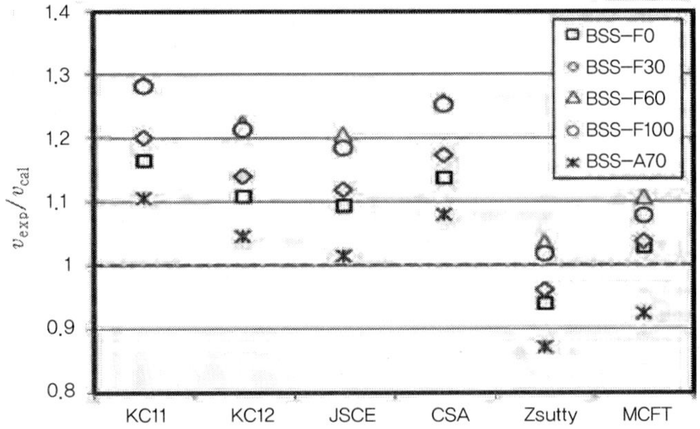

[그림 4.15] 실험 결과와 해석결과의 비교[4.18]

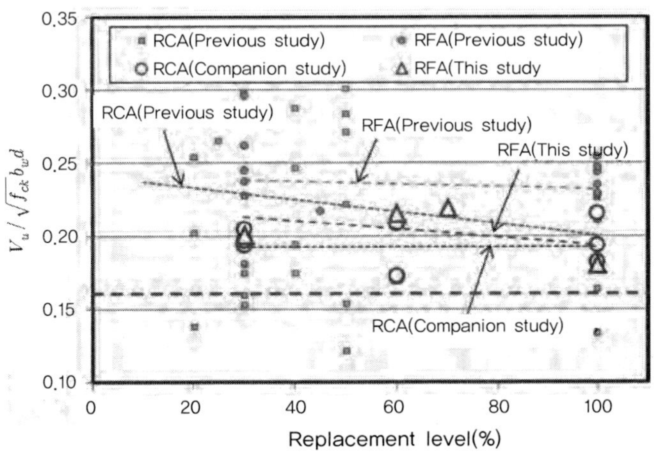

[그림 4.16] 순환골재의 치환율에 따른 비교[4.18]

백승민(2013) 등은 순환 굵은골재를 사용한 전단보강이 없는 고강도 철근콘크리트 보의 전단거동 특성을 실험적으로 규명하기 위하여 순환 굵은골재 치환율(0, 15, 30, 50%)과 전단경간비($a/d=2$, 3, 4), 인장철근비($\rho_{st}=0.80$, 1.27, 1.84%)를 변수로 한 28개의 실험체를 제작하였다. 사용된 콘크리트 강도는 50MPa이다.[4.19] [그림 4.17]과 같이 순환골재를 사용한 실험체의 상대 전단강도를 천연골재를 사용한 타 연구자들과 비교한 결과 순환골재의 치환율에 관계없이 순환 굵은골재를 사용한 실험체가 천연골재를 사용한 다른 연구자들의 실험체와 비슷한 전단거동을 나타내고 있다는 것을 알았다. 또한 순환 굵은골재 고강도 철근콘크리트 보의 전단강도 실험값을 KCI 일반식(ACI)과 상세식, Zsutty의 제안식 및 Bazant & Kim의 제안식에 의한 이론값과 비교한 결과 평균이 각각 1.55, 1.51, 1.31, 1.21로 나타났다. 이를 통하여 고강도 순환 굵은골재 콘크리트 보의 전단설계를 할 때에도 천연골재를 사용한 콘크리트에 대한 현행 규준식 및 이론식들의 적용이 가능할 것으로 판단하였다.

이정훈(2013) 등은 순환 굵은골재를 사용한 전단보강이 없는 철근콘크리트 보의 전단거동 특성을 실험적으로 규명하기 위하여 순환 굵은골재 치환율(0, 15, 30, 50%)과 전단경간비($a/d=2$, 3, 4), 인장철근비($\rho_{st}=0.80$, 1.27, 1.84%)를 변수로 한 28개의 실험체를 제작하였다.[4.20] 사용된 콘크리트 압축강도는 30MPa이며, 실험체 단면은 135㎜×270㎜의 사각 단면이다. 실험 결과에 의하면 인장철근비가 증가함에 따라 전단파괴하중은 다소 증가하였으나, 순환골재 치환이 많아지면서 그 증가폭은 줄어들었음을

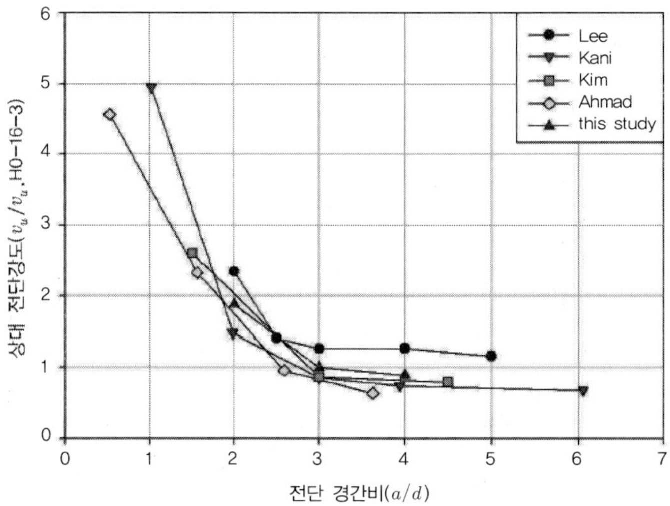

(a) 순환골재 치환율 0%

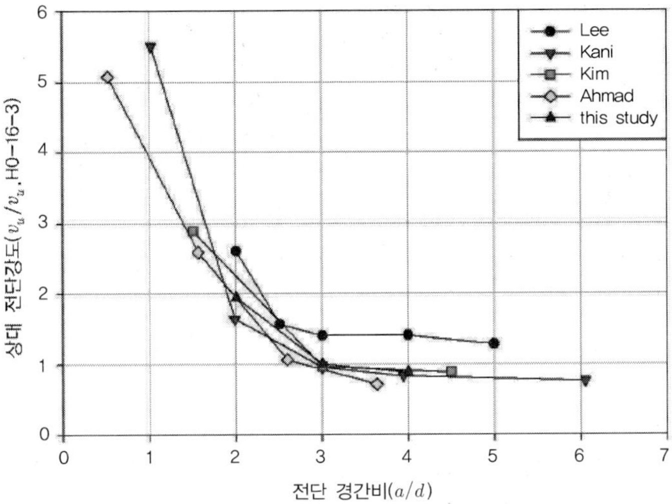

(b) 순환골재 치환율 30%

[그림 4.17] 타 연구자들 실험 결과와의 상대전단강도 비교[4.19)]

확인하였다. 따라서 전단강도 증가에는 전단경간비와 순환골재의 치환율이 영향을 미치고 있으며, 인장철근 증가는 전단강도의 증가에 많은 영향을 미치지 않는 것으로 나타났다. [그림 4.18]과 같이 순환골재를 사용한 철근콘크리트 보의 실험으로 얻어진 극한전단강도의 값을 KCI 일반식(ACI)과 상세식, Zsutty의 제안식 및 Bazant & Kim의 제안식에 의한 예측값과 비교한 결과 평균값이 각각 1.84, 1.77, 1.46, 1.36으로 나타나 순환골재 철근콘크리트 보의 전단설계시에도 천연골재를 사용한 철근콘크리트 보에 대한 현행 기준식 및 이론식들의 적용이 가능할 것으로 판단된다.

이호경(2015) 등은 순환골재를 사용한 콘크리트 보의 크기 효과에 따른 전단거동을 평가하기 위하여 폭 대 깊이비($h/b=1.5$), 전단경간비($a/d=3$), 인장철근비($\rho_{st}=1.2\%$) 및 순환골재 치환율(30%)을 고정하고 사용골재(천연골재, 순환골재)와 부재 크기를 주요 변수로 정하여 총 10개의 보 실험을 수행하였다.[4.21)] 순환골재를 30% 치환한 실험체는 천연골재만을 사용한 실험체와 유사한 전단강도를 나타냈으며, [그림 4.19]와 같이 기존 제안식에 의한 실험값을 예측한 결과 KCI 기준은 순환골재 실험체의 경우 평균 1.05, 표준편차 0.14이고, 천연골재 실험체의 경우 평균 1.13, 표준편차 0.15로 나타났다. CEB-FIP 기준식은 순환골재의 경우 평균 1.09, 표준편차 0.11이고, 천연골재에서는 평균 1.14, 표준편차 0.13으로 나타났고, Bazant식은 순환골재의 경우 평균 1.02, 표준편차 0.15, 천연골재의 경우 평균 1.15, 표준편차 0.17로 나타났다.

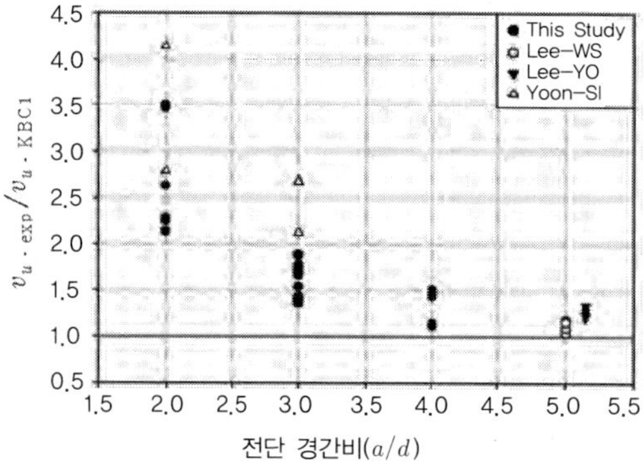

(a) KBC1

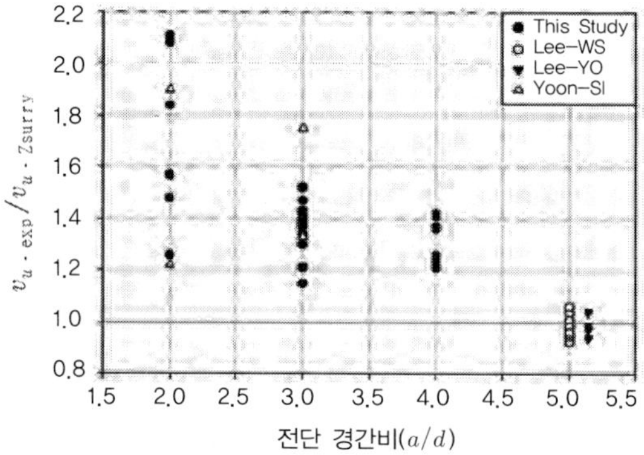

(b) Zsutty

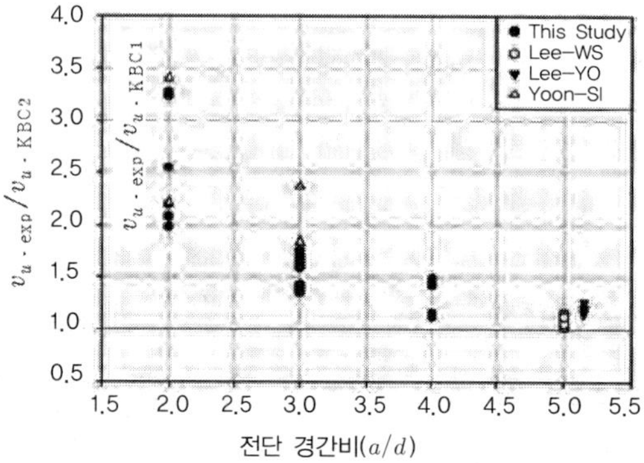

(c) KBC2

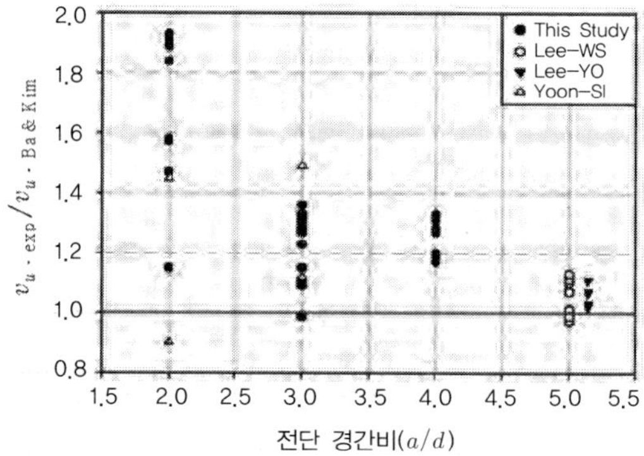

(d) Bazant & Ki, Kim

[그림 4.18] 전단경간비에 따른 실험값과 예측값의 비교[4.20)]

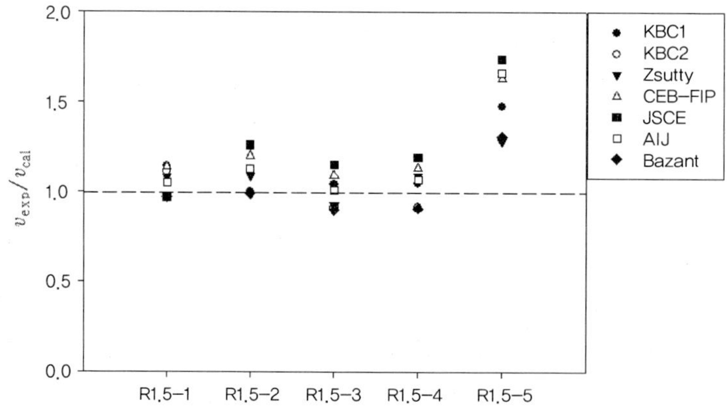

(a) 순환 굵은골재를 사용한 실험체

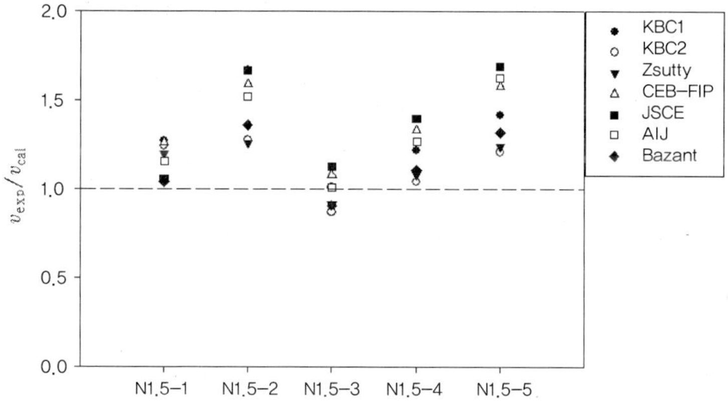

(b) 천연골재를 사용한 실험체

[그림 4.19] 골재의 차이에 따른 전단강도 예측 비교[4.21)]

4.2.4 휨 및 전단 내력 산정식 비교 및 순환골재 특성 영향 평가

1) 휨 내력 산정식 비교 및 순환골재 특성 영향 평가

철근콘크리트 보의 휨 내력 산정은 힘의 평형조건과 변형의 적합조건 및 후크의 법칙을 이용하여 나타낼 수 있으며, 콘크리트구조기준에서는 다음과 같이 균열휨모멘트, 항복휨모멘트, 휨강도를 산정하고 있다.[4.23)]

균열휨모멘트(M_{cr})는 철근콘크리트 부재에 작용하는 휨모멘트가 일정 이상으로 증가할 때 인장측 콘크리트의 균열이 발생하는 것을 나타내며, 탄성 휨 이론에 따라 [식 4.1]과 같이 나타낼 수 있다.

$$M_{cr} = \frac{f_r I_g}{y_t} \qquad \text{[식 4.1]}$$

여기서, f_r은 콘크리트의 휨인장강도로 약산식 $f_r = 0.63\sqrt{f_{ck}}$ 이며, I_g는 철근콘크리트 부재의 단면2차모멘트로 $bh^3/12$, y_t는 도심에서 인장측 외단까지 거리, b는 부재 단면의 폭, h는 부재 단면의 높이이다.

항복휨모멘트(M_y)는 인장철근이 항복변형률에 도달하였을 때를 나타내며, 휨을 받는 복철근 직사각형 보의 단면상태는 [그림 4.20]과 같다. 항복휨모멘트는 힘의 평형

조건과 변형의 적합조건 및 후크의 법칙을 이용하여 [식 4.2]와 같이 나타낼 수 있다.

$$M_y = C_c\left(d - \frac{1}{3}kd\right) + C_s(d - d_c) = T\left(d - \frac{1}{3}kd\right) \qquad \text{[식 4.2]}$$

여기서, C_c는 콘크리트의 합력, C_s는 압축철근의 합력, T는 인장철근의 합력, d는 보 단면의 유효깊이, kd는 인장철근이 항복할 때 중립축 깊이, d_c은 보의 압축연단에서 압축철근 중심까지 거리이다.

휨강도(M_n)는 휨을 받는 철근콘크리트 보의 압축 연단 콘크리트의 변형률이 극한변형률(ε_{cu})에 도달할 때를 나타내며, 복철근 보의 단면은 [그림 4.21]과 같다. 휨강도는 힘의 평형조건과 변형의 적합조건 및 후크의 법칙을 이용하여 나타낼 수 있으며, 인장철근과 압축철근의 항복 여부에 따라 예상 휨 파괴 모드는 크게 4가지(인장철근과 압축철근 모두 항복, 인장철근 항복과 압축철근 탄성, 인장철근 탄성과 압축철근 항복, 인장철근과 압축철근 모두 탄성)로 고려할 수 있다. 일반적인 경우인 휨강도는 인장철근 항복과 압축철근 탄성의 조건을 가정하면 다음 [식 4.3]과 같이 나타낼 수 있다.

$$M_u = \alpha_1 f_{ck} \beta_1 c b\left(d - \frac{\beta_1 c}{2}\right) + A_{sc} f_{sc}(d - d') \qquad \text{[식 4.3]}$$

여기서, α_1와 β_1은 등가응력블록 계수, c는 콘크리트 휨파괴 때의 중립축 깊이, A_{sc}는 압축철근의 단면적, f_{sc}는 압축철근의 응력이다.

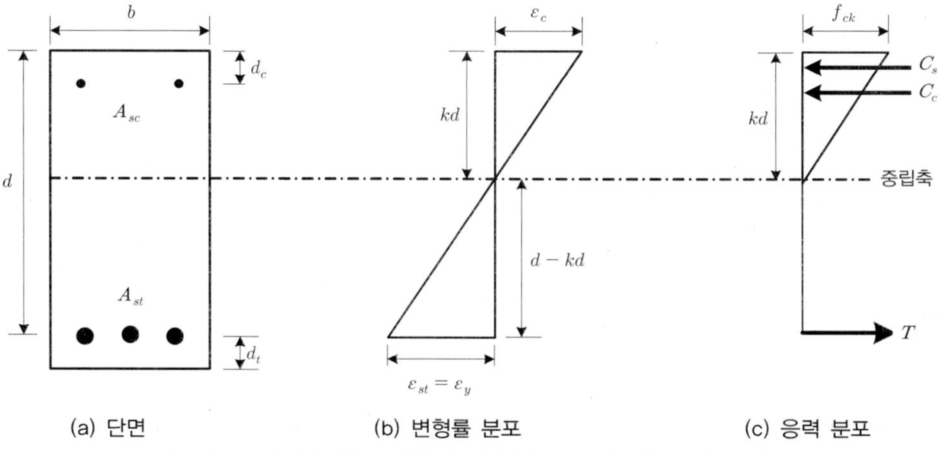

(a) 단면　　(b) 변형률 분포　　(c) 응력 분포

[그림 4.20] 인장철근 항복일 때 복철근 직사각형 보의 단면

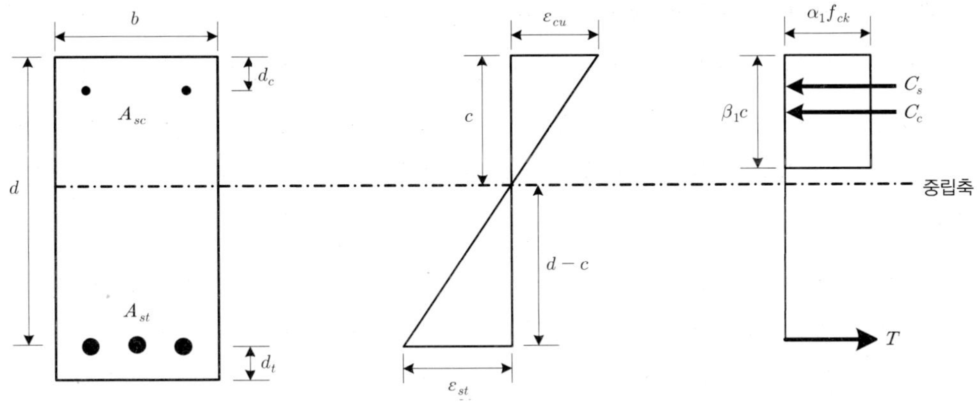

[그림 4.21] 극한변형률일 때 복철근 직사각형 보의 단면

[그림 4.22]는 순환골재의 특성을 평가하기 위하여 휨강도에 대한 콘크리트 압축강도와 인장철근비의 영향을 비교하여 나타낸 것이다. [그림 4.22]에서 휨강도는 해석결과에 대한 실험 결과의 비로 나누어 콘크리트의 압축강도와 인장철근비에 대한 관계로 나타냈다. 순환골재를 사용한 철근콘크리트 보의 휨 실험 데이터는 구봉근(2001) 등, 이영오(2007) 등, 지상규(2007) 등, 송선화(2009) 등, 여진동(2011) 등, 김상우(2012) 등, 김우석(2012) 등, 이용택(2014) 등, Maruyama(2004) 등으로 총 10명의 연구자들에서 실험 결과를 나타낸 9명의 연구자가 수행한 실험 결과를 이용하여 분석하였다.[4.3)~4.11)]

[그림 4.22]에 나타나듯이 ACI 기준과 콘크리트구조기준은 순환골재를 사용한 철근콘크리트 보의 휨강도를 해석결과에 대한 실험 결과의 비가 0.96~1.73으로 나타나 비교적 안전측으로 예측되는 경향을 보였다.[4.22), 4.23)] [그림 4.22(a)]에서 콘크리트의 압축강도에 따른 영향은 실험 결과에서 연구자들이 언급한 바와 같이 순환골재 치환율 및 콘크리트 압축강도에 관계없이 내력저하의 경향은 나타나지 않았으나 여진동(2011) 등의 연구에 따르면 순환골재의 치환율이 증가할수록 휨강도의 해석결과에 대한 실험결과 비($M_{n,\exp}/M_{n,ana}$)가 일정한 비율로 감소하는 경향을 나타내 순환골재의 치환율에 따른 휨 설계식 제정의 필요성을 보고하고 있다.[4.7)]

[그림 4.22(b)]와 같이 인장철근비에 대한 영향은 콘크리트 압축강도의 영향과 다르게 인장철근비가 증가함에 따라 휨강도의 해석결과에 대한 실험 결과 비는 감소하는 것으로 나타났다. 휨 부재에서 인장철근비는 연성에 가장 큰 영향을 미치는 요소로 최대 철근비에 의하여 휨을 받는 철근콘크리트 부재의 경우 연성 확보를 위하여 인장

연단에 가장 가까운 철근의 변형률(ε_t)이 $\varepsilon_{a,\min}$ 이상이 되도록 규정하고 있다. 인장철근비에 따른 극한모멘트와 함께 연성지수의 영향을 비교하고자 연구자들[1-9]의 실험 결과를 이용하여 인장철근비에 따른 연성지수(μ)를 [그림 4.23]에 나타내었다. 연구자들은 연성지수를 인장철근이 항복할 때 처짐에 대한 극한에서의 처짐 비로 구하였다.

[그림 4.23]에 나타나듯이 연구자들의 실험 결과에 의한 인장철근비는 휨강도뿐만 아니라 연성지수 감소에도 큰 영향을 미치는 것으로 나타났다. 여진동(2011) 등의 연구에 따르면 순환골재는 골재와 모르타르의 부착성능 저하로 인하여 천연골재를 사용한 실험체보다 휨 인장균열이 압축영역으로 빠르게 성장하는 부분을 지적하고 있으며, 구봉근(2001) 등은 순환골재를 사용한 철근콘크리트 휨 부재의 안전을 위해 최대철근비를 균형철근비의 70% 이하로 규정하는 것에 타당성을 보고하고 있다. 따라서 휨 부재의 경우 순환골재의 치환율이 높을수록 충분한 연성지수 확보를 위해 인장철근비에 대한 고려가 필요하다고 판단된다.[4.7), 4.1)]

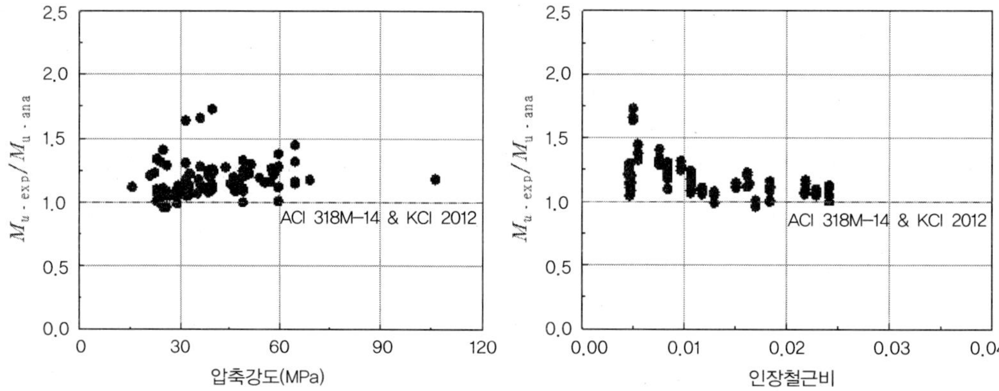

(a) 콘크리트 압축강도 (b) 인장철근비

[그림 4.22] 극한모멘트에 대한 콘크리트 압축강도와 인장철근비의 영향

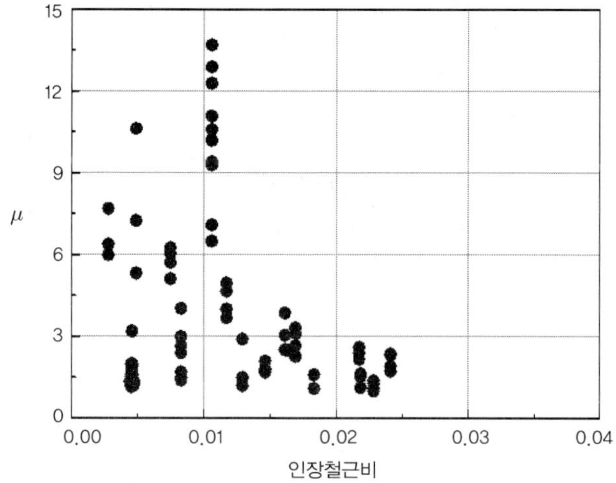

[그림 4.23] 연성지수에 대한 인장철근비의 영향

2) 전단 내력 산정식 비교 및 순환골재 특성 영향 평가

이 절에서는 콘크리트구조기준을 사용하여 기존 연구에서 수행된 실험 결과에 대하여 전단강도를 평가하였다. 사용된 실험체는 순환골재를 사용한 철근콘크리트 보 실험체 123개를 대상으로 실시하였다. 전단강도의 평가는 순환골재 철근콘크리트 보의 전단강도에 영향을 주는 콘크리트 압축강도, 인장철근비, 전단경간비(a/d), 순환골재의 치환율을 변수로 수행하였다.[4.23)]

[그림 4.24]에 나타낸 바와 같이 콘크리트구조기준은 실험 결과를 평균 1.23과 변동계수 31%로 예측하였다. KCI 기준은 실험 결과를 과소평가하는 경향을 나타냈으나 안전측으로 예측하는 것으로 나타났다.

[그림 4.25]는 콘크리트 압축강도, 인장철근비, 전단경간비(a/d), 순환골재 치환율의 변화에 따른 실험체의 전단강도 예측결과를 비교한 것이다. [그림 4.25(a)]와 같이 순환골재를 사용한 철근콘크리트 보의 전단강도 예측결과는 일부 실험체를 제외하고 콘크리트 압축강도에 관계없이 1.0~1.5 사이에 분포하는 것으로 나타났다. 따라서 순환골재 철근콘크리트 보의 사용에 있어 콘크리트 압축강도에 대한 영향은 크지 않은 것으로 판단된다.

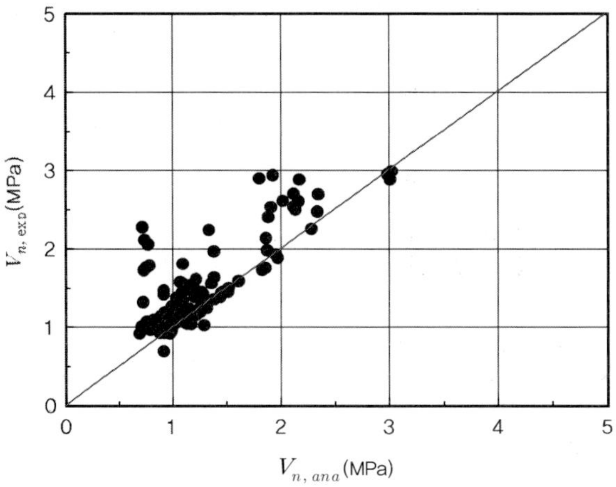

[그림 4.24] 실험 결과와 해석 결과 비교[4.23)]

[그림 4.25(b)]는 보의 인장철근비에 따른 실험체의 전단강도 예측 결과이다. 인장철근비 0.010~0.015인 실험체에서 실험 결과와 해석 결과의 비가 증가하는 경향을 나타냈으나 전체적으로 인장철근비에 관계없이 전단강도의 예측 결과가 1.0~1.5 사이에 분포하는 것으로 나타났다.

실험체의 전단경간비에 따른 전단강도 예측은 [그림 4.25(c)]에 나타냈다. 순환골재 콘크리트 보의 전단경간비가 3.0을 기준으로 3.0 이하인 실험체에서 실험 결과와 해석 결과의 비가 증가하는 경향을 보였으며, 3.0 이상인 실험체에서 전단강도의 예측 결과가 낮아지는 경향을 나타냈다. 이는 천연골재를 사용한 기존 연구 결과와 더불어 순환골재를 사용한 연구 결과인 구봉근(2001) 등, 한병찬(2002) 등, 백승민(2013) 등, 이정훈(2013) 등에서 보고한 내용과 같이 전단경간비가 증가할수록 전단강도는 저하한다는 것과 동일하다. 따라서 순환골재를 철근콘크리트 보에 적용할 경우 전단경간비에 대한 연구가 필요할 것으로 판단된다.[4.3), 4.13), 4.19), 4.20)]

[그림 4.25(d)]는 순환골재의 치환율에 따른 전단강도의 예측결과를 보여준다. 순환골재 치환율이 증가할수록 실험 결과와 해석결과의 비가 감소하는 것으로 나타났다. 이는 백승민(2013) 등, 이정훈(2013) 등의 연구결과와 같이 순환골재 치환율이 증가할수록 보의 균열과 처짐이 증가했기 때문이다.[4.19), 4.20)] 따라서 순환골재를 철근콘크리트 보에 적용할 경우 순환골재의 품질 및 사용방법에 관한 국내의 규정에 적시된 순환골재의 치환율 30%를 기준으로 다양한 연구가 필요할 것으로 판단된다.

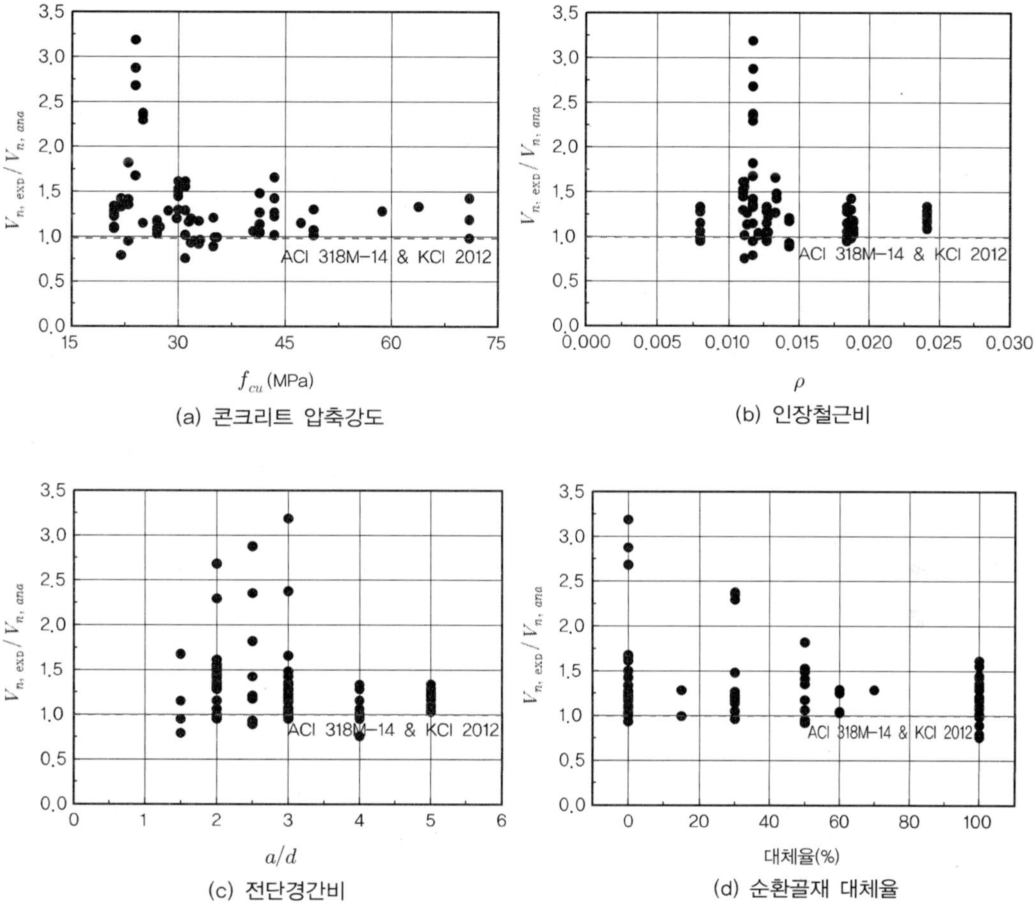

[그림 4.25] 전단강도에 영향을 미치는 주요 변수의 영향

4.3 기둥 부재

4.3.1 실험체 일람

[표 4.7]은 순환골재를 사용한 철근콘크리트 기둥의 압축 실험 결과를 연구자별로 정리하여 나타낸 것이다. 수집된 자료는 아래 표와 같으며, 철근콘크리트 기둥의 압축 실험에 관한 연구 중에서 대표적인 김윤수(2008) 등, 장광수(2009) 등, Choi(2012) 등, 총 3명의 연구자가 수행한 실험을 정리하여 나타냈다.[4.24)~4.26)]

순환골재를 사용한 철근콘크리트 기둥의 압축 실험 데이터는 [표 4.7]과 같이 콘크리트

설계기준강도 $27 \le f_{cu} \le 40$MPa, 주철근비($\rho_v = 0.0014$), 횡보강근($\rho_h = 0.0018$), 그리고 순환골재의 치환율은 $0 \le R^* \le 100$%를 나타냈다.

[표 4.7] 순환골재를 사용한 철근콘크리트 기둥의 압축실험 데이터베이스

연구자	시험체 수	콘크리트 압축강도, f_{cu}(MPa)	기둥 폭, b (㎜)	기둥 깊이, h (㎜)	주철근		횡보강근		순환골재 치환율 (%)
					ρ_v	f_y (MPa)	ρ_h	f_y (MPa)	
김윤수	4	29.2~37.1	400	400	0.014	405.6	0.0018	375.23	0, 30, 60, 100
장광수	4	34.9~37.7	400	400	0.014	427.78	0.0018	483.12	0, 30, 60, 100
Choi	17	27~40	400	400	0.014	405~454	0.0018	402~556	0~100

김윤수 등(2008)은 순환골재를 사용한 레미콘 배합조건에 따른 성능 저하 현상 및 철근 보강에 따른 영향요인을 평가하고자 순환골재(절건밀도 2,490kg/m³, 흡수율 2.99%)를 레디믹스트 콘크리트로 철근콘크리트 기둥 부재를 제작하였다. 횡보강근의 최소철근비로 배근된 실물모형 기둥의 압축성능평가실험을 실시하였으며, 순환 굵은골재 치환율에 따라 나타난 철근콘크리트 기둥의 하중-변위, 주철근 및 횡보강근의 변형률, 피복 콘크리트 변형률에 대한 비교·분석을 실시하였다.[4.24]

장광수 등(2009)은 KS F 2573의 순환골재 품질기준을 만족시키는 순환 굵은골재와 이를 만족시키지 못하는 순환 굵은골재를 섞어 사용한 콘크리트의 구조부재 적용 가능성을 평가하였다. 또한, 순환골재 품질기준에서 규정하고 있는 상한값인 27MPa 이상의 철근콘크리트 부재에 대한 실험을 통해 최근 고강도화되어가는 철근콘크리트 구조부재에의 순환골재 적용 가능성을 평가하고자 하였다.[4.25] 40MPa의 압축강도를 갖는 레미콘 배합의 순환 굵은골재 콘크리트를 사용하였으며, 순환 굵은골재의 치환율(0%, 30%, 60%, 100%)을 변수로 하여 각 실험체를 비교하였다. 전술한 것과 같이 국내 순환골재품질기준을 만족시키는 굵은골재(흡수율 1.59%, 절건밀도 2,500kg/m³)와 품질기준을 만족시키지 못하는 순환 굵은골재(흡수율 6.28%, 절건밀도 2,260kg/m³)를 질량비 2.5 : 1로 혼합하여 사용하였다. 실험에 사용된 실험체는 400㎜×400㎜의 단면을 갖는 실물 모형 철근콘크리트 기둥으로 제작하였으며, 순환 굵은골재를 사용한 철근콘크리트 기둥의 파괴 양상, 하중-변위 관계, 그리고 콘크리트구조기준의 식과 비교를 통해 순환 굵은골재를 사용한 철근콘크리트 기둥의 압축 거동에 대해 기술하였다.

Choi(2012) 등은 일련된 연구 결과와 순환 잔골재(흡수율 5.83%, 절건밀도 2,290kg/m³)를 사용한 콘크리트 압축 거동 및 순환 잔골재(흡수율 4.43%, 절건밀도 2,350kg/m³)와 순환 굵은골재(흡수율 2.99%, 절건밀도 2,490kg/m³)를 혼합하여 사용한 기둥 부재의 압축 거동을 분석하고 기존 ACI 318 식과 비교하였으며 순환골재를 사용한 콘크리트 기둥의 연성을 평가하였다.[4-26]

4.3.2 순환골재 콘크리트의 역학적 특성

김윤수 등(2008)은 순환골재 콘크리트의 설계기준압축강도를 한국의 순환골재 품질기준에서 제한하는 최대압축강도인 27MPa로 계획하였으나, [표 4.8]에 나타난 바와 같이 시험결과가 8~37% 정도 높은 것으로 나타났으며, 28일 압축강도는 순환골재 치환율이 증가함에 따라 감소하는 것으로 나타났다.[4.24] 장광수 등(2009)의 실험에 사용된 콘크리트의 설계압축강도는 40MPa이었으나 콘크리트의 28일 압축강도 실험 결과 강도값이 설계압축강도보다 최소 5.8%에서 최대 12.9% 낮은 것으로 나타났다.[4.25] 하지만 순환 굵은골재를 60% 치환한 콘크리트가 압축강도, 휨강도, 쪼갬인장강도 모두에서 높은 값을 나타냈으며, 순환골재 치환율에 따른 콘크리트의 강도 차이는 비교적 크지 않은 것으로 보고하였다.

Choi 등(2009)의 실험에 사용된 순환 잔골재를 사용한 콘크리트의 설계압축강도는 27MPa이며, 콘크리트의 28일 압축강도 실험 결과 압축강도값은 설계압축강도보다 다소 높은 것으로 나타났지만 순환 잔골재를 100% 치환한 경우 콘크리트 압축강도 및 탄성계수는 다소 감소하는 것으로 나타났다.[4.26]

[표 4.8] 순환골재 콘크리트 역학적 특성

연구자	순환골재 치환율 (%)	콘크리트 28일 압축강도 (MPa)	탄성계수 (GPa)	휨강도 (MPa)	쪼갬인장강도 (MPa)
김윤수	0	37.05	–	–	–
	30	33.58	–	–	–
	60	32.35	–	–	–
	100	29.17	–	–	–
장광수	0	36.78	23.78	4.16	2.45
	30	34.86	21.49	3.78	2.38
	60	37.69	23.15	3.84	2.55
	100	36.60	21.11	3.36	2.32
Choi	0	31.51	21.27	–	–
	30	29.88	23.07	–	–
	60	31.04	23.55	–	–
	100	27.4	20.85	–	–

4.3.3 실험 방법

순환골재 콘크리트 기둥의 압축 거동을 평가하기 위한 일반적 실험은 [그림 4.26]과 같이 기둥 중심부를 변위제어방식으로 가력하였다.

[그림 4.26] 기둥압축실험[4.24)]

4.3.4 실험 결과

김윤수 등(2008)의 연구결과에 따르면 하중이 증가함에 따라 순환 굵은골재 치환율에 관계없이 유사한 양상을 보이는 것으로 나타났으며, 최대강도에 대한 순환 굵은골재의 치환율 영향은 적은 것으로 나타났으며, 최대하중시까지 횡보강근(횡보강근비 0.0018)의 항복은 나타나지 않았다.[4-24)]

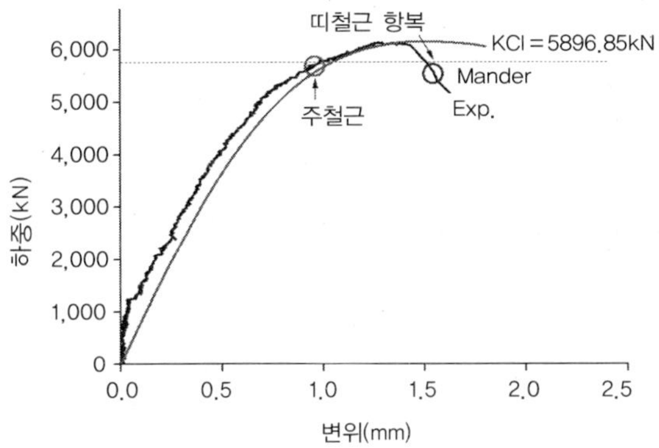

(a) 0% 치환

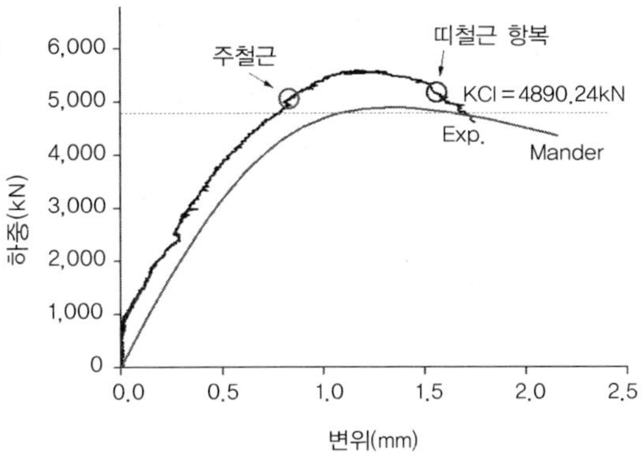

(b) 100% 치환

[그림 4.27] 하중-변위 관계곡선[4.24)]

실험 결과는 최대하중의 50% 정도의 높은 응력단계에서 순환 굵은골재의 부착모르타르와 굵은골재 계면 사이의 부착균열이 진전되면서 기둥 부재의 횡방향 변형 및 팽창에 대한 저항성능이 천연 굵은골재에 비해 저하된 것으로 판단된다.

또한 순환 굵은골재를 60% 이상 치환한 경우에도 최대응력과 압축강도의 비가 1.0 이상의 값을 보이는 등 콘크리트의 압축성능은 철근콘크리트 기둥의 횡보강근에 의해 보완이 가능할 것으로 판단된다. 따라서, 차후 순환 굵은골재를 사용한 철근콘크리트 기둥 부재의 연구에 있어서 횡보강근의 최소철근량에 대한 지속적인 연구가 필요하다.

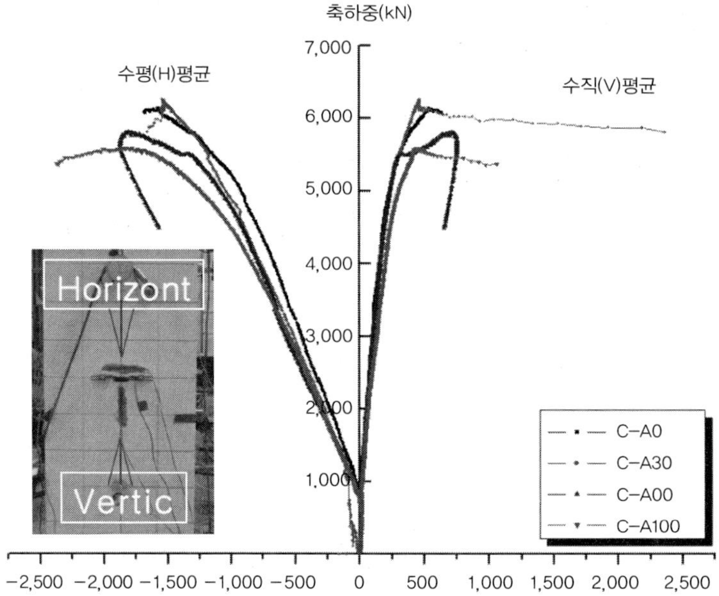

[그림 4.28] 콘크리트의 수직 · 수평 변형률 비교[4.24)]

장광수 등(2009)의 실험 결과와 Modified Kent & Park 모델과 비교를 [그림 4.29]에 나타냈다. 두 실험체 모두 유사한 거동을 보여주며 비교적 잘 예측하고 있는 것으로 나타났으나, 실험체의 최대하중이 제안식 값보다 다소 높게 나타나 순환 굵은골재를 사용한 철근콘크리트 기둥의 최대강도에서 Modified Kent & Park 모델은 다소 과소평가되는 것으로 보고되었다.[4.25)]

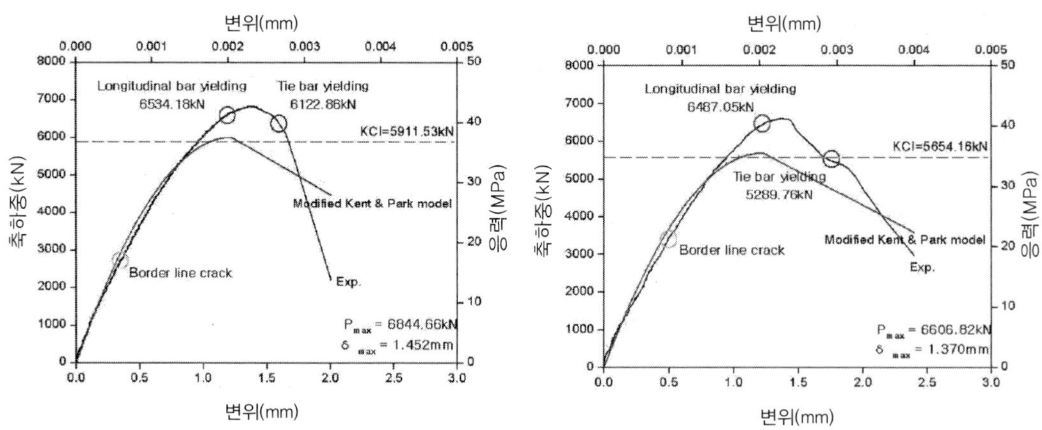

(a) 0% replacement

(b) 30% replacement

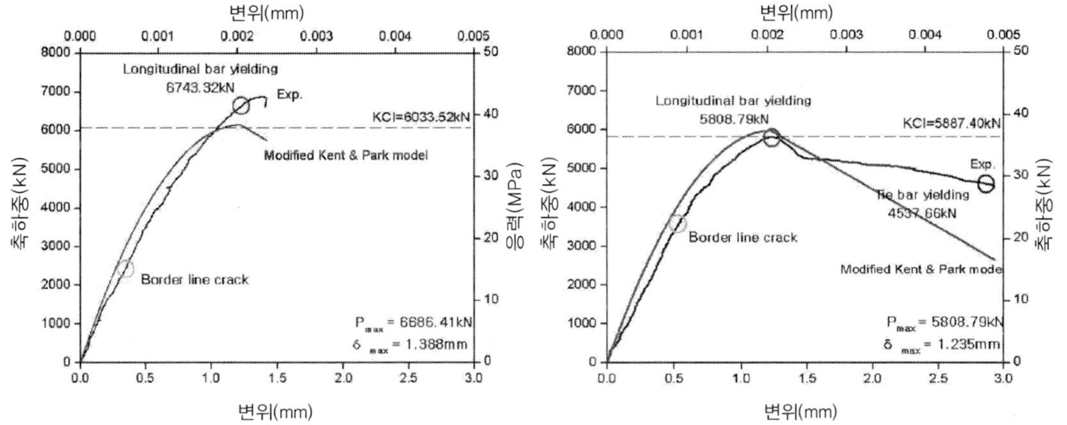

(c) 60% replacement (d) 100% replacement

[그림 4.29] 하중-변위 관계곡선[4.25)]

Choi 등(2012)의 연구에서 순환 잔골재를 사용한 콘크리트 축하중 및 변위 관계곡선은 [그림 4.30(a)]에서 보는 것처럼 약간의 강성 차이를 보였으나 최대 축하중 값은 비슷함을 나타낸다.[4.26)]

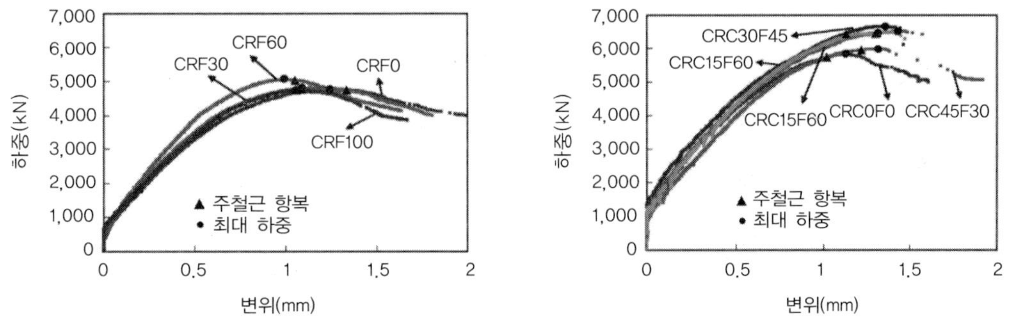

(a) Recycled fine aggregate (b) Recycled fine aggregate and recycled coarse aggregate

[그림 4.30] Load-Displacement envelope[4.26)]

4.3.5 압축 내력 산정식 비교 및 순환골재 특성 영향 평가

현행 ACI 318 및 국내 KCI 기준에서는 중심축력을 받는 기둥을 설계할 때 횡보강근에 의한 구속효과는 고려하지 않고 있으며, 다음 [식 4.4]와 같이 산정한 내력을 설계에 적용하고 있다.

$$P_0 = 0.85 f_{ck}(A_g - A_{st}) + f_y A_{st} \qquad [식\ 4.4]$$

여기서, f_{ck}는 설계기준압축강도, A_g는 기둥의 단면적, A_{st}는 주철근의 전단면적, f_y는 주철근의 항복강도를 나타낸다.

김윤수 등(2008)은 하중 변화에 따른 철근의 기여분을 제외한 콘크리트의 압축기여분(y축)을 최대하중으로 무차원화(x축)하여 [그림 4.31]과 같이 나타냈다.[4.24] 순환 굵은골재 치환율에 관계없이 모든 실험체에서 하중이 증가함에 따라 콘크리트의 압축기여분은 지속적으로 감소하는 경향을 나타내 실물모형 기둥 부재에 있어서 순환 굵은골재 치환율의 콘크리트 압축기여분에 대한 영향은 적은 것으로 나타났다. 반면 최대강도 이후 실험구간에서 균열진전과 콘크리트의 박락 등으로 인해 모든 실험체에서 콘크리트의 압축기여분이 급격히 낮아지는 경향을 보였다. 순환 굵은골재를 60% 이상 치환한 C-A60 및 C-A100 실험체에서 압축기여분의 저하현상이 크게 나타나는 것으로 나타나 이로 인해 하중-변위관계 곡선에 나타났던 최대강도 이후에 취성적 파괴 양상에 영향을 미치는 것으로 보고하였다.

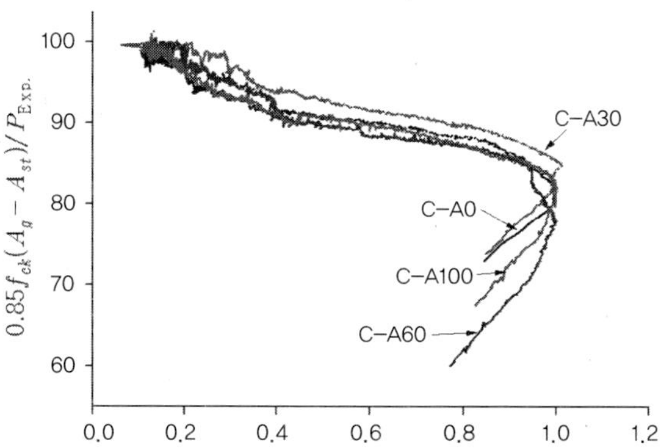

[그림 4.31] 하중 증가에 따른 콘크리트의 압축성능 평가[4.24]

한편, 장광수 등(2009)의 연구결과에 따르면 [그림 4.32]에서 나타낸 바와 같이 국내 품질을 만족시키지 못한 순환골재를 혼입하여 사용한 부재의 경우에도 축강도 차이는 크지 않은 것으로 보고되었다. 이를 통해 일반적인 순환골재 콘크리트와 동등한 성능을 확보할 수 있는 것으로 나타내고 있으나, 100% 치환 부재의 경우 성능저하가 나타나는 것으로 보고하였고, 구조부재의 적용에 대한 연구 필요성을 제기하였다.[4.25]

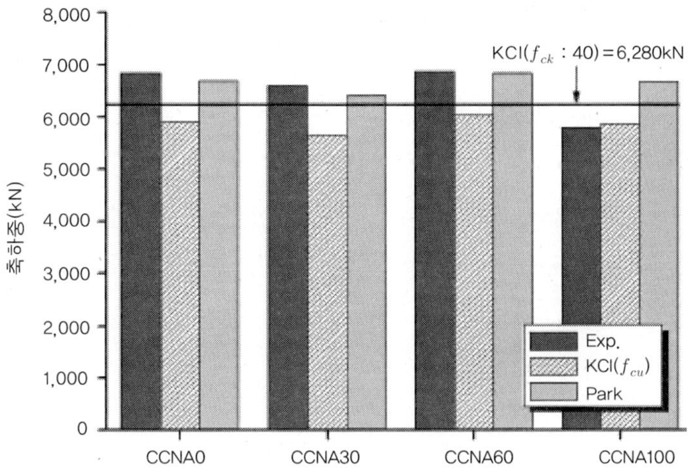

[그림 4.32] 콘크리트의 축강도 비교[4.25)]

Choi 등(2012)의 연구결과에 따르면 순환골재를 혼입하여 사용한 부재의 경우에도 축강도는 ACI 318 예측식에 따른 계산값보다 항상 큰 것으로 보고되었으며(P_{exp}/P_{pre} = 1.13~1.46), 일반 골재를 사용한 콘크리트와 동등한 성능을 확보할 수 있는 것으로 나타났다. 다만, 순환 잔골재와 순환 굵은골재를 혼입한 부재의 경우 연성(철근 항복 이후 최대강도가 15%로 저하된 시점까지 변위 비)을 확보하는데 어려움이 있다고 보고 되었다.[4.26)]

4.4 순환골재 콘크리트 보-기둥 접합부

순환골재 콘크리트의 구조적 활용 가능성을 평가하기 위하여 많은 연구자들은 보 및 기둥과 같은 단일 부재에 적용시, 천연골재를 사용한 콘크리트 부재와 순환골재를 사용한 콘크리트 부재의 휨 및 전단성능을 비교·평가해 왔다. Corinaldesi 등이 6~12㎜ 입경을 갖는 골재를 순환골재(총 골재의 30%를 순환골재로 치환)로 치환한 순환골재 콘크리트를 사용한 보-기둥 접합부에 대한 구조성능 평가를 시작으로 단일부재에서 접합부에 대한 연구로 확대되었다.[4.27)] Xiao 등은 1/2 축소 평면 골조에 순환 굵은골재 30, 50 및 100% 사용한 콘크리트를 적용하여 구조성능을 평가하였다.[4.28)] Wang & Xiao 은 굵은골재 100% 순환골재를 사용한 2경간 6층 규모의 골조에 대한 진동대 실험을

실시하여 천연골재 콘크리트와 대등한 변형능력을 확보하고 있다는 결론을 제시하고 있다.[4.29)]

국내에서는 보 및 기둥과 같은 단일부재를 대상으로 순환골재의 대체율에 따른 구조적 특성 평가에 대한 연구가 활발히 진행되고 있는 반면 보-기둥 접합부에 순환골재 콘크리트의 적용에 대한 시도는 초보단계에 있으며, 골조로 확대한 연구는 전무한 실정이다. 4.4절에서는 2012년 김정호 등에 의한 연구결과와 하재훈 등에 의한 연구결과를 중심으로 순환골재 콘크리트를 적용한 보-기둥 접합부의 구조성능에 대하여 소개하고자 한다.[4.30), 4.31)]

4.4.1 실험체 일람

국내 기존 연구자들에 의해 순환골재를 사용한 보-기둥 접합부의 구조성능 평가를 위하여 계획된 실험체 일람표는 [표 4.9]에 제시된 바와 같다. [표 4.9]에 나타난 바와

[표 4.9] 순환골재 콘크리트를 사용한 보-기둥 접합부의 실험체 일람표

연구자	실험체 명	압축강도 (MPa)	순환골재 치환율(%)	접합부 상세	고로슬래그 치환율(%)	보강섬유 혼입률 (%)
김정호	NC0-F1	37.4	0	F1	0	0
	NC0-F2			F2		
	NC0-F3			F3		
	NC30-F1	35.1	30	F1		
	NC30-F2			F2		
	NC30-F3			F3		
	NC15-F3	36.0	15	F3		
	NC50-F3	33.2	50	F3		
하재훈	BCJS	34.2	0	F4	0	0
	BCJGP	27.8			30	PVA(0.2)
	BCJGPR1	26.5	20			
	BCJGPR2	25.9	30			
	BCJGPR3	30.4	40			
	BCJGPSR1	29.9	20			PVA(0.2) SF(0.75)
	BCJGPSR2	29.4	30			

같이 김정호 등의 연구에서는 순환 굵은골재의 치환율과 접합부 배근상세를 주요변수로 총 8개의 내부 접합부 실험체를 계획하였다. 또한, 하재훈 등은 고로슬래그의 대체 유무, 단섬유 보강량, 순환 굵은골재의 대체율을 주요변수로 7개 보-기둥 내부 접합부 실험체를 계획하고 제작하였다.

[그림 4.33(a)~(c)]는 김정호 등에 의해 계획된 보-기둥 접합부 실험체 상세, [그림 4.33(d)]은 하재훈 등에 의해 계획된 접합부 실험체의 상세를 나타낸다.[4.30), 4.31)] 두 연구자의 보-기둥 접합부 실험체에서 보 주철근이 정착된 부위, 패널존(Panel zone)에서 상세는 ACI-ASCE 위원회 352에서 제시한 형상을 적용하고 있으나 정착된 보 주철근을 구속하는 횡보강근 간격은 상이하게 계획되었다.[4.32)]

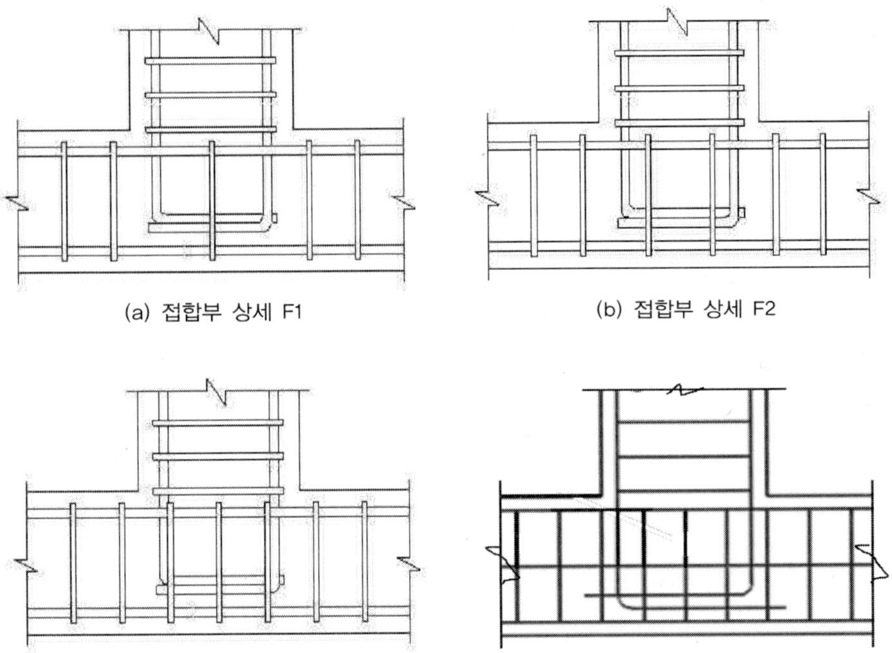

(a) 접합부 상세 F1

(b) 접합부 상세 F2

(c) 접합부 상세 F3

(d) 접합부 상세 F4

[그림 4.33] 보-기둥 접합부 실험체의 상세

[그림 4.34]는 각 연구자의 실험체 치수 및 형상을 나타낸 것이다. [그림 4.34(a)]에 나타난 바와 같이 김정호의 보-기둥 접합부 실험체에서 보의 단면은 250㎜×300㎜, 기둥 단면은 250㎜×250㎜이고 보 길이는 1,650㎜로 계획되었다. 보의 휨파괴와 동시에 접합부의 전단파괴가 발생되는 것을 억제하고 접합부의 전단파괴를 유도하고자 보의

단면이 기둥의 단면에 비하여 크게 계획되어 강한 보-약한 기둥의 설계 개념을 도입하여 모든 실험체가 계획되었다. [그림 4.34(b)]는 하재훈의 보-기둥 접합부 실험체의 형상 및 치수로써 보의 단면은 225㎜×300㎜, 기둥 단면은 300㎜×300㎜이고 보의 길이는 1,500㎜로 계획되었다. 연구 대상 구조물의 1/2 축소 크기로 실험체가 계획되었으며 보-기둥 접합부의 설계는 ACI 318-11, ACI-ASCE 352 및 국내 콘크리트기준에 준하여 설계되었다.

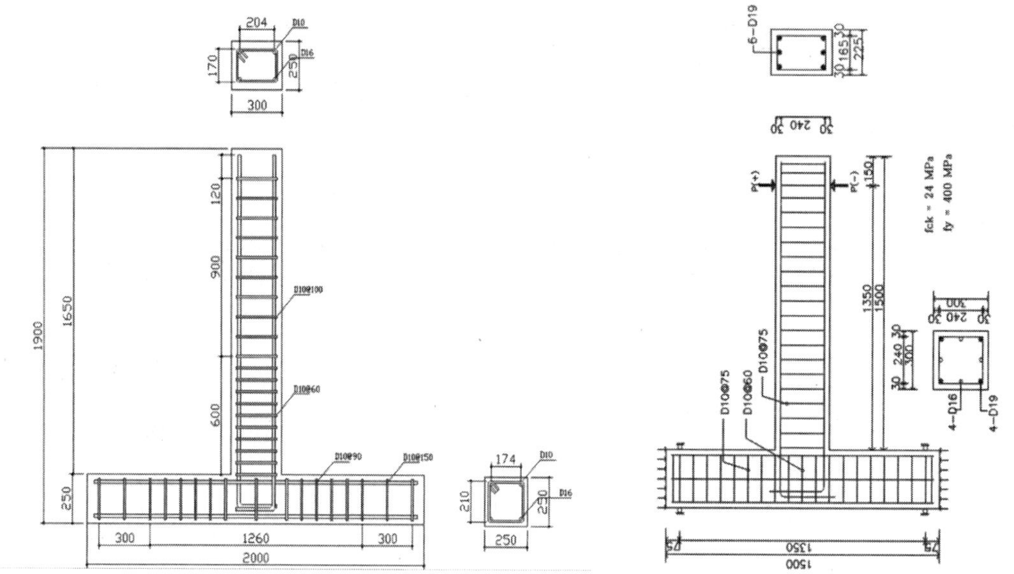

(a) 김정호의 접합부 실험체[4.30]　　　　(b) 하재훈의 접합부 실험체[4.31]

[그림 4.34] 보-기둥 접합부 실험체 형상 및 치수

4.4.2 순환골재 콘크리트의 역학적 특성

두 연구에서 사용된 순환 굵은골재의 물성과 순환골재 콘크리트의 재령 28일 압축강도는 각각 [표 4.9] 및 [표 4.10]과 같다.

[표 4.10] 순환 굵은골재의 특성

연구자	단위용적질량(kg/㎥)	조립률(%)	비중	흡수율(%)
김정호[4]	1,446	6.74	2.20	5.37
하재훈[5]	1,446	6.74	2.29	2.37

4.4.3 실험 방법

순환 굵은골재를 사용한 보-기둥 내부 접합부에 대한 구조성능 평가를 위한 실험 방법은 [그림 4.35]와 같이 두 연구자 모두 기둥을 고정시키고 보를 반복가력하는 방법을 적용하였다.

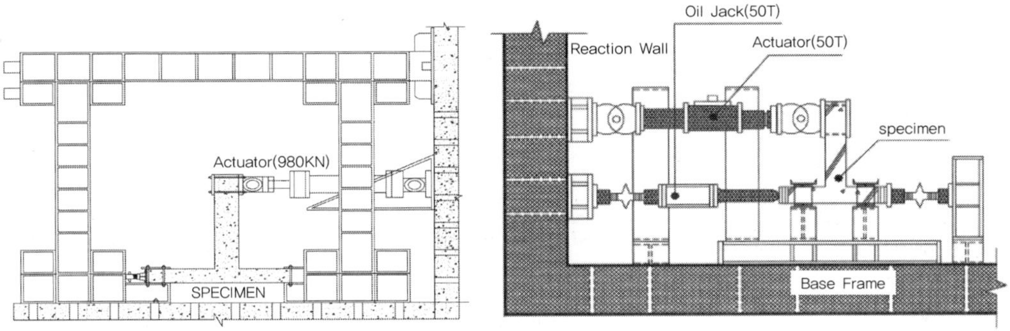

(a) 김정호의 연구[4.30]　　(b) 하재훈의 연구[4.31]

[그림 4.35] 가력 방법

김정호의 연구에서는 [그림 4.35(a)]와 같이 축력의 도입 없이 보를 가력할 때 움직이지 못하도록 가력골조에 고정 후 980kN 용량의 가력장치를 이용하여 보를 항복변위의 배율로 2사이클씩 반복가력하였다. 하재훈의 실험연구에서는 기둥에 허용축하중의 30% 일정 축하중을 실험종료 때까지 도입하며, 보에 점점 증가되는 변위로 2사이클씩 반복가력 실험을 실시하였다.

4.4.4 실험 결과

국내에서 수행된 두 실험연구에서는 실험변수에 따른 접합부의 균열 양상 및 하중-변위 특성에 대하여 비교·평가되었다. [그림 4.36]은 각 실험체의 최종 파괴 양상을 비교하여 나타낸 것이다. [그림 4.36(a)]에서 NC0 시리즈와 NC30 시리즈 실험체의 최종 파괴 양상에 대한 비교에 의하면 순환 굵은골재로 천연 굵은골재 30% 치환에 따른 보-기둥 접합부의 파괴 양상은 큰 차이를 보이지 않고 있는 것으로 보고되고 있다.

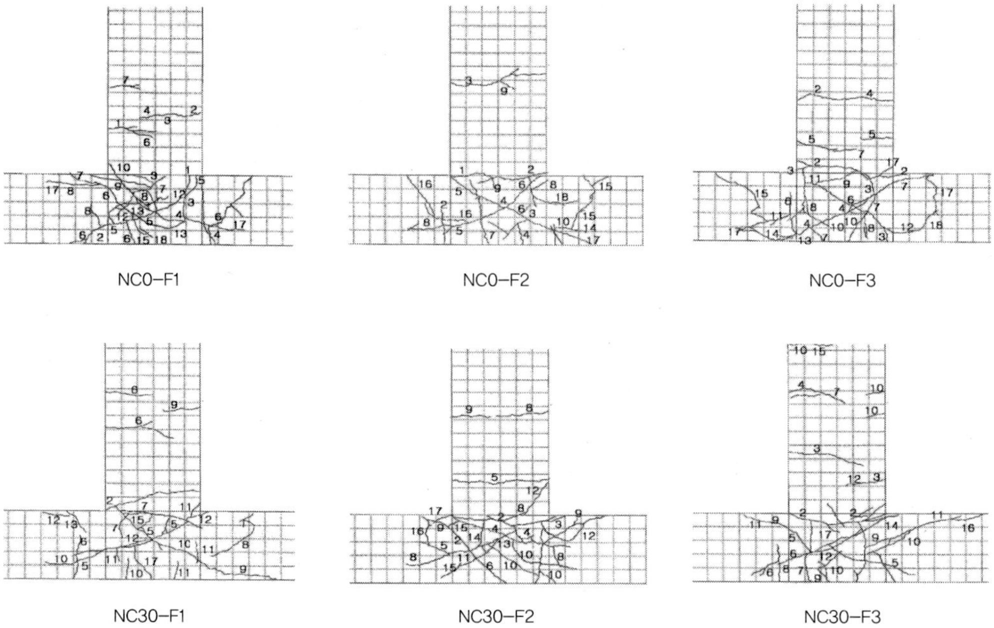

(a) 김정호 실험체[4.30)]

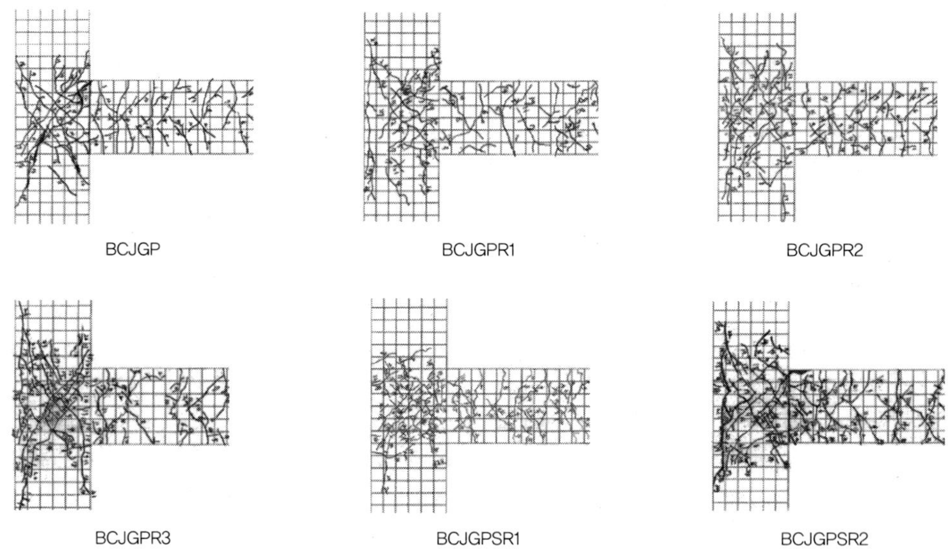

(b) 하재훈 실험체[4.31)]

[그림 4.36] 보-기둥 접합부 실험체의 최종파괴 양상

그러나 주철근의 정착부에 횡보강근의 개수가 증가함에 따라 접합부 패널존 부분에서 균열 폭은 현저하게 제어된다고 보고하고 있다.

[그림 4.36(b)]에서 BCJGP 실험체와 BCJGPR 시리즈 실험체의 최종 파괴 양상 비교에 의하면 순환 굵은골재 치환율이 증가됨에 따라 접합부에서 균열의 진행이 폭넓게 확산되는 특성을 보이고 있으나 최종적인 파괴 양상에 순환골재의 치환에 따른 영향은 크지 않은 것으로 평가되며 PVA 및 강섬유가 보강된 BCJGPSR 시리즈 실험체에서도 유사한 특성을 보이고 있다. 그러나 [그림 4.36(a)]와 같이 섬유가 보강되지 않은 실험체에 비하여 단섬유가 보강된 실험체에서 미세한 균열이 폭넓게 확산되며 김정호 및 하재훈의 실험체에 대한 파괴 양상 차이를 다소 보였다. 이는 단섬유 보강, 접합부 상세의 차이 및 기둥에 도입된 축하중의 차이에 따른 것으로 판단된다.

해외에서 진행된 순환골재 콘크리트를 사용한 보-기둥 접합부 및 골조에 대한 Corinaldesi와 Xiao 등의 연구결과에서도 순환골재 콘크리트의 적용은 접합부 및 골조의 파괴 양상에는 큰 차이를 보이지 않는다는 유사한 결론이 보고되고 있다.

[그림 4.37]은 국내에서 수행된 순환 굵은골재 콘크리트를 사용한 보-기둥 접합부 실험체에서 보에 도입된 하중과 변위의 관계 곡선을 비교하여 나타낸 것이다.

[그림 4.37(a)]의 NC0-F1, F2, F3 실험체의 하중-변위 관계 곡선에 대한 비교에 따르면 보-기둥 접합부의 배근 상세는 접합부의 성능에 주요한 영향을 끼치는 것으로 평가되며 이러한 특성은 순환 굵은골재 콘크리트를 사용한 접합부에서 유사하게 나타났다. NC0 및 NC30 시리즈에 대한 비교에 의하면 천연골재의 30%를 순환골재로 치환에 따른 보-기둥 접합부의 하중-변위 관계 특성은 큰 영향이 없는 것으로 나타났다. [그림 4.37(b)]의 BCJGP 표준 실험체와 BCJGPR 시리즈 실험체의 하중-변위 관계 곡선의 비교에 의하면 고로슬래그를 30% 대체하고 PVA 섬유로 0.2% 보강된 보-기둥 접합부 실험체에서 순환 굵은골재의 혼입률에 따른 하중-변위관계 특성은 전반적으로 큰 차이를 보이고 있지 않다. 그러나 순환골재의 혼입률이 증가됨에 따라 최대강도 이후 다소 급격한 강도저하 특성을 보였다. 강섬유와 PVA 섬유를 하이브리드 보강한 접합부 실험체에서도 유사한 특성을 보였다.

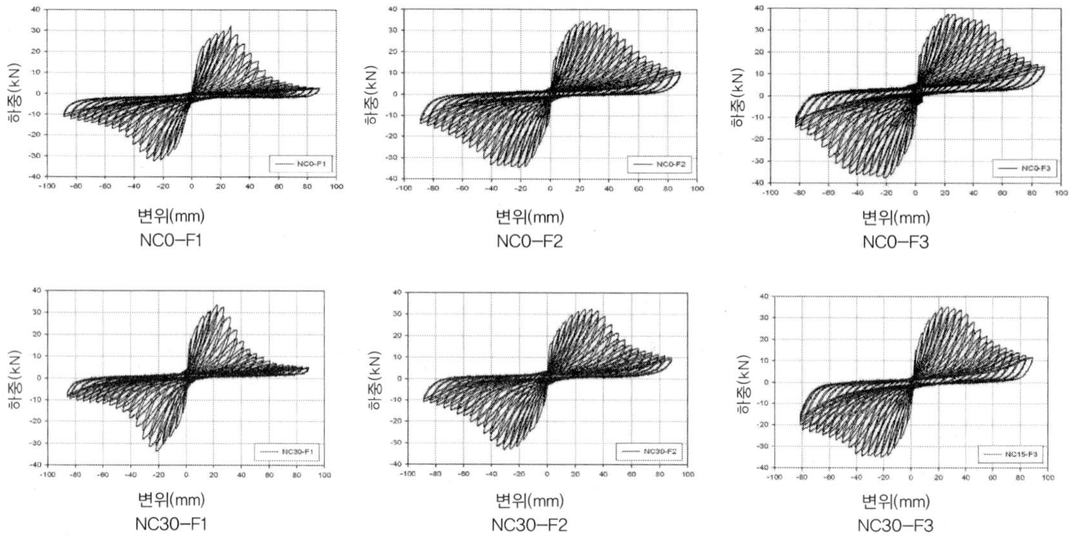

(a) 김정호 실험체[4.30]

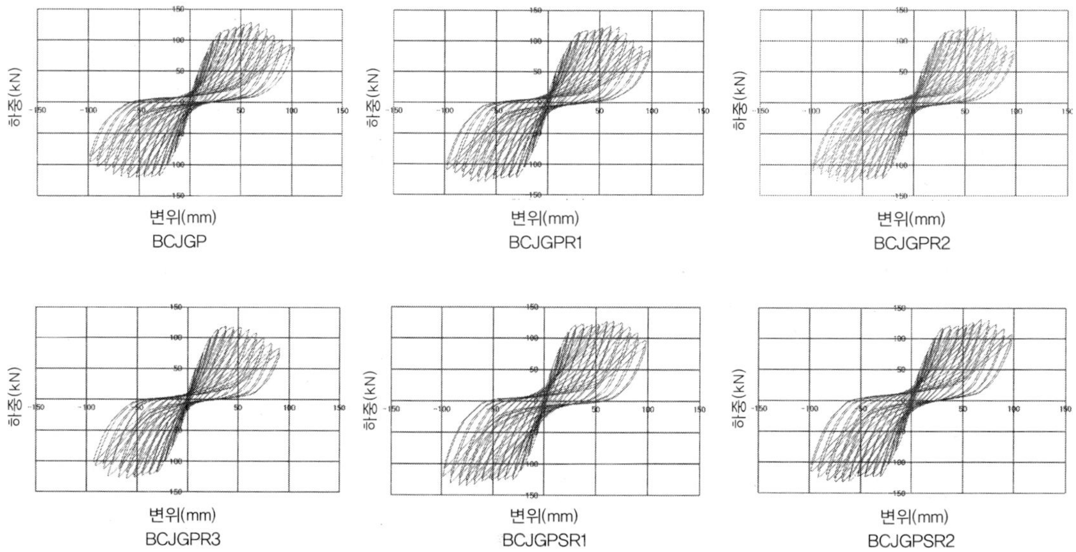

(b) 하재훈 실험체[4.31]

[그림 4.37] 보-기둥 접합부 실험체의 하중-변위 관계

순환골재 콘크리트를 사용한 보-기둥 접합부 및 골조에 대한 Corinaldesi와 Xiao 등의 연구결과에서도 순환 굵은골재의 혼입률은 접합부 및 골조의 하중-변위 거동 특성에 끼치는 영향이 미비하다는 결론이 보고되고 있다.

4.4.5 접합부 내력 산정식 비교 및 순환골재 특성 영향 평가

[그림 4.38]은 국내에서 수행된 순환 굵은골재의 혼입률을 주요 변수로 한 보-기둥 접합부 실험체의 연성(횡변위)에 따른 강도 변화를 비교하여 나타낸 것이다.

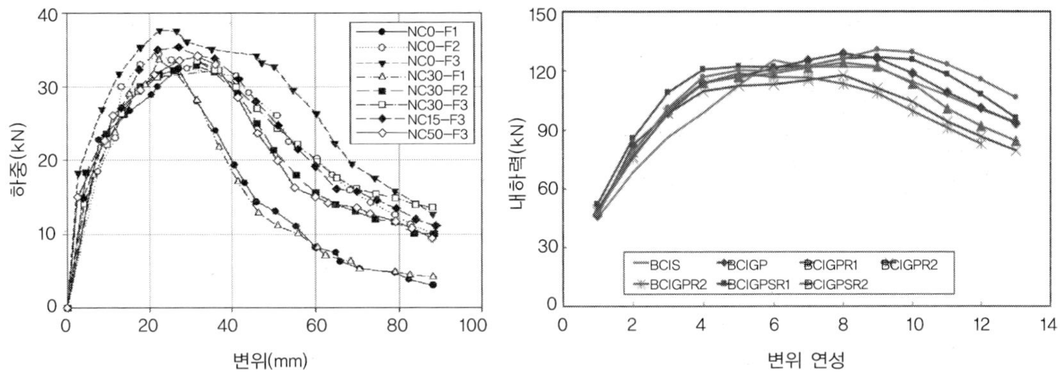

(a) 김정호 실험체[4.30] (b) 하재훈 실험체[4.31]

[그림 4.38] 실험체별 강도 변화

ACI-ASCE 352에서는 보-기둥 접합부의 전단설계를 위하여 [식 4.5]와 같은 조건이 충족되도록 요구하고 있다. 여기서, 강도감소계수(ϕ)는 0.85이다.[4.32]

$$V_u \le \phi V_n \qquad [식\ 4.5]$$

접합부의 공칭전단강도(V_n)는 [식 4.6]과 같이 제안하고 있다.

$$V_n = 0.083\gamma\sqrt{f_{ck}}\,b_j h_c \qquad [식\ 4.6]$$

여기서, b_j는 유효접합부 폭으로 [식 4.7]에 의한 최소값을 초과하지 않아야 한다.

$$b_j = \min\left\{\frac{b_b + b_c}{2},\ b_b + \Sigma\frac{mh_c}{2},\ b_c\right\} \qquad [식\ 4.7]$$

b_b는 길이방향 보의 폭이고 보의 중심선과 기둥의 중심선이 $b_c/8$ 이상 편심이 발생된 접합부에서 m=0.3이 적용되어야 한다. 그 외의 모든 경우에 대해 m=0.5이다. 위 식에서 합계 항은 기둥의 모서리가 보의 가장자리를 넘어 연장되는 접합부의 각 측면에 적용되어야 한다. $mh_c/2$의 값은 보의 가장자리를 초과한 기둥 단면 폭보다

크지 않아야 한다. 기둥에 한 방향으로 보가 접합되었다면 b_b는 보의 폭과 같다. 상수 γ는 [표 4.11]에 제시된 값을 적용한다. 접합부 1(Connection type 1)은 지진하중을 고려하지 않은 접합부, 접합부 2(Connection type 2)는 지진하중을 고려하여 설계된 접합부이다. h_c는 전단력이 작용되는 방향에서의 기둥 깊이이다.

[표 4.11] 보-기둥 접합부의 전단강도 산정을 위한 γ

분류	연결 형태	
	1	2
A. 연속 기둥이 있는 접합부		
A.1 4개의 모든 수직면에 효과적인 접합부	24	20
A.2 3개의 수직면 또는 2개의 반대 수직면에 효과적인 접합부	20	15
A.3 다른 경우	15	12
B. 불연속 기둥이 있는 접합부		
B.1 4개의 모든 수직면에 효과적인 접합부	20	15
B.2 3개의 수직면 또는 2개의 반대 수직면에 효과적인 접합부	15	12
B.3 다른 경우	12	8

[표 4.12] 실험 결과와 기준식에 의한 전단강도 비교

연구자	실험체명	전단강도 실험값, V_{test}(kN)	설계전단강도 계산값, V_n(kN)	V_{test}/V_n
김정호[4.30]	NC0-F1	197.9	380.7	0.52
	NC0-F2	211.2	380.7	0.55
	NC0-F3	229.9	380.7	0.60
	NC30-F1	188.6	349.4	0.54
	NC30-F2	191.7	349.4	0.55
	NC30-F3	204.2	349.4	0.58
	NC15-F3	206.2	373.5	0.55
	NC50-F3	195.9	358.7	0.55
하재훈[4.31]	BCJS	125.5	458.7	0.27
	BCJGP	128.8	413.5	0.31
	BCJGPR1	124.2	403.8	0.31
	BCJGPR2	117.8	399.2	0.30
	BCJGPR3	118.8	432.5	0.27
	BCJGPSR1	130.6	428.9	0.30
	BCJGPSR2	127.0	425.3	0.30

4.5 순환골재 콘크리트와 철근의 부착

4.5.1 실험체 일람

[표 4.13]은 순환골재 콘크리트와 철근의 부착에 관한 실험변수를 연구자별로 정리하여 나타낸 것이다.

[표 4.13] 각 연구의 부착실험 변수

연구자	순환골재 종류	치환율(%)	철근 방향	콘크리트 배합강도	물-결합재비	배합
이민정 등 (2008)	굵은골재	0, 30, 60, 100	수직, 수평	21 MPa	51.0%	레미콘
전수만 등 (2008)	굵은골재	0, 30, 60, 100	수직, 수평	27 MPa	43.6%	레미콘
최희복 등 (2008)	굵은골재, 잔골재	0, 30, 50, 100	수직		50.0% 40.0%	실험실
윤승조 등 (2009)	굵은골재	0, 10, 20, 30, 40, 50	수직	21, 24 MPa	49.8%, 47.6%	레미콘, 실험실
장용헌 등 (2010)	굵은골재	0, 30, 60, 100	수직, 수평	21 MPa 27 MPa 40 MPa	51.0% 45.7% 33.0%	레미콘
YJ Kim et al. (2012)	굵은골재, 잔골재	0, 100 0, 30, 60, 100	수평		32.6%	실험실
SW Kim et al. (2013)	굵은골재	0, 30, 60, 100	수직, 수평	27 MPa	43.6% 45.7%	레미콘
SW Kim et al. (2014)	잔골재A 잔골재B	0, 30, 60, 100 0, 35, 70	수직, 수평	27 MPa	44.0%	레미콘
SW Kim et al. (2015)	굵은골재	0, 30, 60, 100	수직, 수평	21 MPa 27 MPa, 40 MPa	51.0% 45.7% 33.0%	레미콘

이민정 등(2008)은 순환골재의 생산방식을 평가하고자 고품질 순환 굵은골재와 저품질 폐콘크리트를 혼합하여 순환골재(절건밀도 2,490kg/m^3, 흡수율 3.0%)를 레디믹스트 콘크리트로 생산하여 부착실험을 실시하였다. 부착거동을 평가하기 위한 주요 변수는 순환 굵은골재 치환율(0, 30, 60, 100%), 철근배근 방향(수직, 수평), 수평철근 위치

(상단, 하단)이었다.[4.33)]

전수만 등(2008)은 순환골재 콘크리트와 철근의 부착강도에 대해 현행 천연골재 콘크리트 기준식 및 기존 연구와 비교·분석하기 위한 실험을 실시하였다.[4.35)] 사용된 순환골재의 절건밀도 및 흡수율은 2,490kg/m³ 및 2.99%이며, 레디믹스트 콘크리트로 생산하여 부착실험을 실시하였다. 부착거동을 평가하기 위한 주요 변수는 순환 굵은 골재 치환율(0, 30, 60, 100%), 철근배근 방향(수직, 수평), 수평철근 위치(상단, 하단)이다.

최희복 등(2008)은 순환골재의 대체율과 순환골재의 품질에 따른 순환골재 콘크리트와 철근 사이의 미끄럼(slip) 관계를 고려하고 콘크리트와 철근 사이의 부착성능을 연구하고자 실험을 실시하였다.[4.36)] 순환골재의 종류는 굵은골재(절건밀도 2,530kg/m³, 흡수율 1.6%) 및 잔골재(절건밀도 2,360kg/m³, 흡수율 5.37%)로써 KS표준의 요구조건을 만족시켰다. 부착거동을 평가하기 위한 주요 변수는 순환 굵은골재 및 순환 잔골재 치환율(0, 30, 50, 100%) 및 물-결합재비(40, 50%)이다.

윤승조 등(2009)은 순환 굵은골재를 사용한 콘크리트와 철근과의 부착성능에 미치는 영향을 실험적으로 파악하고 순환 굵은골재의 콘크리트 구조부재로 적용 가능성을 검토하였다.[4.37)] 순환 굵은골재의 절건밀도 및 흡수율은 2540kg/m³ 및 2.1%이며, 부착성능을 평가하기 위한 주요 변수는 순환 굵은골재 치환율(0, 10, 20, 30, 40, 50%), 각 배합에 대해 레디믹스트 콘크리트와 실험실 배합을 비교하였다.

장용헌 등(2010)은 순환골재의 품질기준 하한값을 만족시키는 순환 굵은골재를 사용한 콘크리트와 이형철근의 부착 성능을 평가하였다.[4.38)] 순환 굵은골재의 절건밀도 및 흡수율은 2,490kg/m³ 및 3.00%이며, 부착성능을 평가하기 위한 주요 변수는 콘크리트 압축강도(21, 27, 40MPa), 순환 굵은골재 치환율(0, 30, 60, 100%), 철근배근 방향(수직, 수평), 수평철근 위치(상단, 하단)이다.

김용재 등(2012)은 순환 굵은골재와 순환 잔골재를 혼합 사용한 콘크리트와 철근의 부착성능을 연구하였다.[4.39)] 순환 굵은골재의 절건밀도 및 흡수율은 2,610kg/m³ 및 1.82%이며, 부착성능을 평가하기 위한 주요 변수는 순환 굵은골재 치환율(0, 100%) 및 순환 잔골재 치환율(0, 30, 60, 100%)이다.

김선우 등(2013)은 순환 굵은골재를 사용한 콘크리트와 철근 간 부착강도에 관해 단기 및 장기거동 특성을 실험적으로 평가하였다.[4.40)] 순환 굵은골재의 절건밀도 및 흡수율은 2,490kg/m³ 및 3.00%이며, 부착성능을 평가하기 위한 주요 변수는 순환 굵은골재 최대치수(20, 25㎜), 순환 굵은골재 치환율(0, 30, 60, 100%), 철근배근 방향(수직, 수평), 수평철근 위치(상단, 하단), 콘크리트 재령(28일, 1년, 2년)이다.

김선우 등(2014)은 순환 잔골재를 사용한 콘크리트와 철근 간 부착강도에 관해 단기 및 장기거동 특성, 동결융해의 영향을 실험적으로 평가하였다.[4.41] 순환 잔골재는 품질별로 절건밀도 2,290kg/m³ 및 흡수율 5.83%의 순환 잔골재A, 절건밀도 2,150kg/m³ 및 흡수율 7.95%의 순환 잔골재B이며, 부착성능을 평가하기 위한 주요 변수는 순환 잔골재 치환율(A : 0, 30, 60, 100%, B : 0, 35, 70%), 철근배근 방향(수직, 수평), 수평철근 위치(상단, 중단, 하단), 콘크리트 재령(28일, 2년), 동결융해 사이클(0, 100, 200, 300회)이다.

김선우 등(2015)은 순환 굵은골재를 사용한 콘크리트와 철근 간 부착강도 실험을 실시하였다. 순환 굵은골재의 절건밀도 및 흡수율은 2,480kg/m³ 및 3.01%이며, 부착성능을 평가하기 위한 주요 변수는 순환 굵은골재 치환율(0, 30, 60, 100%)이다.[4.42]

4.5.2 순환골재 콘크리트의 역학적 특성

[표 4.14]에 순환골재 콘크리트의 역학적 특성에 관한 실험 결과를 연구자별로 정리하였다. [그림 4.39]는 순환골재 콘크리트의 압축강도를 일반 콘크리트의 압축강도로 무차원화하여 나타낸 것이다. 그림에 나타난 바와 같이 순환골재 치환율이 증가함에 따라 압축강도가 감소하는 경향을 보였으며, 치환율 100%인 경우 일반 콘크리트에 비해 10% 이상의 압축강도 감소를 보였다. 특히 윤승조 등(2009)의 연구결과에 따르면 레디믹스트 콘크리트 배합인 경우 압축강도가 실험실 배합인 경우보다 약 10% 큰 것으로 나타났다.[4.37]

[표 4.14] 순환골재 콘크리트 압축강도 비교

연구자	순환골재 치환율(%)	압축강도 (MPa)
이민정 등 (2008)	0	27.50
	30	22.82
	60	26.92
	100	24.97
전수만 등 (2008)	0	37.05
	30	33.58
	60	32.35
	100	29.27
최희복 등 (2008)	5N	31.50
	5RG-30	31.10
	5RG-50	31.70
	5RG-100	28.50
	5RS-30	37.60
	5RS-50	25.70
	5RS-100	24.00
	4N	38.00
	4RG-30	38.50
	4RG-50	39.90
	4RG-100	39.10
	4RS-30	37.80
	4RS-50	33.30
	4RS-100	34.00
윤승조 등 (2009)	0	21.61
	10	25.59
	20	23.97
	30	25.35
	40	20.83
	50	21.13
장용헌 등 (2010)	0	27.50
	30	22.82
	60	26.92
	100	24.97
	0	26.93
	30	30.07
	60	27.94
	100	26.93
	0	41.85
	30	37.09
	60	38.43
	100	39.64

연구자	순환골재 치환율(%)	압축강도 (MPa)
YJ Kim et al. (2012)	NN	45.00
	R100N	43.30
	R100R30	42.80
	R100R60	41.70
	R100R100	39.10
SW Kim et al. (2013)	RCA-I0	37.00
	RCA-I30	33.80
	RCA-I60	32.40
	RCA-I100	29.30
	RCA-II0	33.40
	RCA-II30	31.50
	RCA-II60	30.70
	RCA-II100	29.50
SW Kim et al. (2014)	RFA-A0	31.50
	RFA-A30	29.90
	RFA-A60	31.00
	RFA-A100	27.40
	RFA-B35	30.80
	RFA-B70	28.70
SW Kim et al. (2015)	RAC0L	29.26
	RAC30L	26.52
	RAC60L	28.53
	RAC100L	27.08
	RAC0M	33.42
	RAC30M	31.46
	RAC60M	30.66
	RAC100M	29.49
	RAC0H	44.13
	RAC30H	39.50
	RAC60H	43.80
	RAC100H	42.44

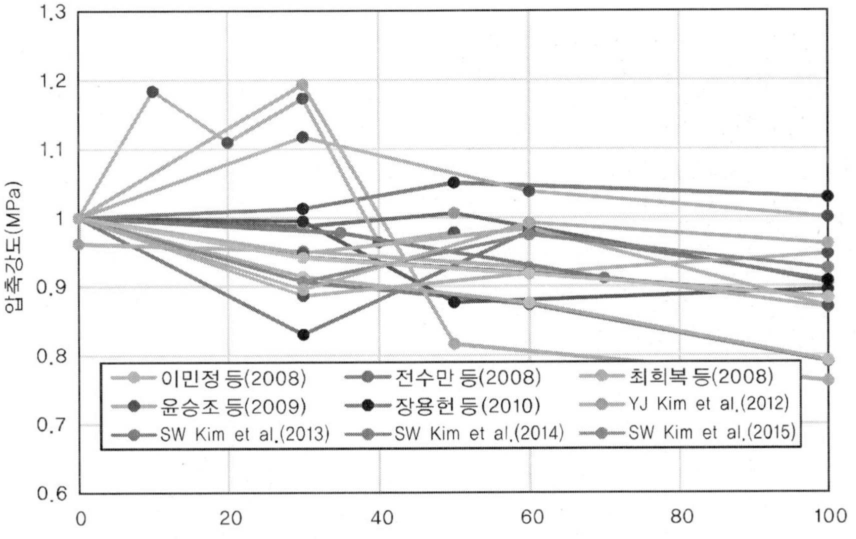

[그림 4.39] 순환골재 콘크리트 압축강도 비교

4.5.3 실험 방법

순환골재 콘크리트와 철근 간 부착강도를 측정하기 위한 실험은 인발실험(Pull-out test)에 의한 방법이며, 실험장치는 [그림 4.40]에 나타난 바와 같이 크게 4가지로 나누어진다.

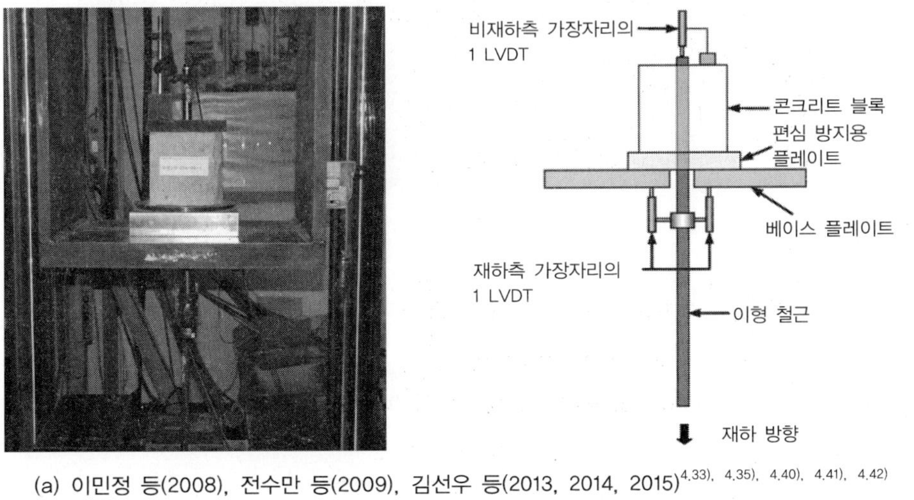

(a) 이민정 등(2008), 전수만 등(2009), 김선우 등(2013, 2014, 2015)[4.33), 4.35), 4.40), 4.41), 4.42)]

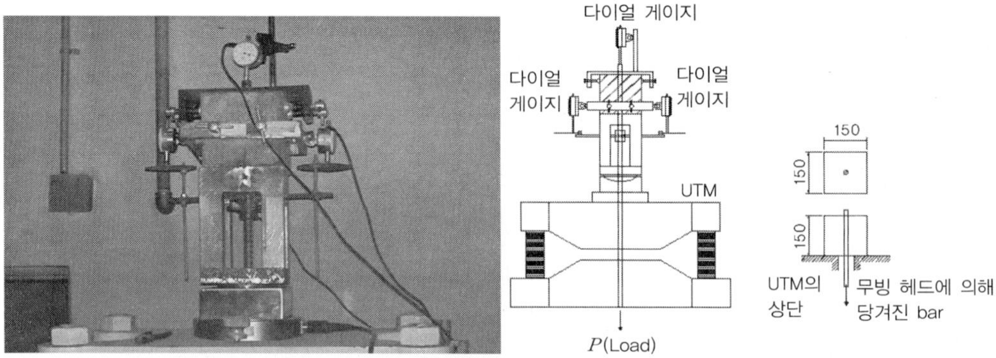

(b) 최희복(2008) 등[4.36)]

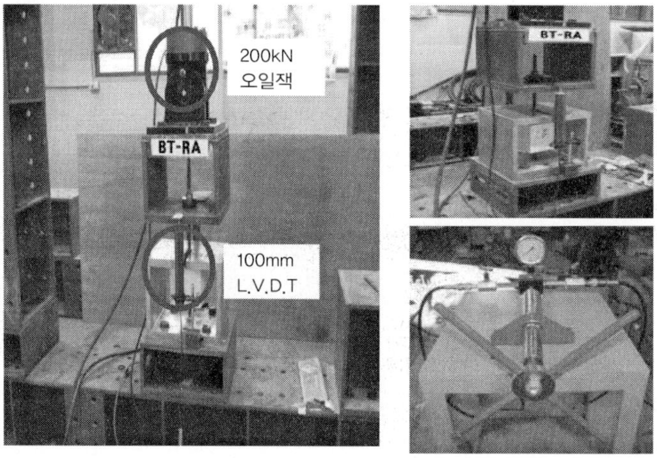

(c) 윤승조 등(2009)[4.37)]

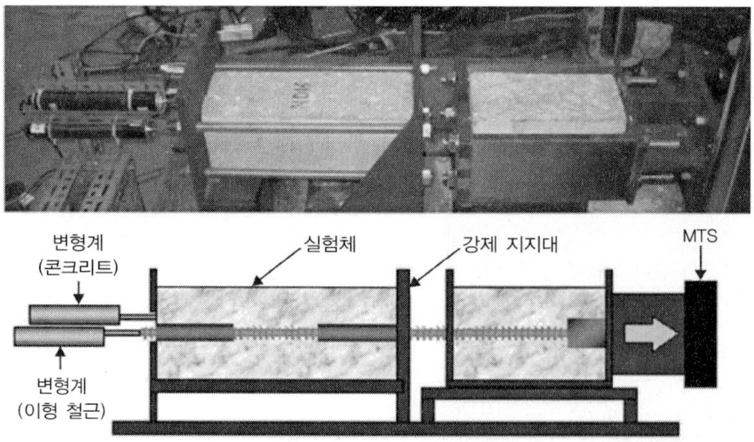

(d) 김용재 등(2012)[4.39)]

[그림 4.40] 부착실험 방법 비교

부착실험에 사용된 시험체 단면 크기, 철근 종류, 부착길이를 연구자별로 정리하면 [표 4.15]와 같다. 표에 나타난 바와 같이 대부분 철근 직경의 4배($4d_b$)를 부착길이로 하였으며, 최희복 등(2008) 및 김용재 등(2012)은 150㎜(9.4d_b 또는 8d_b)의 부착길이를 정하여 실험하였다. 특히 최희복 등(2008)은 항복강도가 804MPa인 D16 고강도 철근을 사용하였다.

[표 4.15] 각 연구자의 부착실험 방법 비교

연구자	실험체 단면(㎜)	철근	부착길이(㎜)
이민정 등(2008)	150×150	D16	64(=$4d_b$)
전수만 등(2008)		D13	50.8(=$4d_b$)
최희복 등(2008)		D16	150(≒$9.4d_b$)
윤승조 등(2009)		D16	64(=$4d_b$)
장용헌 등(2010)		D16	64(=$4d_b$)
YJ Kim et al.(2012)		D19	150(≒$8d_b$)
SW Kim et al.(2013)		D16	64(=$4d_b$)
SW Kim et al.(2014)		D16	64(=$4d_b$)
SW Kim et al.(2015)		D16	64(=$4d_b$)

4.5.4 실험 결과

이민정 등(2008)의 연구결과에 따르면 순환골재를 사용한 콘크리트에서 철근과 콘크리트의 부착응력-미끄럼 관계는 철근배근 방향 및 위치에 따라 영향을 받는 것으로 나타났다.[4.33] 또한 수평 시험체의 경우 골재의 침하로 인한 굵은골재 하부편중과 상부철근을 통과하지 못한 기포의 영향으로 인한 부착강도가 저하되었으며, KCI(ACI), CEB-FIP 기준식 및 도(島)의 제안식을 만족하지 못하였다.[4.34] 그러나 수평하부 철근 및 수직철근의 부착강도는 순환 굵은골재 치환율과 무관하게 ACI, CEB-FIP 기준식 및 도(島)의 제안식을 상회하는 값을 나타냈다. 한편, 고품질 순환 굵은골재와 저품질 순환 굵은골재를 혼합하는 방식을 사용해도 부착성능에 미치는 영향은 고품질 순환 굵은골재 콘크리트와 대등한 것으로 보고하였다.

전수만 등(2008)의 연구결과에 따르면 [그림 4.41]과 같이 수직철근 시험체의 경우 순환 굵은골재 치환율에 관계없이 유사한 부착거동 특성을 보이는 것으로 나타났다.[4.35] 그러나 수평상부 철근의 경우 순환 굵은골재를 100% 치환한 경우 다소 낮은 부착강도를 보이는 것으로 나타났다. 이는 타설할 때 쇄석 천연골재는 입형이 불규칙적이고 날카로워 골재의 침하량이 순환골재에 비해 적기 때문이며, [그림 4.42]와 같이 철근 하부에 형성된 기포층에 기인한 것으로 보고하였다.

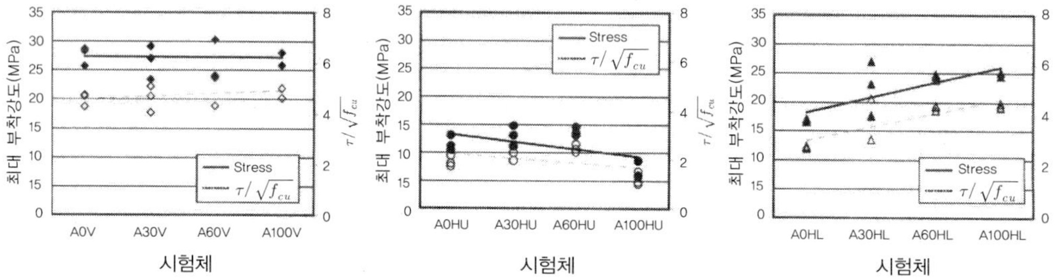

(a) V type (b) HU type (c) HL type

[그림 4.41] 최대 부착강도 비교[4.35]

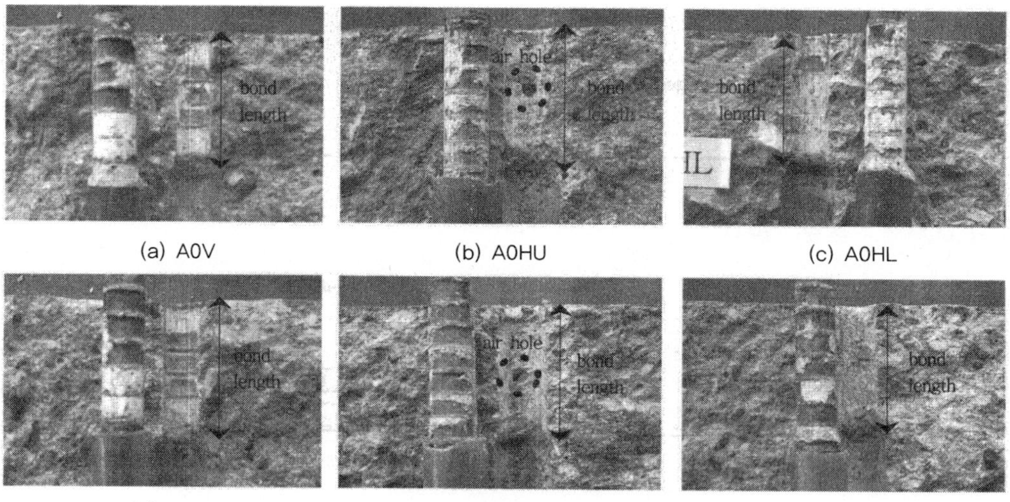

(a) A0V (b) A0HU (c) A0HL

(d) A100V (e) A100HU (f) A100HL

[그림 4.42] 부착파괴면 비교[4.35]

한편, 철근과 콘크리트의 부착강도 평가를 위한 기존의 기준식을 근거로 판단할 때, [그림 4.43]과 같이 수평 상부 철근의 경우에는 α값을 기존의 2.5에서 1.2로 낮추어 적용할 것을 권장하였다.

최희복 등(2008)의 연구결과에 따르면 [그림 4.44]와 같이 순환골재를 사용한 콘크리트의 부착 거동은 품질 및 치환율에 관계없이 보통콘크리트와 유사한 경향을 보였으며, 순환골재를 100% 치환한 경우에만 미끄럼 양이 보통콘크리트에 비해 현저히 증가하는 것으로 나타났다.[4.36)]

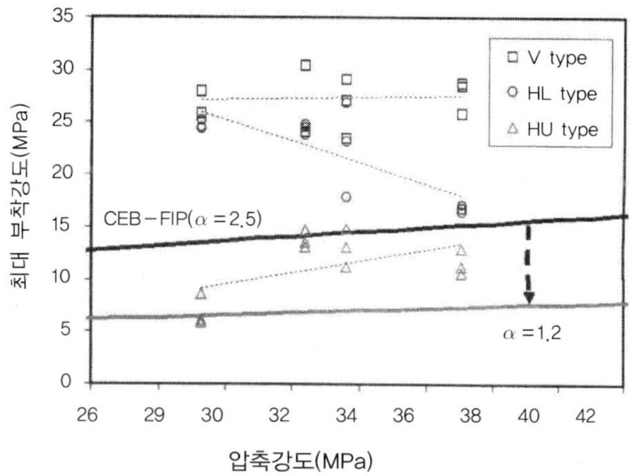

[그림 4.43] 부착강도-콘크리트 압축강도 관계[4.35)]

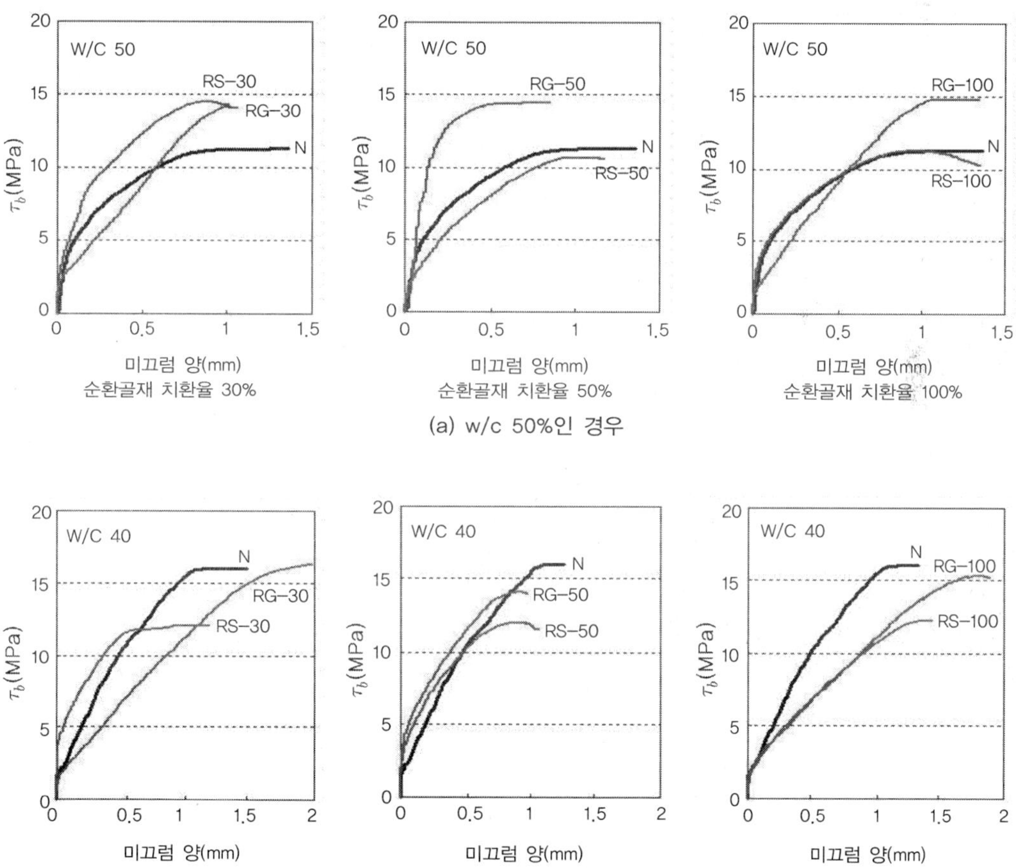

(a) w/c 50%인 경우

(a) w/c 40%인 경우

[그림 4.44] 순환골재 콘크리트의 부착거동 특성[4.36)]

또한 [그림 4.45]와 같이 순환골재 콘크리트의 부착강도는 순환골재 품질보다 순환골재 종류에 의한 영향이 더 큰 것으로 나타났다. 상대흡수율(배합에 사용된 골재의 평균흡수율)이 증가할수록 압축강도 루트승에 대한 부착강도비가 감소하였으며, 상대흡수율 3 이상에서 특히 크게 감소하는 것으로 나타났다.

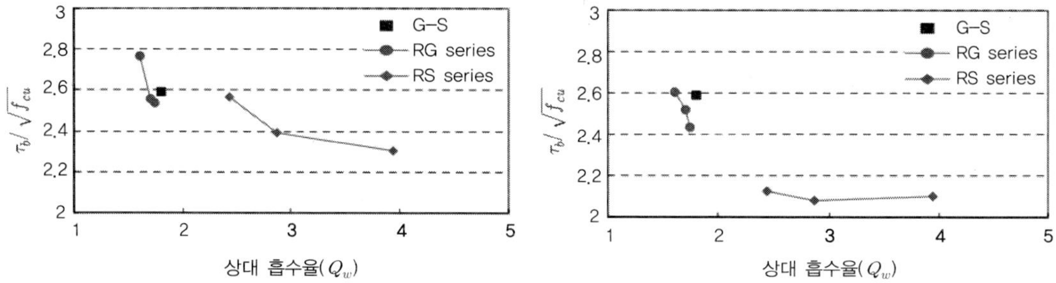

(a) W/C=50% (b) W/C=60%

[그림 4.45] 상대흡수율과 압축강도 루트승에 대한 부착강도비 관계[4.36)]

한편, CEB-FIP, ACI 408 위원회 식이 실험값을 안전측으로 평가하였으며, 가장 경제적인 모델식은 CEB-FIP인 것으로 나타났다. 이를 통해 콘크리트와 철근의 부착관계만을 고려할 때 순환골재를 사용해도 문제가 없는 것으로 보고하였다.

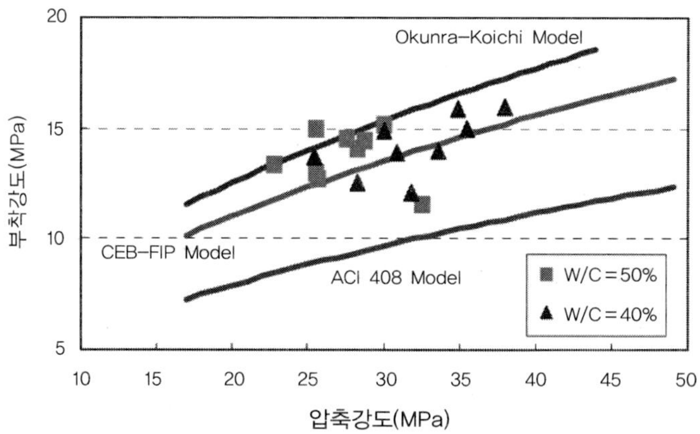

[그림 4.46] 부착강도 실험값 및 제안값 비교[4.36)]

윤승조 등(2009)의 연구결과에 따르면 [그림 4.47]과 같이 레미콘 배합인 경우 부착강도가 실험실 배합인 경우보다 약 23% 높은 것으로 나타났으며, 이는 압축강도의 증가에 기인한 것으로 판단된다.[4.37] 한편, 순환골재 콘크리트의 부착강도는 보통 콘크리트와 큰 차이를 보이지 않았으며, KCI(ACI), CEB-FIP, 島의 제안식을 만족시키는 것으로 나타나 연구 범위인 순환골재 50% 치환율까지 철근콘크리트 구조물에 적용 가능한 것으로 보고하였다.

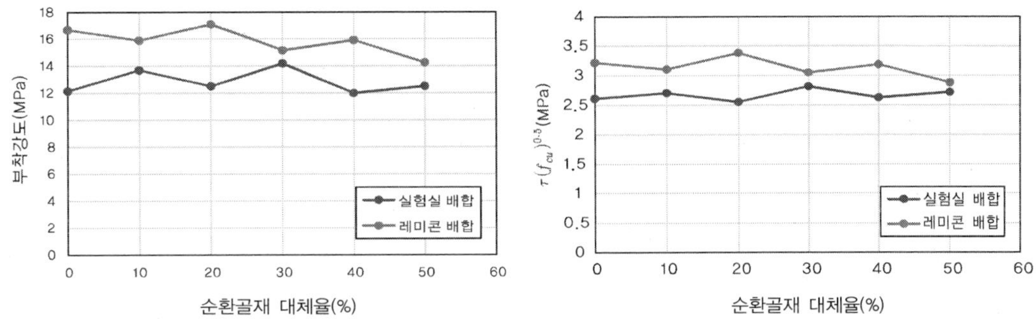

(a) 부착강도 (b) 콘크리트 압축강도로 나눈 부착강도

[그림 4.47] 배합별 부착강도 비교[4.37]

장용헌 등(2010)의 연구결과에 따르면 [그림 4.48]에 나타난 바와 같이 설계압축강도 40MPa 실험체의 경우 압축강도 21 및 27MPa 시험체와 달리 대체로 쪼갬 파괴에 의한 최대하중을 보였으며, 상부 철근의 부착강도 저하가 크지 않은 것으로 나타났다.[4.38] 특히 상부 철근 실험체의 경우 단위수량 감소로 블리딩이 감소되고, 콘크리트의 점성 증가로 공극 및 골재 침하가 감소하여 상부 철근의 부착강도 저하가 적은 것으로 나타났다.

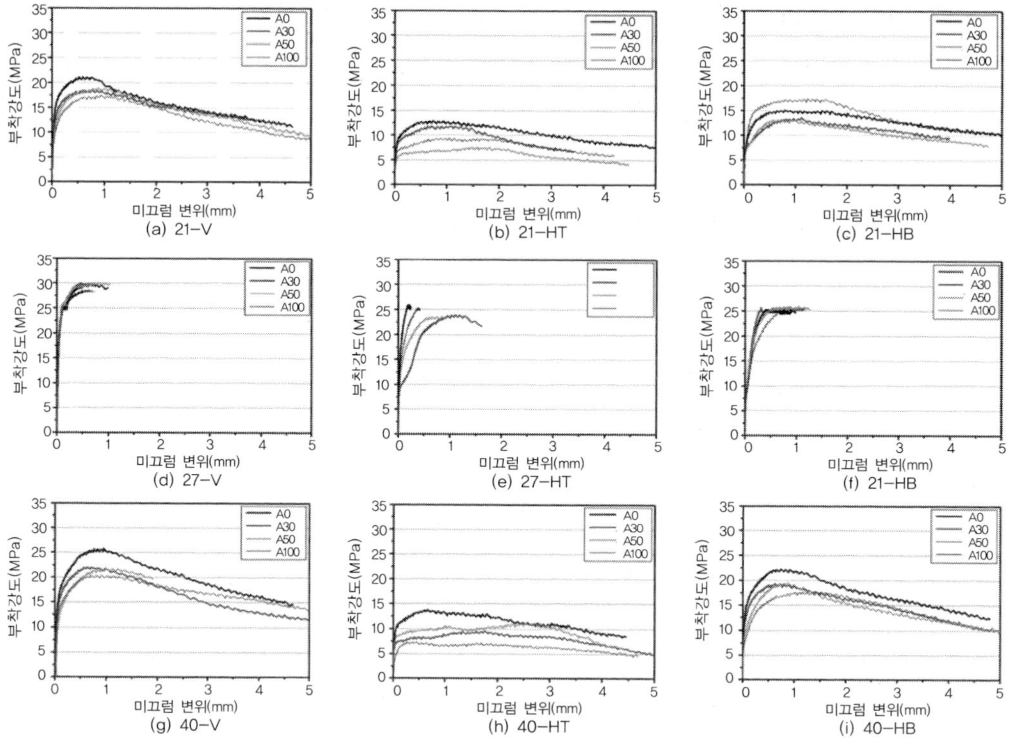

[그림 4.48] 부착거동 비교[4.38)]

또한, 콘크리트의 압축강도가 증가함에 따라 상하부 철근의 부착강도 차이는 감소하는 경향을 보였으며, [그림 4.49]에 나타난 바와 같이 보통강도 범위의 상부철근(높이 225㎜)에서도 부착강도 저하가 발생하는 것으로 나타나 현재 구조기준에서

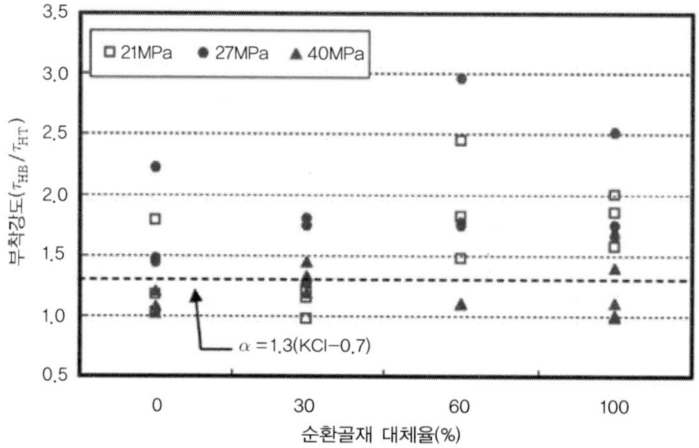

[그림 4.49] 순환골재 치환율에 따른 상하부 철근 부착강도비 비교[4.38)]

제안하는 철근위치 보정계수 1.3에 대한 재검토가 필요한 것으로 보고하였다. 그러나 일부 상부 철근 실험체를 제외하고 대부분의 경우 CEB-FIP 및 ACI 408 기준식에 의한 강도값을 상회하였다.

김용재 등(2012)의 연구결과에 따르면 [그림 4.50]과 같이 순환 굵은골재 100%를 치환한 상태에서 순환 잔골재 치환율이 증가함에 따라 4~18%의 부착강도 저하를 보이는 것으로 나타났다.[4.39]

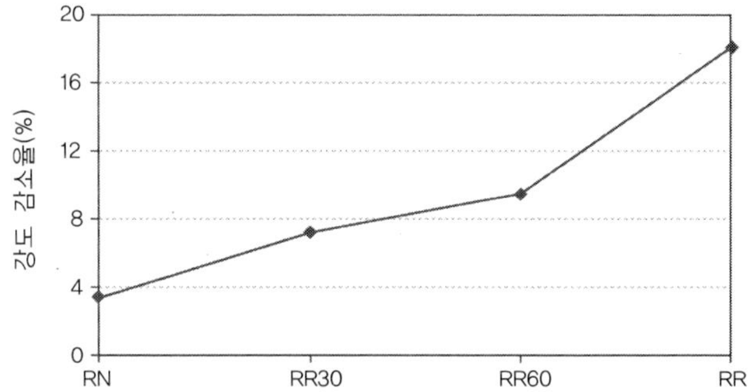

[그림 4.50] 부착강도 저하율 비교

Kim 등(2013)의 연구결과에 따르면 [그림 4.51]에 나타난 바와 같이 부착강도를 압축강도로 나누어 비교할 때 굵은골재 최대치수 20㎜인 경우 순환 굵은골재 치환율이 증가해도 부착강도의 저하가 발생하지 않았으며, 최대치수 25㎜인 경우에는 순환 굵은골재 치환율이 증가함에 따라 부착강도 저하가 발생하였다.[4.40)]

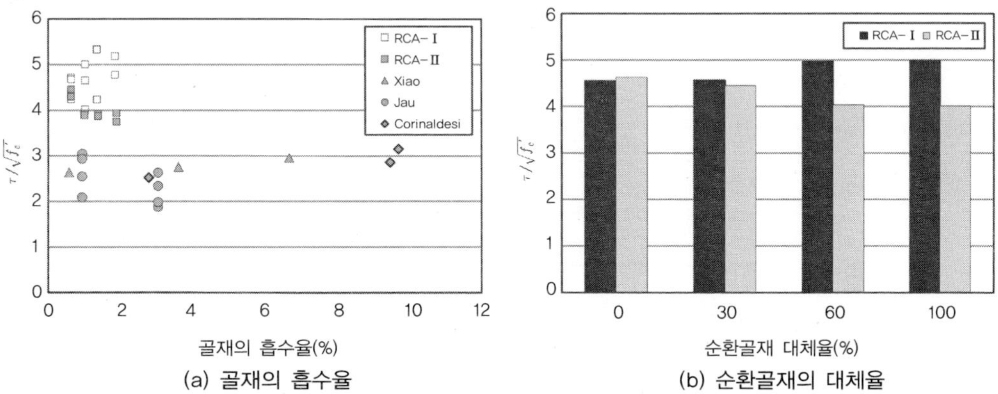

(a) 골재의 흡수율 (b) 순환골재의 대체율

[그림 4.51] 압축강도로 무차원화한 부착강도 비교[4.40)]

재령에 따른 부착강도 특성을 비교한 결과 [그림 4.52]와 같이 재령이 경과함에 따라 콘크리트 압축강도 증가에 기인하여 부착강도가 증가하였다. 그러나 순환 굵은골재 치환율이 증가함에 따라 부착강도가 감소하는 특성을 보였다. 부착강도를 압축강도로 무차원화한 값은 순환 굵은골재 치환율이 증가할수록 높아지는 것으로 나타났다.

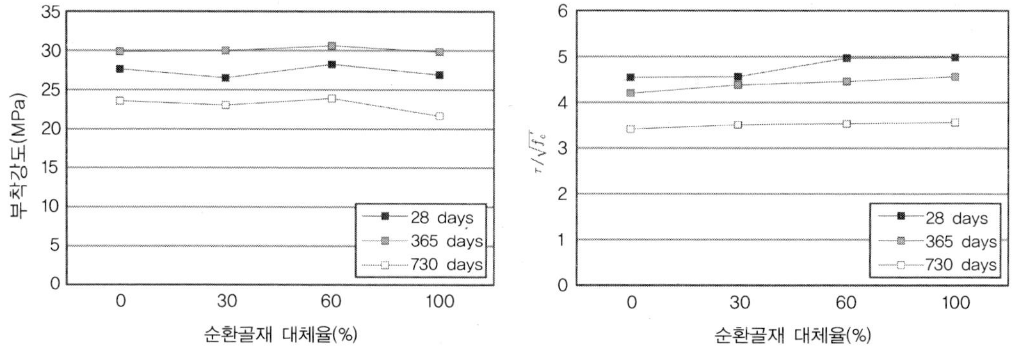

(a) 재령에 따른 부착강도 (b) 무차원화 재령에 따른 부착강도

[그림 4.52] 재령에 따른 부착강도 비교[4.40]

한편, [그림 4.53]과 같이 수평상단근의 부착강도를 수평하단근의 부착강도와 비교한 결과 재령이 경과할수록 그 차이가 작아지는 것으로 나타났다.

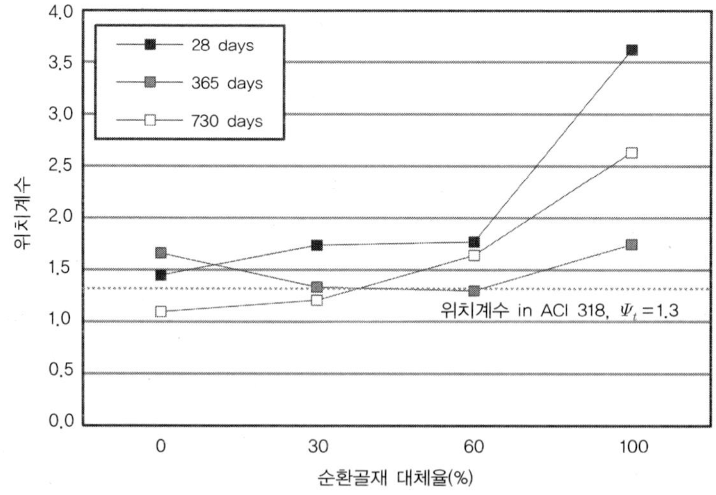

[그림 4.53] 재령별 수평철근 위치계수 비교

Kim 등(2014)의 연구결과에 따르면 [그림 4.54]에 나타난 바와 같이 순환골재 품질기준을 만족시키는 RFA-A의 경우에는 치환율 100%인 경우 현저한 부착강도 저하를 보였다.[4.41] 그러나 품질기준을 만족시키지 못하는 RFA-B의 부착강도는 보통콘크리트에 비해 35% 치환율인 경우 보통콘크리트의 4%, 70% 치환율인 경우 15% 저하되는 것으로 나타났다.

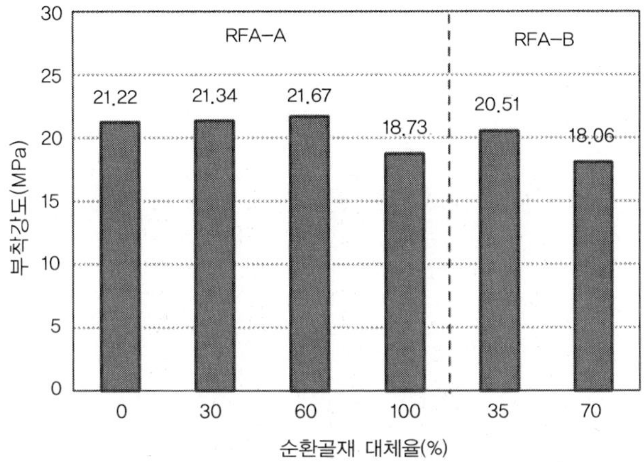

[그림 4.54] 수직철근 부착강도 비교[4.41]

수평철근의 경우 상단철근의 높이가 225㎜인 2단실험체(H-type), 375㎜인 3단실험체(R-type)의 부착강도를 비교한 결과 [그림 4.55]와 같이 상단철근뿐만 아니라 3단실험체의 중단철근(높이 225㎜)에서도 현저한 부착강도 저하를 보였으며, 이러한 부착강도 저하 특성은 보통콘크리트에서도 나타났다.

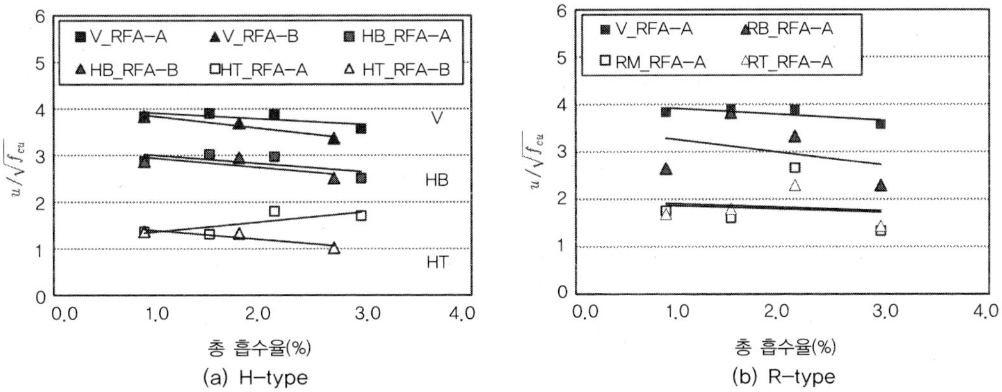

[그림 4.55] 수평철근 부착강도 비교[4.41]

순환골재 콘크리트와 철근 간 부착강도에 대한 동결융해 영향(300사이클)을 분석한 결과 [그림 4.56]과 같이 상대적으로 높은 공기량을 갖는 순환골재 콘크리트의 경우 동결융해 영향이 미미한 것으로 나타났다. 또한, 재령별 부착강도를 비교한 결과 [그림 4.56]에 나타난 바와 같이 재령 2년 경과 후 부착강도는 약 20% 증가하였으나 부착강도를 콘크리트 압축강도로 무차원화한 경우에는 28일 재령에 비해 오히려 감소하는 것으로 나타났다.

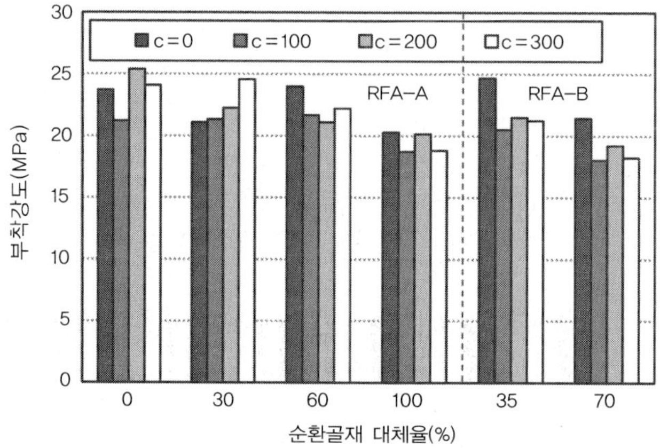

[그림 4.56] 동결융해 사이클별 부착강도 비교[4.41)]

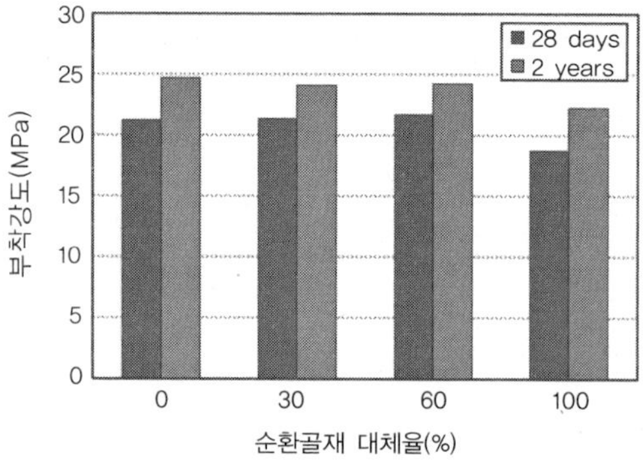

(a) 부착강도

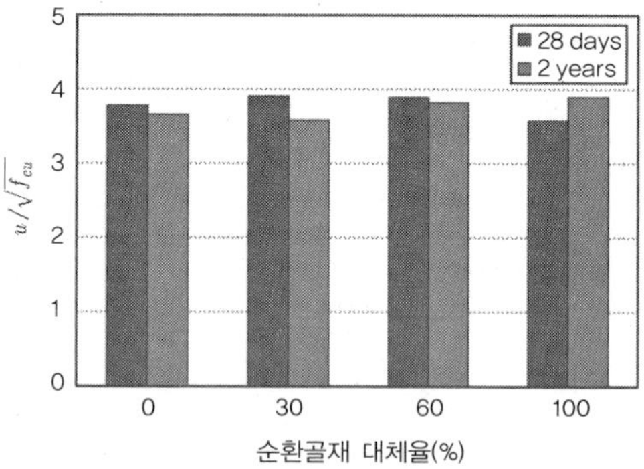

(b) 무차원화 부착강도

[그림 4.57] 재령별 부착강도 비교[4.41)]

4.5.5 부착 내력 산정식 비교 및 순환골재 특성 영향 평가

김용재 등(2012)은 MacGregor(1997)의 부착강도식인 [식 4.8]을 기본으로 하여 부착강도 실험 결과 값을 이용한 [식 4.9]와 같은 부착강도 산정식을 제안하였다.[4.39)]

$$\tau_{\max} = \alpha \cdot \sqrt{f_{ck}} \left[\frac{c}{d_b} - \beta \right] + \lambda \qquad \text{[식 4.8]}$$

$$\tau_{r\max} = 0.614 \sqrt{f_{ckr}} \left[\frac{c_c}{d_b} - 0.55 \right] - (0.4203 e^{0.0172S} + 0.007G) \qquad \text{[식 4.9]}$$

여기서, $\tau_{r\max}$는 순환골재 콘크리트의 최대부착강도, f_{ckr}은 순환골재 콘크리트 압축강도, C_c는 콘크리트 표면부터 이형철근 중심까지 거리, d_b는 이형철근의 직경, S는 순환 잔골재 치환율, G는 순환 굵은골재 치환율이다.

제안된 [식 4.9]에 의한 부착강도값을 실험값 및 MacGregor(1997)가 제안한 부착강도에 관한 [식 4.8]과 비교한 결과 [그림 4.58]와 같이 실험값과의 오차를 최대 2% 이내로 잘 예측하여 제안식의 적용 가능성이 높은 것으로 보고하였다.

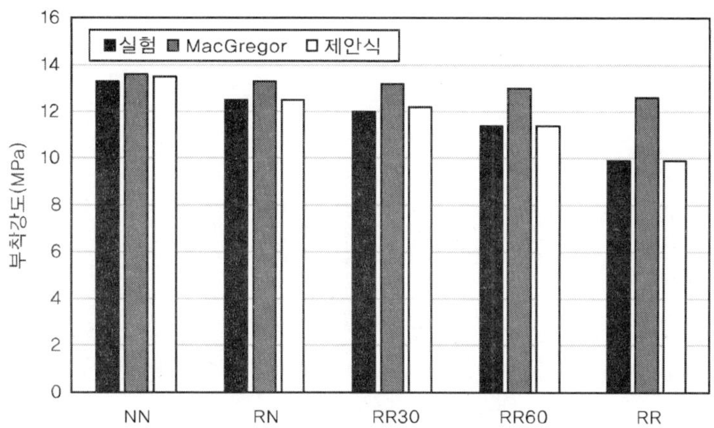

[그림 4.58] 부착강도 제안식과 실험값 비교[4.39)]

김선우 등(2015)은 순환골재 콘크리트의 부착강도에 미치는 영향에 대해 분석함으로써 [그림 4.59]에 나타난 바와 같이 배합에 사용된 골재의 평균 흡수율과 평균 절건밀도 간 관계를 분석하였다.[4.42)]

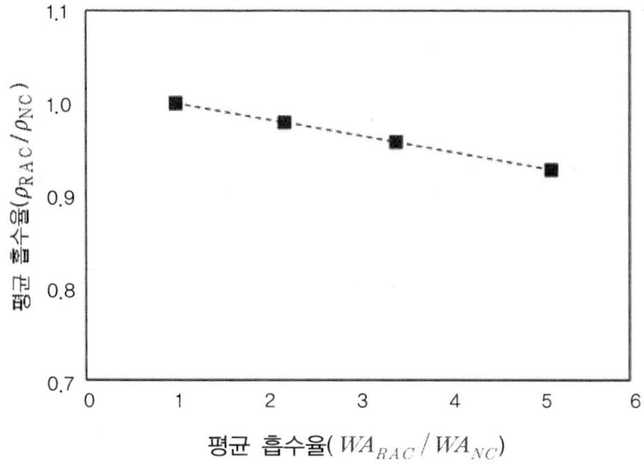

[그림 4.59] 골재의 평균 흡수율과 평균 절건밀도 비교

현행 부착강도 산정식을 근거로 순환 굵은골재가 부착강도에 미치는 영향에 대해 기존 연구결과를 포함하여 분석함으로써 제안식을 도출하였다. 제안된 식은 동일한 배합의 보통콘크리트에 비해 저감되는 부착강도비를 예측하는 것으로 다음 [식 4.10]과 같다.

$$r = 1.039 \times \left[0.925 \times \frac{\rho_{AVE}}{\rho_{NC}}\right]^{\left[\frac{4}{(0.04F_c)^3}\right]} \quad \begin{array}{l}(F_c = 30,\ \text{if } f'_c \le 30) \\ (F_c = f'_c,\ \text{other case})\end{array} \qquad \text{[식 4.10]}$$

여기서, ρ_{nc}는 보통콘크리트에 사용된 골재의 평균 절건밀도, ρ_{ave}는 순환골재 콘크리트에 사용된 골재의 평균 절건밀도, f'_c는 콘크리트 압축강도(MPa)이다.

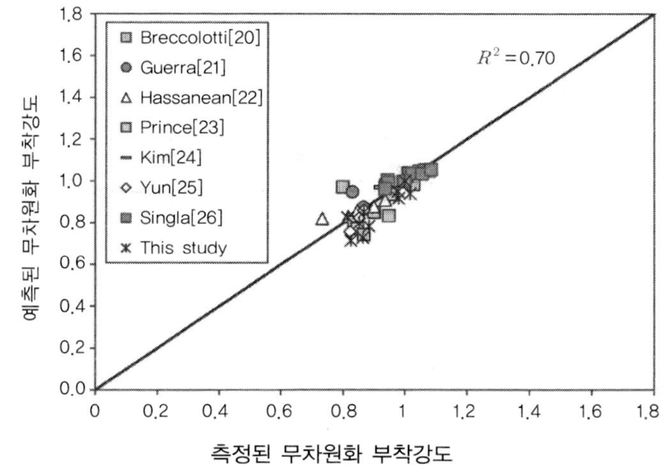

[그림 4.60] 부착강도비 제안식 및 기존 연구 결과 비교[4.42)]

제안된 부착강도 저감비 식은 [그림 4.60]과 같이 기존 연구결과 및 실험값을 잘 예측하는 것으로 나타나

추후 순환골재 콘크리트를 배합설계할 때 보통강도 콘크리트의 부착강도를 기반으로 한 순환골재 콘크리트의 부착강도를 예측할 수 있는 것으로 나타났다.

4.6 결론

순환골재 콘크리트를 적용한 구조부재의 거동특성에 관한 연구결과를 분석한 결과 다음과 같은 결론을 도출하였다.

1) 순환골재를 적용한 철근콘크리트 보 부재의 휨 성능은 골재의 차이와 콘크리트의 압축강도 및 치환율에 관계없이 유사한 성능을 나타냈으며, 콘크리트구조기준을 이용한 해석 결과는 실험 결과를 0.96~1.73로 비교적 안전측으로 예측하는 경향을 나타냈다. 그러나 치환율이 높을수록 부착 성능의 감소에 따른 파괴될 때 급격한 내력 저하 및 연성 확보를 위해 인장철근비에 대한 고려가 필요하다고 판단된다.

2) 순환골재를 사용한 철근콘크리트 보의 전단실험을 수행한 기존 연구를 종합하여 전단강도를 평가한 결과 콘크리트 압축강도 및 인장철근비에 따른 전단강도의 변화는 크지 않음을 확인하였다. 전단강도는 기존 천연골재의 연구결과와 유사하게 전단경간비가 증가할수록 저하하는 경향을 보임을 확인하였다. 따라서 전단경간비에 대한 영향을 고려한 연구가 이루어져야 할 것으로 판단된다. 순환골재를 사용한 철근콘크리트 보는 순환골재 치환율에 따라 천연골재를 사용한 보와 비교하여 균열 및 처짐이 증가하여 전단내력이 감소하므로 이에 대한 연구가 필요할 것으로 판단된다.

3) 순환 굵은골재 콘크리트를 사용한 기둥 부재의 구조적 특성은 천연골재 콘크리트를 사용한 기둥 부재의 압축 거동 특성과 큰 차이를 보이지 않는 것으로 보고되고 있다. 다만, 순환골재 60% 이상 치환된 부재의 경우 성능저하 및 최대강도 이후 취성적 파괴 양상이 나타난다. 그러므로 현재 국내 순환골재 콘크리트의 구조적인 적용을 위하여 규정하고 있는 순환골재의 치환율 30%는 압축부재의 파괴 양상 및 구조적

거동 특성에 영향을 끼치지 않는 것으로 판단되며 기존 ACI 318 및 국내 KCI 기준식은 적용이 가능한 것으로 판단된다.

4) 국내 및 국외의 순환 굵은골재 콘크리트를 사용한 보-기둥 접합부 및 골조의 구조적인 특성은 천연골재 콘크리트를 사용한 보-기둥 접합부 및 골조의 거동 특성과 큰 차이를 보이지 않는 것으로 보고되고 있다. 현재 국내 순환골재 콘크리트의 구조적인 적용을 위하여 규정하고 있는 순환골재의 치환율 30%는 보-기둥 접합부의 파괴 양상 및 구조적 거동 특성에 영향을 끼치지 않는 것으로 판단된다.

5) 순환골재 콘크리트와 철근 간 부착강도에 관한 국내 연구결과를 분석한 결과 일반적으로 순환골재 치환율이 증가함에 따른 압축강도 저하에 기인하여 부착강도가 저하되는 특성을 보였다. 특히 순환골재 치환율이 60%를 초과하는 경우 강도저하가 큰 것으로 나타났다. 그러나 재령이 경과함에 따라 순환골재 치환율에 의한 영향은 다소 감소하는 것으로 나타났으며, 상대적으로 높은 공기량을 보이는 순환골재 콘크리트의 특성으로 인해 동결융해의 영향은 적은 것으로 나타났다. 부착강도에 대한 실험을 근거로 구조적 적용이 가능하도록 다양한 방법의 부착강도 산정식이 제안되었으며, 기존 연구결과를 대체로 잘 예측하는 것으로 나타났다.

제5장 국내외 표준 및 시방서

5.1 서론

이 장에서는 우리나라를 포함하여 아시아 및 유럽 주요국가의 순환골재 관련 표준과 시방서 내용을 요약하였다. 순환골재는 일반적으로 양질의 콘크리트 폐기물에서 생산한 순환골재(이하 콘크리트 순환골재)와 조적조 폐기물 등에서 생산한 순환골재(이하 조적조 순환골재)로 대별할 수 있으며, 전자는 주로 구조용 콘크리트 후자는 주로 비구조용 콘크리트에 사용된다. 순환골재의 품질은 각 국가의 표준에 의하여 제시되고, 이러한 순환골재를 사용할 수 있는 최대 강도등급 및 여러 가지 내구성 요구조건에 따른 사용은 지침 및 시방서에 의해 제한되고 있다. 현재 지름 4~5㎜ 이하인 순환잔골재는 여러 가지 기술적 요인으로 인하여 사용이 아직 제한적인데 반하여 순환 굵은골재는 천연골재 대비 20~60% 수준으로 치환하여 사용할 수 있으나 최대 치환량은 각 국가에 따라 상이하다. 순환골재를 사용할 경우 일반적인 기술적 문제는 순환골재 표면에 붙어 있는 모르타르로 인한 높은 흡수율과 낮은 밀도로 기인하며, 강도 (압축강도 및 인장강도) 및 탄성계수 등 기계적 성질에 더하여 탄산화 및 동결융해저항 등 내구성능도 부정적인 영향을 받는다. 천연골재 콘크리트에 비해 순환골재 콘크리트의 상대적으로 낮은 탄성계수 및 비교적 높은 수축, 크리프 등을 콘크리트 구조물의 설계에 반영하기 위해 다수의 지침에서는 해당 기계적 물성에 수정계수를 적용할 것을 추천하고 있다(예. RILEM, 1994).

5.2 국외 표준 및 시방서

5.2.1 RILEM TC 121-DRG

RILEM (Réunion Internationale des Laboratoires et Experts des Matériaux)은 "순환골재 콘크리트 시방서"라는 명칭으로 1994년 TC 121-DRG를 발간하였는데, 내용은 4㎜ 이상 순환 굵은골재를 사용한 콘크리트만을 다루고 있다(즉 순환 잔골재는 범위에서 제외하였다). RILEM TC 121-DRG는 순환 굵은골재를 다음과 같은 3가지로 분류하고 있다. 또한 [표 5.1]의 요구조건을 만족시키는 순환골재를 [표 5.2]와 같은 강도 범위의 콘크리트에 사용할 수 있다.[5.1)]

- Type Ⅰ: 폐벽돌 등 주로 조적조 폐기물로 이루어진 골재
- Type Ⅱ: 폐콘크리트 등 주로 콘크리트 폐기물로 이루어진 골재
- Type Ⅲ: 천연골재와 순환골재가 혼합된 골재로서 천연골재 80% 이상, Type Ⅰ 순환골재 10% 이하

[표 5.1] 콘크리트용 순환골재의 분류[5.1)]

요구조건	Type Ⅰ	Type Ⅱ	Type Ⅲ
최소 절건밀도(kg/㎥)	1,500	2,000	2,400
최대 흡수율(%)	20	10	3
표건상태(SSD) 2,200(kg/㎥) 이하 물질량(%)[a]	–	10	10
표건상태(SSD) 1,800(kg/㎥) 이하 물질량(%)	10	1	1
표건상태(SSD) 1,000(kg/㎥) 이하 물질량(%)	1	0.5	0.5
최대 이물질량(%)	5	1	1
최대 금속계 물질량(%)	1	1	1
최대 유기계 이물질량(%)	1	0.5	0.5
최대 미분량, d<0.063㎜(%)	3	2	2
최대 잔골재량, d<4㎜(%)[b]	5	5	5
최대 황산염량(%)[c]	1	1	1

a. 표면건조포수상태(SSD)
b. 만일 잔골재량이 최대 허용량을 초과하는 경우 초과분은 총 잔골재량에 포함하여 산정함
c. SO_3로 환산한 수용성 황산염량

[표 5.2] 순환골재 사용 콘크리트[5.1)]

최대 강도 등급	Type Ⅰ	Type Ⅱ	Type Ⅲ
	C16/20	C50/60	제한 없음

Type Ⅰ 순환골재는 유럽 콘크리트 표준인 EN 206(2013)에 따른 노출등급 2a, 3, 4a, 4b 등에 사용할 수 없다.[5.2)] Type Ⅱ, Ⅲ 순환골재는 노출등급에 따라 알칼리-골재 반응, 동결융해 등 추가적인 내구성능 시험이 요구된다. 특히, 노출등급 2(습윤 환경), 3(동해 및 제빙제 사용 습윤환경), 4(해수 환경)의 환경에서 순환골재를 사용하는 경우 일반 콘크리트에 비해 빠른 탄산화 속도 및 염화물 이온 침투 속도 등 철근콘크리트의 내구성 측면을 고려해야 한다. RILEM TC 121-DRG는 타 시방서와 비교할 때 순환골재의 적용범위가 넓고, 많은 양의 순환골재 사용이 가능하도록 한 것이 특징이다. 단, 순환골재 콘크리트를 사용한 콘크리트 구조물을 설계할 때 유럽의 철근콘크리트 설계기준인 Eurocode 2(prEN 1992-1-1, 2010)의 탄성계수, 크리프, 수축 등의 물성에 [표 5.3]과 같이 수정계수를 적용해야 한다.

[표 5.3] 철근콘크리트설계에서 수정계수[5.1)]

물성	Type Ⅰ	Type Ⅱ	Type Ⅲ
인장강도	1	1	1
탄성계수	0.65	0.8	1
크리프	1	1	1
수축	2	1.5	1

5.2.2 유럽 콘크리트 표준 EN 206 부록 E

유럽 콘크리트 표준 EN 206(2013) 부록 E는 공칭지름 4㎜ 이상 순환 굵은골재에 대해 [표 5.4]와 같이 구성 성분을 규정하고 있으며, 순환골재는 Type A 및 Type B 골재로 분류한다.[5.2)] Type A, Type B 골재의 밀도는 각각 2,100kg/m³ 및 1,700kg/m³ 이상이어야 한다. 순환골재의 사용량(즉 천연골재 치환량)은 [표 5.5]의 노출등급에 따라 다르고, 또한 Type B 골재의 사용은 강도등급 C30/37로 제한된다.

[표 5.4] 순환골재 구성성분[5.2)]

구성성분	순환골재 종류	
	A	B
콘크리트계	>90%	>50%
천연골재+콘크리트계	>95%	>70%
조적재	<10%	<30%
아스팔트계 재료	<1%	<5%
부유성 석질 재료	<2%	<2%
유해물질, 점성물질, 플라스틱, 고무, 철 및 비철계 금속, 부식성 물질, 유리	<1%	<2%

[표 5.5] 순환 굵은골재 최대 치환량(질량비)[5.2)]

순환골재 종류	노출등급(EN 206, 2013)			
	X0	XC1, XC2	XC3, XC4, XF1, XA1, XD1	기타 노출등급
Type A	50%	30%	30%	0%
Type B	50%	20%	0%	0%

[표 5.5a] EN 206에 따른 콘크리트의 압축강도 등급[5.2)]

압축강도 등급	실린더 강도, 최소 특성값 (MPa)	입방체 강도, 최소 특성값(MPa)
C8/10	8	10
C12/15	12	15
C16/20	16	20
C20/25	20	25
C25/30	25	30
C30/37	30	37
C35/45	35	45
C40/50	40	50
C45/55	45	55
C50/60	50	60
C55/67	55	67
C60/75	60	75
C70/85	70	85
C80/95	80	95
C90/105	90	105
C100/115	100	115

[표 5.5b] EN 206에 따른 노출등급[5.2)]

등급 지정	노출 환경
1. 부식 또는 염해의 위험이 없는 경우	
X0	철근 등 매립 금속이 없는 콘크리트 : 동결-융해, 마모 또는 화학적 염해 영향이 없는 모든 노출 조건 철근 또는 매립 금속이 없는 콘크리트 : 매우 건조한 환경
2. 탄산화로 인한 부식	
XC1	건조 또는 영구 습윤 환경
XC2	습윤 환경(거의 건조하지 않음)
XC3	보통 습윤 환경
XC4	습윤 및 건조 환경이 주기적으로 반복
3. 해수를 제외한 염화물로 인한 부식	
XD1	보통 습윤 환경
XD2	습윤 환경(거의 건조하지 않음)
XD3	습윤 및 건조 환경이 주기적으로 반복
4. 해수의 염화물로 인한 부식	
XS1	공기 중 염분에 노출되고, 해수에는 직접 접촉되지 않는 환경
XS2	영구적으로 수중에 있는 경우
XS3	조류, 비말 등 해수와 접하는 환경
5. 동결융해 (제빙제 사용 혹은 미사용 시)	
XF1	보통 수준의 수분 포화 환경(제빙제 미사용 시)
XF2	보통 수준의 수분 포화 환경(제빙제 사용 시)
XF3	높은 수준의 수분 포화 환경(제빙제 미사용 시)
XF4	높은 수준의 수분 포화 환경(제빙제 사용 시 또는 해수로 인한 포화)
6. 화학적 침식	
XA1	약한 수준의 화학적 침식 환경
XA2	보통 수준의 화학적 침식 환경
XA3	높은 수준의 화학적 침식 환경

5.2.3 프랑스 표준 EN 12620

프랑스는 EN 12620(2013)에 따른 Type 1, 2, 3 순환골재의 구성성분을 [표 5.6]과 같이 분류하고 있으며, [표 5.7]의 노출등급에 따라 순환골재의 최대 치환율을 제한한다.[5.3)] 단, 프리스트레스트 콘크리트에는 순환골재를 사용할 수 없고, Type 2 및 Type 3 순환골재를 사용하는 콘크리트의 강도 등급은 C25/30로 제한하고 있다.

[표 5.6] 순환골재 구성성분[5.4)]

구성성분	순환골재 종류		
	Type 1	Type 2	Type 3
천연골재+콘크리트계	>95%	>90%	>70%
조적재	<10%	<10%	<30%
아스팔트계 재료	<1%	<1%	<10%
부유성 석질 재료	<0.2%	<2%	<2%
유해물질, 점성물질, 플라스틱, 고무, 철 및 비철계 금속, 부식성 물질, 유리	<0.5%	<1%	<2%

[표 5.7] 천연골재 최대 치환량(질량비)[5.4)]

순환골재 종류	노출등급 (EN 206, 2013)			
	X0	XC1, XC2	XC3, XC4, XF1, XD1, XS1	기타 노출등급
Type 1	60%	30%	20%	0%
Type 2	40%	15%	0%	0%
Type 3	30%	5%	0%	0%
잔골재	30%	0%	0%	0%

5.2.4 독일 표준 DIN 4226-100

독일에서 사용하고 있는 건설폐기물로부터 생산된 순환골재 표준은 두 가지인데, DIN 4226-100(2002) "콘크리트 및 모르타르용 골재 : 순환골재"는 순환골재의 분류 및 요구조건에 관련한 표준이고, 독일철근콘크리트위원회 지침인 DAfStb(1998) "순환골재 콘크리트"는 콘크리트에 순환골재를 사용할 때 적용하는 규정이다.[5.5), 5.6)] DIN 4226-100에서 순환골재는 구성성분에 따라 [표 5.8]과 같이 4종류로 분류한다. Type Ⅰ 및 Type Ⅱ는 콘크리트 순환골재(즉 폐콘크리트로부터 생산된 순환골재)이며 천연골재와 순환골재(콘크리트 순환골재)의 합이 각각 90%, 70% 이상(중량비)이어야 한다. Type Ⅲ은 조적조 폐기물로부터 생산된 양질의 조적재(브릭 등)를 80% 이상 포함하여야 한다. 한편 Type Ⅳ는 구성성분에 대한 제한이 없다. [표 5.8]은 또한 순환골재의 밀도 및 흡수율 등 물리적 성질도 규정하고 있다. 한편 DAfStb는 2㎜ 이상 Type Ⅰ, Type Ⅱ 골재만을 구조용 콘크리트에 사용하도록 하고 있다. 일반적으로 고수밀성 콘크리트 및 높은 동결융해 저항성이 요구되는 경우를 제외하고, 순환골재의 최대 치환량(굵은골재+잔골재)은 체적비 25%, 그리고 최대 강도 등급은 C30/37까지 허용하고 있으며, 이보다 낮은 강도 등급인 경우 최대 35%까지 치환이 가능하다.

[표 5.8] 순환골재 요구조건[5.5)]

요구조건		Type Ⅰ	Type Ⅱ	Type Ⅲ	Type Ⅳ
성분	콘크리트계(%)	>90	>70	<20	<80
	클링커 및 브릭(%)	<10	<30	>80	-
	조적재(%)			<5	
	기타 재료(%)	<2	<3	<5	<20
성질	최소 벌크밀도(kg/m^3)	2,000 (±150)	1,800 (±150)	1,500 (±150)	1,500 (±150)
	최대 흡수율, 10분 후(%)	10	15	20	-
	산에 용해되는 최대 염소이온량(%)	0.04	0.04	0.04	0.15
	산에 용해되는 최대 황산염량(%)	0.8	0.8	0.8	-

5.2.5 네덜란드 표준 CUR

1984년부터 시작하여 네덜란드 CUR(Commissie voor van Uitvoering Research)은 순환골재와 관련한 일련의 지침을 제안해 왔다. 첫 번째는 파쇄 콘크리트로부터 생산된 순환골재의 사용과 관련한 CUR(1984), 두 번째는 조적조로부터 생산된 순환골재 사용에 대한 CUR(1986), 마지막으로 파쇄 모르타르의 골재 사용에 관한 CUR(1994)이다.[5.7)~5.9)] 네덜란드 시방서는 콘크리트 및 조적조 순환골재의 양에 따라 다음과 같이 2종류의 순환골재(밀도 2,000kg/m^3 기준)를 정의하고 있다. 또한 콘크리트 골재 및 조적조 골재는 [표 5.9]에 나타난 이물질 제한량을 만족시켜야 한다.

- 콘크리트 골재 : 최소 95%의 콘크리트 골재 및 최대 5%의 조적조 골재
- 조적조 골재 : 최소 65%의 조적 골재, 그리고 최대 20%, 10%, 25%의 경량콘크리트, 셀룰러 콘크리트, 모르타르로 각각 구성된 골재

[표 5.9] 콘크리트 골재 및 조적조 골재 요구조건[5.10]

요구조건 (최대량)	콘크리트 골재		조적조 골재	
	d>4mm	d<4mm	d>4mm	d<4mm
염소이온 (%)				
무근콘크리트	–	–	1	1
철근콘크리트	0.1	0.05	0.1	0.05
프리스트레스트콘크리트	0.015	0.007	0.015	0.007
황산염 (%)	1	1	1	1
비광물 (%)	0.5	1	1	1
탄산칼슘 (%)	25	10	–	–
층상 물질 (%)	30	30	30	30
경량 물질 (%)	0.1	0.1	–	
암석이 아닌 물질 (%)	1	1	1	1

네덜란드 표준에서는 굵은골재와 잔골재를 포함한 순환골재의 치환율이 20% 이하인 경우, 이를 사용하여 생산한 콘크리트를 일반 콘크리트로 간주한다. 그러므로 이 실무지침에 기술한 순환골재 관련 기술적 사항은 치환율이 20%를 초과하는 경우에 대한 것이다. 또한 콘크리트 순환골재의 경우 강도 등급 C40/50, 조적조 순환골재의 경우에는 강도 등급 C20/25까지 허용한다. 다만, 네덜란드 시방서는 순환골재의 공급자, 골재 종류, 규격, 출처, 표준에 대한 적합 여부 등을 명확히 하도록 요구하고 있다. 순환골재 콘크리트의 낮은 탄성계수 및 크리프 증가를 고려하여 콘크리트 요소의 두께(혹은 높이)를 10% 증가시키도록 하고 있다. 반복 동결융해에 의한 중량 감소는 3% 이하로 제한한다. 또한 천연골재에 비해 큰 순환골재의 흡수율에 대해 다음과 같이 고려하여야 한다 : (1) 표건상태(SSD) 골재를 배합에 미리 포함하여 골재에 흡수되는 물량을 줄일 것 혹은 (2) 골재의 흡수율을 고려하여 추가적인 물을 공급할 것.

[표 5.10] 순환골재 콘크리트의 설계 계수[5.10]

물성	콘크리트 순환골재		조적조 순환골재
	C15/20∼C20/25	C25/30∼C40/50	C15/20∼C20/25
열팽창계수($\times 10^{-6}$/℃)	13.6	13.1	14.9
직접인장강도, fctm	1	1	1
탄성계수	0.95	1.55	1.25
수축	1.35	1.55	1.25
크리프	1.45	1.25	1.15

여러 가지 콘크리트 물성에 [표 5.10]과 같은 수정계수를 이용하여 일반 콘크리트와 순환골재 콘크리트 간 기계적 성질을 조정한다.

5.2.6 영국 표준 BS 8500-2

영국 BS 8500-2(2006) 'Concrete–Complementary British Standard to BS EN 206-1–Part 2 : Specification for constituent materials and concrete'에서는 2종류의 순환 굵은 골재에 대한 일반적인 요구사항을 정의하고 있다.[5.11] RCA는 폐콘크리트로부터 생산된 콘크리트 순환골재, RA는 전적으로 조적 폐기물로 생산된 조적조 순환골재이며, [표 5.11]의 요구조건을 만족시켜야 한다. 순환 굵은골재의 최대 치환량은 20% 이며, 압축강도는 20~40MPa(C20/24~C40/50)까지 허용한다. 순환골재 콘크리트는 염소 또는 제설용 염분에 노출되는 경우에 사용할 수 없고, C16/20 저강도 콘크리트에는 천연골재를 100% 치환하여 사용할 수 있다. 또한 기초 구조물 및 포장용 콘크리트에는 사용할 수 없다.

[표 5.11] 순환골재 요구조건[5.11]

Composition	Type Ⅰ	Type Ⅱ
최대 조적재(%)	5	100
최대 미분량(%)	5	3
최대 경량물질량(플라스틱, 목재, 유리 등)(%)	0.5	1
최대 기타 물질량(%)	1	1
산에 용해되는 최대 황산염량(SO_3)	1	–

5.2.7 중국 표준

중국에는 순환골재와 관련한 다음 4가지 지침이 있다 :

– GB/T 25177(2010) "Recycled coarse aggregate for concrete"은 콘크리트용 순환 굵은골재의 분류 및 요구조건에 대한 사항을 정한다.

– GB/T 25176 (2010) "Recycled fine aggregate for concrete and mortar"은 콘크리트

및 모르타르용 순환 잔골재의 분류 및 요구조건에 대한 사항을 정한다.

– JGJ/T 240 (2011) "Technical specification for application of recycled aggregate"은 모르타르, 콘크리트, 조적조에 있어서 순환골재 사용에 대한 규칙을 담고 있다.

– GB/T 50743 (2012) "Code for recycling of construction and demolition waste"은 콘크리트, 거푸집, 브릭 및 타일 등 건설 및 해체폐기물의 재활용과 관련한 과정을 정한다.

위 지침은 콘크리트, 모르타르 및 조적조 공사에 있어서 순환 굵은골재 및 순환 잔골재를 모두 포함하는 것이지만 이 매뉴얼에서는 4.75㎜ 순환 굵은골재에 대해서만 기술하기로 한다. GB/T 25177(2010)은 Level Ⅰ, Level Ⅱ, Level Ⅲ 등 3종류의 순환 굵은골재를 정의하고 있는데, [표 5.12]에 나타낸 것과 같은 골재의 성질에 대한 요구조건을 만족시켜야 한다. GB/T 50743(2012)은 일반 콘크리트와 순환골재를 사용한 콘크리트간 관계를 정립하기 위해 여러 가지 콘크리트의 물성에 [표 5.13]~[표 5.15]에 나타낸 수정계수를 적용하고 있으며 크리프 등에 대해서는 실험을 통해 결정하여야 한다.[5.12), 5.13)]

[표 5.12] 콘크리트용 순환 굵은골재에 대한 요구조건[5.12)]

요구조건	Level Ⅰ	Level Ⅱ	Level Ⅲ
최대 미분량(질량 %)	1	2	3
최대 실트 덩어리량(질량 %)	0.5	0.7	1
길쭉하거나 플레이키한 입자 최대량(질량 %)	10	10	10
최대 유해물질량 : 황산염(질량 %)	2	2	2
최대 유해물질량 : 염소이온(질량 %)	0.06	0.06	0.06
최소 벌크 밀도(kg/㎥)	2,450	2,350	2,250
최대 흡수율(%)	3	5	8
황산나트륨 용액 침지 시 최대 질량 손실(질량 %)	5	10	15
최대 크러싱 인덱스(%)	12	20	30
최대 이물질량(질량 %)	1	1	1

[표 5.13] 콘크리트용 순환 굵은골재에 대한 수정계수[5.13)]

물성	Level Ⅰ	Level Ⅱ and Level Ⅲ
수축	1.0	30% 치환 시 1.0, 100% 치환 시 1.5, 이 사이에서는 선형보간

[표 5.14] 순환 굵은골재를 사용한 콘크리트의 탄성계수[5.13)]

강도등급	C15	C20	C25	C30	C35	C40
탄성계수($\times 10^4$MPa)	1.8	2	2.2	2.4	2.5	2.6

[표 5.15] 순환 굵은골재를 사용한 콘크리트의 열팽창계수 및 비열[5.13)]

순환 굵은골재 치환량(%)	30	50	70	100
열팽창계수(W/m · K)	1.493	1.458	1.425	1.380
비열(J/kg · K)	905.5	914.2	922.5	935.0

JGJ/T 240(2011)에 따르면 Level Ⅰ 순환 굵은골재는 모든 강도 등급 콘크리트에 사용이 가능하고, Level Ⅱ는 C40 이하, Level Ⅲ 는 C25 이하 콘크리트에만 각각 사용할 수 있으며, 동해 환경 콘크리트에는 Level Ⅲ 순환골재를 사용할 수 없다.[5.14)] 또한 프리스트레스트 콘크리트 부재에서는 순환골재를 사용할 수 없다. 설계수명이 50년 이하인 경우 순환골재를 사용한 콘크리트는 일반 콘크리트와 같이 GB 50010 및 GB/T 50476를 따르면 된다. 그러나 설계수명이 50년을 초과하는 경우 노출조건을 고려하여 표 5.16의 물성을 만족시켜야 한다. 한편 Level Ⅰ 순환골재의 천연골재 치환율은 제한이 없으나 다른 종류의 순환골재는 최대 50%까지 치환이 허용되고, Level Ⅲ 순환 굵은골재는 순환 잔골재와 동시에 사용할 수 없다.

[표 5.16] 내구성 설계에서 순환골재를 사용한 콘크리트의 요구조건[5.14)]

노출등급	최대 물결합재비	최대 강도등급	최대 염소이온량(%)	최대 알칼리양(kg/㎥)
Type Ⅰ	0.55	C25	0.2	3
Type Ⅱ[a]	0.50(0.55)	C30(C25)	0.15	3
Type Ⅱ[b]	0.45(0.50)	C35(C30)	0.15	3
Type Ⅲ[a]	0.4	C40	0.1	3

a. 염소이온량은 결합재에 포함된 염소이온량(%)임
b. 물결합재비 및 강도 등급 제한은 무근콘크리트에는 해당하지 않음
c. 동해에 노출되는 콘크리트는 공기연행제를 사용하여야 하고, 괄호 안의 숫자를 적용함
d. 노출 등급 : Type Ⅰ-동결융해 및 염해에 노출되지 않는 보통 조건, Type Ⅱ-동결융해 조건 (a. 약한 수준, b. 보통 수준), Type Ⅲ 약한 염해 환경.

5.2.8 일본 표준

일본에서는 1977년 처음으로 순환골재 및 순환골재 콘크리트에 대한 표준(안)을 제시하였는데, 이 표준(안)에서는 순환 굵은골재의 절건밀도 및 흡수율을 각각 2,200kg/m³ 이상 및 7% 이하, 순환 잔골재의 절건밀도 및 흡수율을 각각 2,000kg/m³ 및 13% 이하로 하였다. 2002년 일본콘크리트학회(JCI) 순환골재표준화위원회를 설립하였고, [표 5.17]과 같이 흡수율 및 절건밀도에 따라 고품질, 중품질, 저품질 등 3종류의 순환골재를 정의하고 있다. 이중에서 고품질 순환골재(RA-H)는 콘크리트용으로 사용하는데, 천연골재와 동일하게 사용할 수 있으며, 중간 품질 및 저품질 순환골재는 [표 5.17]과 같이 사용하도록 규정하고 있다.[5.16)~5.18)]

－JIS A 5021(2011) : Recycled aggregate for concrete - Class H(RA-H)

－JIS A 5022(2012) : Recycled concrete using recycled aggregate class M. Appendix A. Recycled aggregate for concrete - Class M(RA-M)

－JIS A 5023(2012) : Recycled concrete using recycled aggregate class L. Appendix A. Recycled aggregate for concrete - Class L(RA-L)

[표 5.17] 일본 콘크리트용 순환골재의 요구조건

요구조건	RA-H		RA-M		RA-L	
	굵은골재	잔골재	굵은골재	잔골재	굵은골재	잔골재
절건밀도(kg/m³)	2,500	2,500	2,300	2,200	–	–
흡수율(%)	3	3.5	5	7	7	13
미립분량(%)	1	7	2	8	3	10
콘크리트 적용 범위	특별한 제한 조건 없이 사용 가능		표준품(18~36MPa)[a] 내동해품(27~36MPa)[b]		표준품(18~24MPa)[c] 염분규제품(18~24MPa)[d] 사양발주품(18~24MPa)[e]	

a. 순환골재 콘크리트 M 표준품은 동결융해저항성 및 건조수축에 관한 성능을 특별히 규정하지 않는 콘크리트 M을 말하며, 건조수축 및 동결융해의 영향을 받기 어려운 부재 및 부위에 사용할 수 있다.
b. 내동해품은 표준품에 비하여 동결융해저항성을 갖는 콘크리트를 말하며, 건조수축의 영향을 받기 어려운 부재에서, 동결융해작용의 영향을 받는 부재 및 부위에 사용할 수 있다.
c. 순환골재 콘크리트 L 표준품은 채움 콘크리트, 버림 콘크리트 등의 높은 강도·내구성을 요구하지 않는 부재 또는 부위에 사용할 수 있다.
d. 염분규제품은 L 표준품의 품질에 더하여 굳지 않은 콘크리트 중의 염화물 함유량을 염화물 이온(Cl^-) 양으로 0.3kg/m³ 이하로 규제한 것이다.
e. 사양발주품은 구입자가 순환골재 L을 제외하고 재료 및 배합을 지정하여 발주하는 순환골재 콘크리트 L을 말한다.

5.3 국내 순환골재 관련 표준

5.3.1 콘크리트용 순환골재(KS F 2573)

콘크리트용 순환골재는 천연골재의 부족과 골재 생산에 따른 환경 파괴 등을 방지하기 위해 1999년 '콘크리트용 재생 골재'(KS F 2573)로 처음 제정되었다.[5.19] 주요 품질기준으로는 흡수율, 비중, 마모 감량, 입자 모양 판정실적률, 0.08㎜체 통과량 및 입도를 규정하였다.

주요내용은 모든 재생 골재의 비중은 2.2 이상, 흡수율에 따라 재생 굵은골재 1종, 2종, 3종, 재생잔골재 1종, 2종으로 구분하였다. 재생 굵은골재 1종은 흡수율 3% 이하, 2종은 5% 이하, 3종은 7% 이하, 그리고 재생 잔골재 1종은 흡수율 5% 이하, 2종은 10% 이하로 규정하였다.

이러한 재생 골재로 만든 콘크리트의 적용 분야는 재생 골재의 품질에 따라 다음과 같이 설계기준강도, 용도 등을 규정하였다. 당시 적용 분야를 이렇게 규정한 이유는 대량으로 단위수량을 증가시키지 않고서 재생 골재를 사용할 수 있는 범위를 고려하고, 동시에 구조물의 강도와 내구성에 문제를 발생시키지 않으며 경제성 등을 고려하여 골재의 조합과 용도를 제시한 것이었다. 당시 표준의 해설서 내용을 참고하면, 재생 굵은골재 1종은 천연골재와 비교해서도 문제가 없는 품질이며, 이 골재로 만든 1급 재생 콘크리트의 경우도 높은 압축강도 및 내구성을 보이지만, 고강도 콘크리트에 대해서는 시공 실적이 적기 때문에 210kgf/㎠까지를 강도의 상한으로 규정되었다. 재생 굵은골재 2종과 재생잔골재 1종은 충분한 동결융해에 대한 내구성을 가지고 있다고 생각되지만, 강도를 높이기 위해서는 단위시멘트량, 단위수량이 크게 되는 경향이 있으므로 비교적 저강도의 콘크리트 구조물에 사용하는 것을 표준으로 하였으며, 재생 굵은골재 3종과 재생 잔골재 2종은 동결융해에 대한 내구성이 충분하지 않으므로 동해를 받지 않는 구조물 등에 사용하는 것을 표준으로 하였다.

[표 5.18] 재생 골재로 만든 콘크리트의 적용 분야 (KS F 2573 : 1999)

재생 콘크리트 종류	설계기준 강도 (kgf/㎠)	사용 재생 골재의 종류		이용 용도
		재생 굵은골재	재생 잔골재	
1급	210 이하 180 초과	1종	천연골재	교량 하부공, 옹벽, 터널 라이닝공
2급	180 이하 150 초과	2종	천연골재 또는 1종	콘크리트 블록, 도로 구조물 기초, 측구, 집수받이 기초, 중력식 옹벽, 종력식 교대
3급	150 이하	3종	2종	막콘크리트, 강도가 요구되지 않는 채움재 콘크리트, 건축물의 비구조체 콘크리트

2006년 순환골재 KS는 2005년에 제정된 국토해양부 '순환골재 품질기준'과 부합하도록 전반적인 골재 품질 규정의 강화를 개정의 주요 골자로 하였다. 기존의 재생 골재 용어를 순환골재로 바꾸었으며, 가장 중요한 품질기준으로서 기존에 등급화되어 있던 순환골재를 단일등급화하여 천연골재와 유사한 품질 수준으로 품질을 강화시켜 순환 굵은골재는 절대 건조밀도 2.5g/㎤ 이상, 흡수율 3.0% 이하, 순환 잔골재는 절대 건조밀도 2.2g/㎤ 이상, 흡수율 5.0% 이하로 하였다. 또한, 순환골재의 경우 건설폐기물의 처리 과정에서 비닐, 목재와 유기 이물질, 타일, 적벽돌, 유리 등의 무기 이물질이 혼합될 가능성이 매우 높기 때문에 이물질 함량 규정을 추가하여 유기이물질은 용적비 1% 이하, 무기 이물질은 질량비 1% 이하로 하였다. 마지막으로 순환골재의 안정성에 대한 기준을 순환 굵은골재는 12% 이하, 순환 잔골재는 10% 이하로 새로이 규정하였다.

순환골재로 만든 콘크리트의 적용 분야는 순환골재의 품질을 단일 등급으로 하면서 설계기준강도, 사용골재의 종류 및 용도를 규정하였다. 2006년 개정 당시 순환골재를 사용한 콘크리트도 설계기준강도 30MPa 이상의 강도발현이 가능한 것으로 기존 연구에서도 보고되고 있다. 그러나 아직까지는 국내에서 순환골재를 사용한 콘크리트의 적용 사례가 많지 않고 장기적인 내구성 등의 기술적 확인이 조금 더 요구되므로 이 표준에서는 최대 설계기준강도를 27MPa 이하로 하였다. 이와 같은 개정을 거친 KS F 2573(콘크리트용 순환골재)은 다음과 같이 골재의 물리적 성질, 입도, 시험 방법, 순환골재로 만든 콘크리트의 적용 분야에 대해 규정하고 있다.

1) 물리적 성질

콘크리트 및 콘크리트 제품의 순환 굵은골재와 순환 잔골재의 물리적 성질은 [표 5.19]에 적합하여야 한다.

[표 5.19] 순환골재의 물리적 성질[5.19]

<table>
<tr><th colspan="3" rowspan="2">항목</th><th colspan="2">종별</th><th rowspan="2">시험 방법</th></tr>
<tr><th>순환 굵은골재</th><th>순환 잔골재</th></tr>
<tr><td colspan="2">절대 건조 밀도</td><td>g/㎤</td><td>2.5 이상</td><td>2.2 이상</td><td rowspan="2">KS F 2503
KS F 2504</td></tr>
<tr><td colspan="2">흡수율</td><td>%</td><td>3.0 이하</td><td>5.0 이하</td></tr>
<tr><td colspan="2">마모감량</td><td>%</td><td>40 이하</td><td>–</td><td>KS F 2508</td></tr>
<tr><td colspan="2">입자 모양 판정 실적률</td><td>%</td><td>55 이상</td><td>53 이상</td><td>KS F 2527</td></tr>
<tr><td colspan="2">0.08㎜ 체 통과량
시험에서 손실된 양</td><td>%</td><td>1.0 이하</td><td>7.0 이하</td><td>KS F 2511</td></tr>
<tr><td colspan="3">알칼리 골재 반응</td><td colspan="2">무해할 것</td><td>KS F 2545</td></tr>
<tr><td colspan="2">점토 덩어리량</td><td>%</td><td>0.2 이하</td><td>1.0 이하</td><td>KS F 2512</td></tr>
<tr><td colspan="2">안정성</td><td>%</td><td>12 이하</td><td>10 이하</td><td>KS F 2507</td></tr>
<tr><td rowspan="2">이물질a 함유량</td><td>유기 이물질</td><td>%</td><td colspan="2">1.0 이하 (용적)</td><td rowspan="2">KS F 2576</td></tr>
<tr><td>무기 이물질</td><td>%</td><td colspan="2">1.0 이하 (질량)</td></tr>
</table>

a. 이물질이란 콘크리트에 포함될 경우 품질에 유해한 영향을 주는 물질로서 유기 이물질과 무기 이물질로 유기 이물질과 무기 이물질로 구분하며, 목재, 비닐, 천조각, 플라스틱, 종이류 등의 유기 이물질과 폐아스콘, 유리, 슬레이트, 적벽돌, 자기류, 타일류 등의 무기 이물질이 해당된다.

2) 입도

콘크리트용 순환골재의 입도는 다음[표 5.20]의 범위를 표준으로 한다. 순환 잔골재는 [표 5.20]의 연속된 두 체 사이의 잔류량 차이가 45% 이상이 되어서는 안 된다. 또한, 순환골재의 조립률이 콘크리트 배합을 정할 때의 조립률에 비하여 ±0.20 이상의 변화를 나타냈을 때는 조립률을 만족시키도록 변경하여 사용해야 한다. 콘크리트 제품용 순환골재의 입도는 각각의 입도 기준에 따른다.

[표 5.20] 순환골재의 입도[5.19)]

골재의 종류	체의 호칭 치수[a](mm) / 체의 크기(mm)	체를 통과하는 질량 백분율 (%)										
		40	25	20	15	10	5	2.5	1.2	0.6	0.3	0.15
순환 굵은 골재	25	100	95~100		25~60		0~10	0~5				
	20		100	90~100		20~55	0~10	0~5				
순환 잔골재						100	90~100	80~100	50~90	25~65	10~35	2~15

a. 여기에서 체는 각각 KS A 5101-1에 규정한 시험용 체 37.5mm, 26.5mm, 19mm, 16mm, 9.5mm, 4.75mm, 2.36mm, 1.18mm, 600μm, 300μm 및 150μm에 해당된다.

3) 순환골재 콘크리트의 적용 분야

순환골재로 만든 콘크리트 및 콘크리트 제품의 적용 분야는 [표 5.21]을 표준으로 한다.

[표 5.21] 순환골재로 만든 콘크리트의 적용[5.19)]

설계기준 강도 (MPa)	사용 순환골재의 종류		이용 용도[a]
	굵은골재	잔골재	
21 이상 27 이하	천연 굵은골재 및 순환 굵은골재[b]	천연잔골재	기둥, 보, 슬래브, 내력벽, 교량 하부공, 옹벽, 터널 라이닝공 등
21 미만	천연 굵은골재 및 순환 굵은골재[b]	천연잔골재 및 순환 잔골재[b]	콘크리트 블록, 도로 구조물 기초, 측구, 집수받이 기초, 중력식 옹벽, 중력식 교대, 버림 콘크리트, 강도가 요구되지 않는 채움재 콘크리트, 건축물의 비구조체 콘크리트 등

a. 순환골재로 만든 콘크리트의 용도에서 도로용으로 사용되는 빈 배합 콘크리트는 적용하지 않으며, 여기에서 제시한 용도 이외의 콘크리트 제품 등에 적용하는 경우는 관련 표준 또는 당해 공사의 설계도에 따르되 해당 분야의 책임 기술자 등의 확인을 받아야 한다.

b. 순환골재는 한국산업표준에서 정한 콘크리트 제품 등에 사용할 수 있다. 다만, 사용되는 순환골재의 품질은 각각의 제품 생산에 지장이 없어야 하며, 제품의 품질에 적합하여야 한다.

5.3.2 콘크리트용 골재(KS F 2527)

2016년에 현행 10종 골재 관련 표준이 전체적인 위계, 골재별 입도 및 품질 규정이 KS 간에 상이하고, 개정 시기도 KS별로 다르게 되어 일관성 없는 문제점이 대두되어

KS를 콘크리트용 골재(KS F 2527) 하나의 표준으로 위계, 서술형식, 용어, 품질항목 규정을 주로 통합 정비하였다.[5,20] 대상 표준은 KS F 2526(콘크리트용 골재), KS F 2527(콘크리트용 부순 골재), KS F 2534(구조용 경량 골재), KS F 2543(콘크리트용 동 슬래그 골재), KS F 2544(콘크리트용 고로슬래그 골재), KS F 2568(콘크리트용 용융슬래그 골재), KS F 2573(콘크리트용 순환골재), KS F 2583(콘크리트용 연 슬래그 골재), KS F 2790(콘크리트용 페로니켈 슬래그 골재), KS F 4571(콘크리트용 전기로 산화슬래그 골재)의 10종이었으며, 표준별로 산재되어 있는 골재의 품질항목에 대한 세부 기준값에 관한 사항은 그 기술적 근거와 검증이 요구되기 때문에 기존의 값을 변경 없이 그대로 적용하였다. 2016년 골재 표준 통합정비에는 콘크리트용 순환골재(KS F 2573)도 포함되어 있으며, 순환골재에 대한 밀도, 흡수율 등의 물리적 성질 및 유해물질 함유량에 대한 허용값은 기존 KS F 2573의 품질기준을 그대로 사용하였으나, 순환골재 콘크리트의 적용 분야에 대한 내용이 본문에서 삭제되었다. 콘크리트용 골재(KS F 2527)의 주요 내용은 다음과 같다.

1) 적용 범위

이 표준은 콘크리트용 천연, 부순, 고로슬래그, 전기로 산화 슬래그, 동 슬래그, 연 슬래그, 페로니켈 슬래그, 용융슬래그, 순환, 경량골재의 굵은골재 및 잔골재에 대하여 규정한다.

2) 종류

골재의 종류는 발생원에 따라 표 5.22에 따라 분류하고, 고로슬래그 굵은골재, 전기로 산화 슬래그 굵은골재 및 잔골재의 경우 품질 수준에 따라 N(보통 품질 : Normal Quality), H(고품질 : High Quality)로 분류하고, 입자 크기의 범위에 따라 분류한다. 알칼리 골재 반응에 따라서도 A(알칼리 골재 반응 시험 결과 무해한 것)와 B(알칼리 골재 반응 시험 결과 무해한 것으로 판정되지 않은 것 또는 이 시험을 하지 않은 것)로 분류하며, 천연골재, 고로 슬래그 골재, 연 슬래그 골재, 구조용 경량골재는 제외한다.

[표 5.22] 발생원에 따른 분류[5.20]

종류			기호	내 용
천연골재	굵은골재		NG	하천, 산림, 공유수면이나 그 밖의 지상, 지하 등에 부존하는 자연상태의 모래 또는 자갈을 파쇄, 입도선별, 세척 등을 통해 생산하는 골재
	잔골재		NS	
부순골재	굵은골재		CG	천연상태의 암석 또는 공사현장 등에서 발생하는 암석, 모래, 자갈을 파쇄, 입도선별, 세척 등을 통해 생산하는 골재
	잔골재		CS	
고로슬래그 골재	굵은 골재	N	BFG	용광로에서 선철과 동시에 생성되는 용융 슬래그를 공기 중에서 서서히 냉각시켜 입도 조정한 것
		H		
	잔골재		BFS	용광로에서 선철과 동시에 생성되는 용융 슬래그를 물 또는 공기로 급격히 냉각시켜 입도 조정한 것
전기로 산화슬래그 골재	굵은 골재	N	EFG	전기로에서 용강과 동시에 생성되는 용융 산화 슬래그를 공기 중에서 서서히 냉각시킨 후 철분을 제거하여 입도 조정한 것
		H		
	잔골재	N	EFS	전기로에서 용강과 동시에 생성되는 용융 산화 슬래그를 물 또는 공기로 급격히 냉각시키거나 공기 중에서 서서히 냉각시킨 후 철분을 제거하여 입도 조정한 것
		H		
동 슬래그 골재	잔골재		CUB	로에서 동과 동시에 생성하는 용융 슬래그를 물 또는 공기로 급격히 냉각시키거나 공기 중에서 서서히 냉각시켜 입도 조정한 것
연 슬래그 골재	잔골재		LS	연광석을 제련로에서 연속으로 용융, 환원할 때 생성되는 용융 슬래그를 물 또는 공기로 급격히 냉각(I 형)시키거나 공기 중에서 서서히 냉각(II 형)시켜 입도 조정한 것
페로니켈 슬래그 골재	잔골재		FNS	로에서 페로니켈과 동시에 생성되는 용융 슬래그를 물 또는 공기로 급격히 냉각시키거나 공기 중에서 서서히 냉각시켜 입도 조정한 것
용융슬래그 골재	굵은골재		MG	일반폐기물 및 하수 슬러지의 용융 고화 시설에서 제조된 용융물을 냉각 고화시켜 입도 조정한 것
	잔골재		MS	
순환골재	굵은골재		RG	기존 콘크리트 구조물의 철거로 인해 발생되는 폐콘크리트 등과 같이 이미 경화된 콘크리트를 파쇄하여 가공한 골재
	잔골재		RS	
구조용 경량골재	인공 경량골재	굵은 골재	ALG	고로슬래그, 점토, 규조토암, 석탄회, 점판암과 같은 것을 팽창, 소성·소괴하여 생산되는 골재
		잔골재	ALS	
	천연 경량골재	굵은 골재	NLG	경석, 화산암, 응회암과 같은 천연재료를 가공한 골재
		잔골재	NLS	
	바텀애시 경량골재	잔골재	BLS	화력발전소에서 부산되는 바텀애시를 가공한 골재

3) 품질

골재는 깨끗하고 강하며 내구적이고, 알맞은 입도를 가지며, 흙, 얇은 석편, 가는 석편, 유기 불순물, 염화물 등은 유해량 이상을 함유해서는 안 된다. 굵은골재, 잔골재의 물리적 성질은 [표 5.23]에 적합해야 한다. 안전성의 손실량이 [표 5.23]의 허용값을 넘는 골재라도 동일한 골재원에서 채취한 골재로 만든 콘크리트가 동결융해 시험결과 만족한 결과를 얻었거나 또는 동일한 골재원이 없을 경우 만족한 결과를 입증할 수 있는 실례가 있을 경우에는 사용해도 좋다. 굵은골재 잔골재의 화학성분은 [표 5.24]에 적합하여야 한다. 골재의 유해물질 함유량의 허용값은 [표 5.25]와 같다.

[표 5.23] 골재의 물리적 성질[5.20)]

종류			기호	절건 밀도 (g/㎤)	흡수율 (%)	안정성 (%)	마모율 (%)	입형판정 실적률 (%)	단위용적 질량 (kg/L)	팽창성 (%)[1)]	수중 침지 시험	자외선 (360.0㎚) 조사시험
천연골재	굵은골재		NG	2.5 이상	3.0 이하	12 이하	40 이하					
	잔골재		NS	2.5 이상	3.0 이하	10 이하						
부순골재	굵은골재		CG	2.5 이상	3.0 이하	12 이하	40 이하	55 이상				
	잔골재		CS	2.5 이상	3.0 이하	10 이하		53 이상				
고로 슬래그 골재	굵은 골재	N	BFG	2.2 이상	6.0 이하				1.25 이상		균열, 분해, 진흙화, 분화 등의 현상이 없어야 한다.	발광하지 않거나 또는 균일한 자주색으로 빛나고 있어야 한다.
		H		2.4 이상	4.0 이하				1.35 이상			
	잔골재		BFS	2.5 이상	3.5 이하				1.45 이상			
전기로 산화 슬래그 골재	굵은 골재	N	EFG	3.1 이상 4.0 미만	2.0 이하				1.60 이상			
		H		4.0 이상 4.5 미만	2.0 이하				2.00 이상			
	잔골재	N	EFS	3.1 이상 4.0 미만	2.0 이하				1.80 이상			
		H		4.0 이상 4.5 미만	2.0 이하				2.20 이상			
동 슬래그 골재	잔골재		CUB	3.2 이상	2.0 이하				1.80 이상			
연 슬래그 골재	잔골재		LS	3.2 이상	2.0 이하				1.70 이상			
페로니켈 슬래그 골재	잔골재		FNS	2.7 이상	3.0 이하				1.50 이상			
용융 슬래그 골재	굵은골재		MG	2.5 이상	3.0 이하	12 이하		55 이상		2 이하		
	잔골재		MS	2.5 이상	3.0 이하	10 이하		53 이상		2 이하		

종류			기호	절건 밀도 (g/㎤)	흡수율 (%)	안정성 (%)	마모율 (%)	입형판정 실적률 (%)	단위용적 질량 (kg/L)		팽창성 (%)[1)]	수중 침지 시험	자외선 (360.0㎚) 조사시험
순환골재	굵은골재		RG	2.5 이상	3.0 이하	12 이하	40 이하	55 이상					
	잔골재		RS	2.2 이상	5.0 이하	10 이하		53 이상					
구조용 경량골재	인공 경량 골재	굵은 골재	ALG						0.88 이하	1.04 이하[2)]			
		잔골재	ALS						1.12 이하				
	천연 경량 골재	굵은 골재	NLG						0.88 이하				
		잔골재	NLS						1.12 이하				
	바텀애시 경량골재		BLS			10 이하			1.20 이하				

1) 부속서 C(모르타르 팽창률)에 따른다.

2) 굵은골재 잔골재를 혼합한 단위용적질량

[표 5.24] 골재의 화학성분[5.20)]

(단위 : %)

종류			기호	산화칼슘 (CaO)	산화 마그네슘 (MgO)	황 (S)	삼산화황 (SO_3)	산화철 (FeO)	금속철 (Fe)	염기도 (CaO/SiO_2)
고로 슬래그 골재	굵은 골재	N	BFG	45.0 이하		2.0 이하	0.5 이하	3.0 이하		
		H		45.0 이하		2.0 이하	0.5 이하	3.0 이하		
	잔골재		BFS	45.0 이하		2.0 이하	0.5 이하	3.0 이하		
전기로 산화 슬래그 골재	굵은 골재	N	EFG	40.0 이하	10.0 이하			50.0 이하		2.0 이하
		H		40.0 이하	10.0 이하			50.0 이하		2.0 이하
	잔골재	N	EFS	40.0 이하	10.0 이하			50.0 이하		2.0 이하
		H		40.0 이하	10.0 이하			50.0 이하		2.0 이하
동 슬래그 골재	잔골재		CUB	12.0 이하		2.0 이하	0.5 이하	70.0 이하		
연 슬래그 골재	잔골재		LS	20.0 이하		2.0 이하	0.5 이하	60.0 이하		
페로니켈 슬래그 골재	잔골재		FNS	5.0 이하	40.0 이하	0.5 이하		13.0 이하	1.0 이하	
용융 슬래그 골재	굵은골재		MG	45.0 이하		2.0 이하	0.5 이하		1.0 이하	
	잔골재		MS	45.0 이하		2.0 이하	0.5 이하		1.0 이하	
구조용 경량 골재	인공 경량골재	굵은 골재	ALG							
		잔골재	ALS							
	천연 경량골재	굵은 골재	NLG							
		잔골재	NLS							
	바텀애시 경량골재		BLS				0.8 이하			

[표 5.25] 골재의 유해물질 함유량 허용값[5.20]

(단위 : %)

종류		기호	점토 덩어리[1)]	연한 석편[1)]	0.08㎜ 체 통과량[2)]	석탄 및 갈탄	염화물 (NaCl 환산량)[3)]	강열 감량	이물질 함유량[4)]	
									유기 이물질	무기 이물질
천연골재	굵은골재	NG	0.25 이하	5.0 이하	1.0 이하 1.0 이하	0.5 이하 1.0 이하				
천연골재	잔골재	NS	1.00 이하		3.0 이하 5.0 이하	0.5 이하 1.0 이하	0.04 이하			
부순골재	굵은골재	CG			1.0 이하					
부순골재	잔골재	CS			7.0 이하					
동 슬래그 골재	잔골재	CUB					0.03 이하			
연 슬래그 골재	잔골재	LS					0.03 이하			
용융 슬래그 골재	굵은골재	MG	0.2 이하		1.0 이하		0.04 이하			
용융 슬래그 골재	잔골재	MS	1.0 이하		7.0 이하 5.0 이하		0.04 이하			
순환골재	굵은골재	RG			1.0 이하				1.0 이하 (용적)	1.0 이하 (질량)
순환골재	잔골재	RS			7.0 이하				1.0 이하 (용적)	1.0 이하 (질량)
구조용 경량 골재	인공 경량 골재 / 굵은 골재	ALG						5 이하		
구조용 경량 골재	인공 경량 골재 / 잔골재	ALS						5 이하		
구조용 경량 골재	천연 경량 골재 / 굵은 골재	NLG						5 이하		
구조용 경량 골재	천연 경량 골재 / 잔골재	NLS						5 이하		
구조용 경량 골재	바텀애시 경량골재	BLS			5.0 이하		0.025 이하	5 이하		

1) 점토 덩어리와 연한 석편의 합이 5%를 넘으면 안 된다.
2) 상부의 숫자는 콘크리트 표면이 마모를 받거나 중요한 경우이고, 하부는 그 이외의 경우
3) 무근 콘크리트에 사용할 경우에는 적용하지 않는다.
4) 이물질이란 콘크리트에 포함될 경우 품질에 유해한 영향을 주는 물질로서 유기 이물질과 무기 이물질로 구분하며, 목재, 비닐, 천조각, 플라스틱, 종이류 등의 유기 이물질과 폐아스콘, 유리, 슬레이트, 적벽돌, 자기류, 타일류 등의 무기 이물질이 해당된다.

[표 5.26] 골재의 입도[5.20)]

골재 번호	체의 호칭 치수[1)](mm) / 체의 크기(mm)	체를 통과하는 질량 백분율 (%)															
		100	90	75	65	50	40	25	20	13	10	5	2.5	1.2	0.6	0.3	0.15
1	90~40	100	90~100		25~60		0~15		0~5								
2	65~40			100	90~100	35~70	0~15		0~5								
3	50~25				100	90~100	35~70	0~15		0~5							
357	50~5				100	95~100		35~70		10~30		0~5					
4	40~20					100	90~100	20~55	0~15		0~5						
467*	40~5					100	95~100		35~70		10~30	0~5					
5	25~13						100	90~100	20~55	0~10	0~5						
57*	25~5						100	95~100		25~60		0~10	0~5				
6	20~13							100	90~100		0~10	0~5					
67*	20~5							100	90~100		20~55	0~10	0~5				
7	13~5								100	90~100	40~70	0~15	0~5				
78*	13~2.5								100	90~100	40~75	5~25	0~10	0~5			
8	10~2.5									100	85~100	10~30	0~10	0~5			
부순 잔골재	5~0.15										100	95~100	80~100	50~90	25~65	10~35	2~15
부순 잔골재 이외의 잔골재	5~0										100	95~100	80~100	50~85	25~60	10~30	2~10

* KS F 4009 표 1의 레디믹스트 종류에 따른 골재의 최대 치수임

1) 여기에서 체는 각각 KS A 5101-1에 규정한 표준 망체 106mm, 90mm, 75mm, 63mm, 53mm, 37.5mm, 26.5mm, 19mm, 13.2mm, 9.5mm, 4.75mm, 2.36mm, 1.18mm, 600μm, 300μm, 150μm에 해당한다.

5.3.3 순환골재 품질기준(국토교통부 공고 제2017-1022호)

'건설폐기물의재활용촉진에관한법률' 제35조 규정에 근거 "순환골재 품질기준"에서는 총 14개의 순환골재 활용 용도에 대하여 품질기준을 제시하고 있으며, 콘크리트용 순환골재에 대해서는 다음과 같이 규정하고 있다. 2003년 12월 국회입법으로 제정된 '건설폐기물재활용촉진에관한법률' 제35조에서는 국토교통부 장관이 순환골재의 용도별 품질기준 및 설계시공지침 등을 마련하도록 규정하고 있으며, 이 기준은 콘크리트용 순환골재의 품질기준을 규정함에 있어서 필요한 사항을 규정한 것이다. 일반적으로 폐콘크리트 등 건설폐기물 처리를 통하여 생산되는 순환골재는 천연골재에 비하여 품질이 낮아 이를 콘크리트용 골재로써 활용하였을 경우에는 천연골재를 사용한 콘크리트보다 유동성 및 강도, 내구성능이 저하되는 것이 일반적이다. 따라서 순환골재 생산자 및 이를 사용하여 콘크리트를 제조하는 자는 이 기준에서 정한 제반 규정을 숙지하여야 한다.

1) 일반 사항

- 이 기준은 폐콘크리트의 파쇄·처리에 의하여 생산되는 순환골재 중에서 콘크리트용 골재로 사용이 가능한 골재의 품질 및 관리에 필요한 사항을 규정한다.
- 이 기준에서 언급된 것 이외의 사항은 국토교통부에서 제정한 「콘크리트 표준시방서」의 제2장 일반 콘크리트 및 제3장 레디믹스트 콘크리트의 재료 규정에 따른다.

2) 콘크리트용 순환골재의 품질

- 순환골재의 생산을 위하여 투입되는 폐콘크리트는 환경에 유해한 화학물질이나 악취를 발생시키는 물질, 콘크리트 품질에 나쁜 영향을 미치는 물질을 포함하지 않아야 하며, [표 5.27]의 품질과 [표 5.28] 또는 KS F 2527(콘크리트용 골재)에서 규정하는 입도를 충족시켜야 한다.
- 순환골재의 유기 이물질 함유량은 KS F 2576(순환골재의 이물질(Deval) 시험 방법)에 따라 시험하여 골재 속에 포함된 비닐, 플라스틱, 목재, 종이 등의 함유량을 확인하고 그 결과치가 총 골재의 용적비 1.0% 이하이어야 한다.

[표 5.27] 콘크리트용 순환골재의 품질

		순환 굵은골재	순환 잔골재
절대 건조 밀도(g/㎤)		2.5 이상	2.3 이상
흡수율(%)		3.0 이하	4.0 이하
마모감량(%)		40 이하	–
입자모양판정실적률(%)		55 이상	53 이상
0.08㎜체 통과량 시험에서 손실된 양(%)		1.0 이하	7.0 이하
알칼리 골재 반응		무해할 것	
점토덩어리량(%)		0.2 이하	1.0 이하
안정성(%)		12 이하	10 이하
이물질 함유량 (%)	유기 이물질	1.0 이하 (용적기준)	
	무기 이물질	1.0 이하 (질량기준)	

– 순환골재에 혼입된 아스팔트 콘크리트, 유리, 슬레이트, 자기류, 적벽돌 등의 무기이물질 함유량은 KS F 2576(순환골재의 이물질(Deval) 시험 방법)에 따라 시험하여 무기이물질 함유량이 총 골재 질량의 1.0% 이하이어야 한다.

[표 5.28] 콘크리트용 순환골재의 입도

체의 호칭			체를 통과하는 것의 질량 백분율 (%)										
			40㎜	25㎜	20㎜	13㎜	10㎜	5㎜	2.5㎜	1.2㎜	0.6㎜	0.3㎜	0.15㎜
순환 굵은 골재	최대 치수 (㎜)	25	100	95~100		25~60		0~10	0~5				
		20		100	90~100		20~55	0~10	0~5				
순환 잔골재							100	90~100	80~100	50~90	25~65	10~35	2~15

3) 콘크리트용 순환골재의 운반 및 저장

– 순환골재는 골재의 종류별로 분류하여 입경에 따라 재료가 분리되지 않도록 운반 및 저장한다. 또한, 저장설비는 프리웨팅(Pre-wetting)이 가능하도록 살수설비를 갖추는 것이 필요하며, 바닥은 콘크리트 등으로 하고 배수를 고려하여 적당한 경사를 둔다.

- 순환골재 사용시 골재의 혼입률을 확인할 수 있는 별도의 계량 및 관리방안을 마련하여야 한다.
- 순환골재의 저장설비와 저장설비에서 배치 플랜트(Batch plant)까지의 운반설비는 골재를 균일하게 공급할 수 있는 것이어야 한다.

4) 콘크리트용 순환골재의 품질관리

- 순환골재 생산 및 사용자는 이 기준에 따라 품질을 관리해야 하며, 품질관리자를 지정하여 품질관리를 실시하여야 한다.
- 순환골재 생산업체 및 순환골재를 사용하여 콘크리트를 제조하는 자는 시료를 채취하고, 순환 굵은골재는 [표 5.29], 순환 잔골재는 [표 5.30]과 같이 시험을 각각 실시하여 [표 5.27]의 품질기준과 [표 5.28] 또는 KS F 2527(콘크리트용 골재)에서 정하는 입도에 적합한 것을 사용하여야 한다.
- 순환골재 생산자 및 순환골재 사용제품 제작자는 순환골재의 산지 및 종류, 치환율 등을 구입자에게 제시하여야 한다.

[표 5.29] 콘크리트용 순환 굵은골재의 품질관리

<table>
<tr><th colspan="2">항 목</th><th>시험 및 검사방법</th><th>시기 및 횟수</th></tr>
<tr><td colspan="2">입도</td><td>KS F 2502</td><td rowspan="7">공사 시작 전, 공사중 1회/월 이상 및 산지(순환골재 제조 전의 폐콘크리트)가 바뀐 경우</td></tr>
<tr><td colspan="2">절대 건조 밀도(g/㎤)</td><td rowspan="2">KS F 2503</td></tr>
<tr><td colspan="2">흡수율(%)</td></tr>
<tr><td colspan="2">마모감량(%)</td><td>KS F 2508</td></tr>
<tr><td colspan="2">입자모양 판정 실적률(%)</td><td>KS F 2527</td></tr>
<tr><td colspan="2">0.08㎜체 통과량 시험에서 손실된 양(%)</td><td>KS F 2511</td></tr>
<tr><td colspan="2">점토덩어리량(%)</td><td>KS F 2512</td></tr>
<tr><td colspan="2">알칼리 골재 반응</td><td>KS F 2545</td><td rowspan="2">공사 시작 전, 공사중 1회/6개월 이상 및 산지가 바뀐 경우</td></tr>
<tr><td colspan="2">안정성(%)</td><td>KS F 2507</td></tr>
<tr><td rowspan="2">이물질 함유량</td><td>유기 이물질</td><td rowspan="2">KS F 2576</td><td rowspan="2">공사 시작 전, 공사중 1회/월 이상 및 산지가 바뀐 경우</td></tr>
<tr><td>무기 이물질</td></tr>
</table>

[표 5.30] 콘크리트용 순환 잔골재의 품질관리

항 목		시험 및 검사방법	시기 및 횟수
입도		KS F 2502	공사 시작 전, 공사중 1회/월 이상 및 산지(순환골재 제조 전의 폐콘크리트) 가 바뀐 경우
절대 건조 밀도(g/㎤)		KS F 2504	
흡수율(%)			
입자모양 판정 실적률(%)		KS F 2527	
0.08㎜체 통과량 시험에서 손실된 양(%)		KS F 2511	
점토덩어리량(%)		KS F 2512	
알칼리 골재 반응		KS F 2545	공사 시작 전, 공사중 1회/6개월 이상 및 산지가 바뀐 경우
이물질 함유량	유기 이물질	KS F 2576	공사 시작 전, 공사중 1회/월 이상 및 산지가 바뀐 경우
	무기 이물질		

5) 콘크리트용 순환골재의 적용

- 순환골재를 사용할 경우에는 공사감독자의 승인을 받아야 하며, 천연골재와 혼합하여 사용하는 것을 원칙으로 한다.
- 순환골재를 계량할 경우 1회 계량 분량에 대한 계량오차는 ±4%로 한다.
- 순환골재 사용시 목표슬럼프를 ±20㎜ 이내의 관리를 권장한다.
- 순환골재를 사용함에 있어서 용도의 제한은 없으나 일반 콘크리트와 레디믹스트 콘크리트를 제외한 특수콘크리트에는 사용하지 않는다. 다만, 서중 및 한중콘크리트에는 순환골재를 적용할 수 있다.
- 순환골재를 사용한 콘크리트의 최대 설계기준강도는 27MPa 이하로 하며, 사용비율은 [표 5.31]과 같다.
- 순환골재를 사용하여 콘크리트를 제조할 때, 굵은골재만 사용할 경우 굵은골재 용적의 60% 이하, 잔골재만 사용할 경우 잔골재 용적의 30% 이하로 치환하여 사용하고, 굵은골재와 잔골재를 동시에 사용하고자 할 경우에는 사용된 총 골재 용적의 30% 이내에서 사용할 것을 권장한다.
- 사용하는 순환 굵은골재 최대치수는 20㎜ 또는 25㎜ 이하로 하되, 가능한 20㎜ 이하를 권장한다.
- 순환골재를 사용하여 제조한 콘크리트의 공기량 시험결과는 KS F 4009(레디믹스트

콘크리트)의 경량콘크리트 공기량 규정인 5.0±1.5%를 충족하도록 한다.

- 순환골재를 사용하여 콘크리트 제조 시, KS L 5201(포틀랜드 시멘트), KS L 5210(고로 슬래그 시멘트), KS L 5211(플라이애시 시멘트)에서 규정한 시멘트를 사용하거나 플라이애시(KS L 5405), 고로 슬래그 미분말(KS F 2563) 등을 혼합하여 사용할 수 있다.
- 순환골재 콘크리트 제조에 사용되는 혼화재료는 KS F 4009(레디믹스트 콘크리트)의 규정에 적합한 재료를 사용하여야 한다.

[표 5.31] 콘크리트용 순환골재 사용비율

설계기준강도 (MPa)	사용골재	
	굵은골재	잔골재
27 이하	굵은골재 용적의 60% 이하	잔골재 용적의 30% 이하
	혼합사용시 총 골재 용적의 30% 이하	

6) 콘크리트 제품 제조용 순환골재의 품질

- 콘크리트 제품 제조용에 사용되는 순환골재의 품질은 해당 제품의 한국산업표준(KS)에서 정한 품질기준에 적합한 것을 사용하도록 한다.

5.3.4 순환골재 재활용 콘크리트 제품 표준(GR)

저탄소 녹색성장 기본법 제2조, 산업기술혁신 촉진법 제15조, 자원의 절약과 재활용 촉진에 관한 법률 제33조 및 우수재활용 제품 인증요령에 따라 우수재활용제품 품질인증기준을 시행하고 있다. 우수재활용제품(GR) 품질인증기준은 국·내외 관련 규격과 법정기준(요구성능, 환경성, 법적 규제사항 등) 등을 고려하여 동등 이상의 수준으로 재활용 원료별·제품별로 제정되고 있으며 표준마다 적용범위를 구체적으로 정하고 있다. 인증대상제품 중 순환골재와 관련된 분야는 폐요업 분야로 총 49종의 제품에 대하여 인증하고 있다. 49종의 인증대상 제품 중 28종의 제품이 순환골재를 활용한 콘크리트 제품이다. GR 품질인증 대상 제품은 순환골재를 질량 기준으로 전체 골재량의 50% 이상 사용해야 하는 것으로 규정하고 있다.

[표 5.32] 순환골재 활용 콘크리트 제품 GR 표준

표준번호	표준명
GR F 4001	재활용 골재 콘크리트 벽돌
GR F 4002	재활용 골재 속빈 콘크리트 블록
GR F 4004	재활용 골재 콘크리트 호안블록
GR F 4006	재활용 골재 콘크리트 경계블록
GR F 4007	재활용 골재 보차도용 콘크리트 인터로킹 블록
GR F 4011	재활용 골재 철근 콘크리트 케이블 트로프
GR F 4012	재활용 골재 콘크리트 맨홀블록
GR F 4013	재활용 골재 철근 콘크리트 근가
GR F 4015	재활용 골재 소파 콘크리트 블록
GR F 4016	재활용 골재 보도용 콘크리트판
GR F 4017	재활용 골재 콘크리트 중앙분리대
GR F 4018	재활용 골재 보도용 맨홀 뚜껑 및 틀
GR F 4019	재활용 골재 출입차단용 지주
GR F 4021	재활용 골재 타일
GR F 4022	재활용 골재 콘크리트 인공어초
GR F 4024	재활용 골재 프리캐스트 철근 콘크리트 암거
GR F 4028	재활용 골재 도로용 측구 뚜껑
GR F 4029	재활용 골재 철근 콘크리트플룸 및 벤치플룸
GR F 4030	재활용 골재 시각장애인용 콘크리트 점자블록
GR F 4034	재활용 골재 철근 콘크리트 측구
GR F 4035	재활용 골재 콘크리트 무개 플룸
GR F 4036	재활용 골재 콘크리트 화분
GR F 4037	재활용 골재 철근 콘크리트 옹벽류
GR F 4038	재활용 골재 철근 콘크리트 옹벽 블록류
GR F 4039	재활용 골재 진동 및 전압 철근 콘크리트관

5.3.5 환경마크

환경마크제도는 「환경기술 및 환경산업 지원법」 제17조(환경표지의 인증)에 근거해 국가(환경부)가 시행하는 인증제도로서 동일용도의 다른 제품에 비하여 환경오염을 적게 일으키거나 자원을 절약할 수 있는 제품에 대하여 인증을 부여하고 있다. 인증범위는 사무용 기기·가구 및 사무용품, 주택·건설용 자재·재료 및 설비, 개인용품 및 가정용품, 가정용 기기·가구, 교통·여가·문화 관련 제품, 산업용 제품·장비, 복합

용도 및 기타, 서비스 등 「환경표지대상제품 및 인증기준」 고시 [별표 1] 및 [별표 2]에 따른 대상 제품을 대상으로 하고 있다. 순환골재와 관련된 인증대상제품은 EL245 투수 콘크리트 제품, EL745 블록·타일·판재류, EL746 골재 및 미분말 3개가 있다. 이러한 환경표지 인증에서는 다른 표준과 다르게 폐재사용률, 유효자원 재활용, 대기오염물질 배출저감, 유해성분 함량과 같은 환경 관련 기준이 포함되어 있다.

1) EL245 투수 콘크리트 제품

EL245는 하중을 크게 받지 않는 노면 포장에 사용하는 투수 콘크리트 포장재 및 투수 콘크리트 성형제품과 경사지면 및 절개지면 등에 식생을 위하여 포장·시공하는 식생 콘크리트 포장재 및 식생 콘크리트 성형 제품을 대상으로 하고 있다. '투수 콘크리트'란 콘크리트 구조체 내의 공극을 통하여 빗물을 직접 노면 아래로 침투시키거나 구조체 내에서 배수시킬 수 있는 방식의 콘크리트를 말하며, '식생 콘크리트'란 콘크리트 구조체 내의 공극을 통하여 빗물 투과와 함께 식물이 자랄 수 있도록 만든 콘크리트를 말한다. 인증기준은 환경관련기준과 품질관련기준으로 구분되어 있으며, 환경관련기준은 다음과 같다.

- 제조 과정에서 자원 소비와 관련하여 제품 중 폐재사용률은 무게비 40% 이상이어야 한다.
- 제조 과정 및 폐기 단계에서 오염물질 배출과 관련하여 제품의 구성 원료로 사용하는 혼화재, 안료에는 납 또는 카드뮴 화합물을 원료로 사용하지 않아야 한다.

품질기준은 제품에 사용되는 골재의 품질기준과 제품의 품질기준으로 구분되며, 제품에 사용되는 골재는 [표 5.33]에 적합하여야 한다. 제품의 품질기준은 [표 5.34]에 적합하여야 한다.

[표 5.33] 제품에 사용되는 골재 품질기준

항목	굵은골재	잔골재
절대 건조 밀도(g/㎤)	2.5 이상	2.2 이상
흡수율(%)	3.0 이하	5.0 이하
마모감량(%)	40 이하	-
염분 함량(%)	-	0.04 이하
안정성(%)	12 이하	10

[표 5.34] 제품 품질기준

구분	투수 콘크리트 포장재 및 성형 제품	투수 콘크리트 식생 포장재 및 성형 제품
투수계수(cm/s)	1.0×10^{-2} 이상	1.0×10^{-1} 이상
전공극률(%)	-	25 이상
압축강도(MPa)	14.70 이상	11.76 이상
100사이클 동결 융해 후 압축강도 변화율(%)	20 이내	

2) EL745 블록 · 타일 · 판재류

이 기준은 무기성 건설폐기물, 폐유리, 폐도자기 · 폐타일 등 폐요업 재료, 소각잔류물, 무기성 슬러지, 기타 제품의 제조 공정에서 발생하는 폐석회 · 폐석고 · 폐주물사 · 폐석분 등 무기성 폐재류를 이용하여 만든 블록 · 타일 · 판재류를 대상으로 한다. 블록류는 속빈 콘크리트 블록, 벽돌, 보차도용 경계블록, 보차도용 인터로킹 블록, 콘크리트 호안블록 등이 포함된다. 판재에는 포장용 콘크리트 평판, 압출성형 경량 콘크리트 패널 등이 포함된다. '무기성 건설폐기물'이란 건설공사로 인하여 공사를 착공하는 때부터 완료하는 때까지 건설현장에서 발생되는 폐기물 중 금속류를 제외한 무기성 폐재를 말한다.

제조 과정에서 자원 소비와 관련하여 폐재사용률은 사용한 폐재의 종류별로 다음 [표 5.35]에 적합해야 한다.

[표 5.35] 폐재의 종류에 따른 폐재 사용률

폐재의 종류	폐재 사용률(무게비 %)	
	소성 (燒成) 가공 제품	소성 가공하지 않은 제품
폐석회, 폐석고	50 이상	60 이상
소각잔류물, 폐유리, 폐요업 재료, 폐주물사	40 이상	50 이상
폐석분	40 이상	40 이상
무기성 슬러지	10 이상	10 이상
기타	40 이상	50 이상

주) 2종 이상의 폐재를 혼합 사용하는 경우 전체 폐재 사용률이 주원료의 폐재 사용률 기준에 적합하여야 한다.

폐기 단계에서 유해물질 배출과 관련하여 지정폐기물을 원료로 하여 만든 제품의 경우 중금속을 포함한 유해성분은 다음 기준에 적합하여야 한다. 다만, 소성 가공 제품의 경우 6가크로뮴, 시안, 유기인, 트리클로로에틸렌, 테트라클로로에틸렌은 제외한다.

[표 5.36] 유해 성분 기준

항목	기준(mg/L)	항목	기준(mg/L)
카드뮴(Cd)	0.3 미만	6가크로뮴 (Cr^{6+})	1.5 미만
납(Pb)	3 미만	시안 (CN^{-})	1 미만
구리(Cu)	3 미만	유기인	1 미만
비소(As)	1.5 미만	트리클로로에틸렌	0.3 미만
수은(Hg)	0.005 미만	테트라클로로에틸렌	0.1 미만

속빈 콘크리트 블록의 기건 비중, 전단면적에 대한 압축강도, 흡수율은 KS F 4002 (속빈 콘크리트 블록)의 품질기준에 적합하여야 한다. 콘크리트 벽돌의 기건 비중, 압축강도, 흡수율은 KS F 4004(콘크리트 벽돌)의 품질기준에 적합하여야 한다. 콘크리트 호안블록의 압축강도, 흡수율은 다음 [표 5.37]에 적합하여야 한다. 보차도용 경계블록과 보차도용 인터로킹 블록의 휨강도 및 흡수율은 각각 KS F 4006(콘크리트 경계블록) 및 KS F 4419(보차도용 콘크리트 인터로킹 블록)의 품질기준에 적합하여야 한다.

[표 5.37] 콘크리트 호안블록 품질기준

품질항목	시편 크기(㎜)	기본형 및 이형블록	
		1종[a]	2종[b]
압축강도[N/㎟]	100×100×100	각각 17.64 이상 평균 20.58 이상	각각 20.58 이상 평균 23.52 이상
	50×50×50[c]	각각 15.68 이상 평균 18.62 이상	각각 18.62 이상 평균 21.56 이상
100사이클 동결융해 후의 압축강도[N/㎟]	100×100×100	각각 17.64 이상 평균 20.58 이상	각각 20.58 이상 평균 23.52 이상
	50×50×50[c]	각각 15.68 이상 평균 18.62 이상	각각 18.62 이상 평균 21.56 이상
흡수율[%]	각각 10 이하, 평균 7 이하		

a. 하천이나 바다의 수면 이상에 있는 부분이거나 도시 또는 공단지역 등을 제외한 하천과 같이 블록의 부식, 풍화 및 동결융해가 심하지 않은 경우

b. 하천이나 바다의 수면 이하에 있는 부분이거나 도시 또는 공단지역을 포함한 하천과 같이 블록의 부식, 풍화 및 동결융해가 심한 경우

c. 50㎜×50㎜×50㎜의 압축강도는 100㎜×100㎜×100㎜ 강도를 기준으로 정한 수치임.

3) EL746 골재 및 미분말

이 기준은 무기성 건설폐기물, 폐유리, 폐요업 재료(폐도자기, 폐타일 등), 소각잔류물, 무기성 슬러지, 기타 제품의 제조 공정에서 발생하는 무기성 폐재류(폐석회, 폐석고, 폐주물사, 폐석분 등)를 이용하여 만든 골재 및 미분말 제품의 환경표지 인증기준과 적합성 여부를 확인하는 방법에 대하여 규정하고 있다. 환경관련기준 중 제조 과정에서 자원 소비 및 오염물질 배출과 관련하여 다음 기준에 적합하여야 한다.

- 재료로서 무기성 폐재를 100% 사용하여야 한다.
- 이물질 제거를 위하여 부유 선별 공정을 적용한 경우 사용한 물을 회수하여 재이용하는 시스템을 설치·운영하고 있어야 한다.
- 이물질 제거를 위하여 풍력 선별 공정을 적용한 경우 모래·먼지·이물 등 고형물의 대기 중 비산을 방지하는 시스템을 설치·운영하고 있어야 한다.

폐기 단계에서 유해물질 배출과 관련하여 지정폐기물을 원료로 하여 만든 제품의 경우 중금속을 포함한 유해성분은 다음 기준에 적합하여야 한다. 다만, 소성 가공 제품의 경우 6가크로뮴, 시안, 유기인, 트리클로로에틸렌, 테트라클로로에틸렌은 제외한다. 무기성 건설폐기물로부터 생산된 골재는 용도별로 「건설폐기물의 재활용촉진에

관한 법률」 제35조에 따른 「순환골재 품질기준」에 적합하여야 한다. 무기성 건설폐기물을 제외한 무기성 폐재로부터 생산된 골재는 용도별로 다음 품질기준에 적합하여야 한다.

[표 5.38] 건설폐기물을 제외한 무기성 폐재로 생산된 골재 품질기준

종류	품질기준
콘크리트용 골재	KS F 2527(콘크리트용 부순골재)의 절건비중, 흡수율, 안정성, 마모율, 0.08㎜ 체통과율, 알칼리 반응, 입형
도로포설용 부순골재	KS F 2525(도로용 부순골재)의 비중, 흡수율, 마모율, 입도
아스팔트콘크리트 포장용 골재	KS F 2357(아스팔트 혼합물용 골재)의 비중, 흡수율, 안정성, 마모율, 입도
아스팔트 콘크리트용 순환골재	KS F 2572(아스팔트 콘크리트용 순환골재)

5.4 순환골재 콘크리트 관련 시방서

국내 주요 건설공사 시공기준 중에서 순환골재 콘크리트에 대하여 언급하고 있는 시방서는 콘크리트 표준시방서, 건축공사 표준시방서가 있으며, 전문시방서 중에는 LH 전문시방서(공통공사), 서울특별시 전문시방서(건축)에 순환골재에 대하여 언급하고 있다.

5.4.1 KCS 14 20 21 순환골재 콘크리트

건설기준의 내용 중복 및 상충 소지를 제거하고 제·개정 등 기준관리의 용이성을 도모하기 위해 건설기술진흥법 제44조 및 동법 시행령 제65조의 규정에 의거 2016년 건설기준(설계코드 KDS, 시방코드 KCS) 통합코드를 제정하였다.[5.20] 그 중 순환골재 콘크리트(KCS 14 20 21)에 대해서 일반사항, 자재, 시공에 대하여 규정하였다.

1) 일반 사항

- 이 기준은 순환골재를 일부 또는 전부를 사용하는 순환골재 콘크리트의 재료 및 시공에 대한 일반적이고 기본적인 사항을 규정한다.
- 순환골재를 사용할 경우에는 책임기술자의 승인을 받아야 하며, 천연골재와 혼합하여 사용하는 것을 원칙으로 한다.
- 콘크리트의 품질은 순환골재의 품질 및 물성에 의해 크게 달라지므로 순환골재의 수급 및 관리에 주의하여야 한다.

2) 순환골재 품질

- 순환골재 콘크리트에 사용되는 일반 골재의 품질은 KS F 2527의 규격에 적합하여야 하며, 순환골재의 품질은 KS F 2573의 규격에 적합해야 한다.
- 콘크리트에 사용되는 순환골재의 물리·화학적 성질은 다음[표 5.39]의 품질에 적합하여야 한다.

[표 5.39] 콘크리트에 사용되는 순환골재 품질

<table>
<tr><th colspan="2">구분</th><th>순환 굵은골재</th><th>순환 잔골재</th><th>시험 방법</th></tr>
<tr><td colspan="2">절대 건조 밀도(g/㎤)</td><td>2.5 이상</td><td>2.2 이상</td><td>KS F 2503</td></tr>
<tr><td colspan="2">흡수율(%)</td><td>3.0 이하</td><td>5.0 이하</td><td>KS F 2503</td></tr>
<tr><td colspan="2">마모감량(%)</td><td>40 이하</td><td>−</td><td>KS F 2508</td></tr>
<tr><td colspan="2">입자모양 판정 실적률(%)</td><td>55 이상</td><td>53 이상</td><td>KS F 2527</td></tr>
<tr><td colspan="2">0.08㎜ 체 통과량
시험에서 손실된 양(%)</td><td>1.0 이하</td><td>7.0 이하</td><td>KS F 2511</td></tr>
<tr><td colspan="2">알칼리 골재 반응</td><td colspan="2">무해할 것</td><td>KS F 2545</td></tr>
<tr><td colspan="2">점토 덩어리량(%)</td><td>0.2 이하</td><td>1.0 이하</td><td>KS F 2512</td></tr>
<tr><td colspan="2">안정성(%)</td><td>12 이하</td><td>10 이하</td><td>KS F 2507</td></tr>
<tr><td rowspan="2">이물질 함유량
(%)</td><td>유기 이물질</td><td colspan="2">1.0 이하(용적)</td><td>KS F 2576</td></tr>
<tr><td>무기 이물질</td><td colspan="2">1.0 이하(질량)</td><td></td></tr>
</table>

3) 순환골재 입도(기존 KS F 2573과 동일)

- 순환골재 콘크리트의 제조에 있어서 순환 굵은골재의 최대 치수는 25㎜ 이하로 하되, 가능하면 20㎜ 이하의 것을 사용하는 것이 좋다.

4) 순환골재의 취급

- 순환골재의 운반 및 저장은 가능하면 골재의 종류, 품종별로 분리하며, 대소의 입자가 분리되지 않도록 하여야 한다. 또한, 저장시설은 프리웨팅이 가능하도록 살수설비를 갖추고, 배수가 용이하도록 하여야 한다.
- 순환골재를 사용할 때는 골재의 혼입률을 확인할 수 있는 별도의 계량 및 관리 방안을 마련하여야 한다.
- 순환골재의 저장설비 및 저장설비에서 배치플랜트까지의 운반설비는 골재를 균일하게 공급할 수 있는 것이어야 한다.

5) 배합

- 순환골재를 계량할 경우 1회 계량 분량에 대한 계량 오차는 ±4%로 한다.
- 순환골재를 사용한 콘크리트의 설계기준 압축강도는 27MPa 이하로 하며, 이를 사용한 콘크리트의 적용 가능 부위는 [표 5.40]과 같다.

[표 5.40] 순환골재 사용방법 및 적용 가능 부위

설계기준강도 (MPa)	사용골재		적용 가능 부위
	굵은골재	잔골재	
27 이하	굵은골재 용적의 60% 이하	잔골재 용적의 30% 이하	기둥, 보, 슬래브, 내력벽, 교량하부공, 옹벽, 교각, 교대, 터널 라이닝공 등
	혼합사용 시 총 골재 용적의 30% 이하		콘크리트 블록, 도로구조물 기초, 측구, 집수받이 기초, 중력식 옹벽, 중력식 교대, 막콘크리트, 강도가 요구되지 않는 채움재 콘크리트, 건축물의 비구조체 콘크리트 등

- 순환골재를 사용하여 설계기준 압축강도 27MPa 이하의 콘크리트를 제조할 경우 순환 굵은골재의 최대 치환량은 총 굵은골재 용적의 60%, 순환 잔골재의 최대 치환량은 총 잔골재 용적의 30% 이하로 한다.
- 순환골재를 사용하여 설계기준압축강도 27MPa 미만의 콘크리트를 제조할 경우에 사용되는 순환골재의 최대 치환량은 순환골재의 종류에 관계없이 총 골재 용적의 30%로 한다.
- 순환골재 콘크리트의 공기량은 보통골재를 사용한 콘크리트보다 1% 크게 하여야 한다.

6) 품질관리

- 순환골재의 품질관리는 [표 5.41]에 따른다. 여기서 규정하지 않은 사항은 KCS 14 20 10(2.6)에 따른다.

[표 5.41] 순환골재의 품질관리 시기 및 횟수

항목		시기 및 횟수[a]	
		굵은골재	잔골재
입도		매월 1회 이상	매월 1회 이상
절대 건조 밀도			
흡수율			
입자 모양 판정 실적률			
0.08㎜ 체 통과량 시험에서 손실된 양			
마모감량			해당 사항 없음
점토 덩어리량			
알칼리 골재 반응		매 6개월마다 1회 이상	
이물질 함유량	유기 이물질	매 6개월마다 1회 이상	매월 1회 이상
	무기 이물질		
안정성		매 6개월마다 1회 이상	해당 사항 없음

a. 단, 순환골재의 산지가 바뀐 경우 매번 실시하여야 한다.

7) 시공

- 시공일반은 KCS 14 20 01(콘크리트 공사 일반 사항), KCS 14 20 10(일반 콘크리트), 운반, 타설, 양생, 현장 품질관리는 KCS 14 20 10에 따른다.
- 순환골재 콘크리트 운반은 KCS 14 20 10에 따른다.
- 순환골재 콘크리트 타설은 KCS 14 20 10에 따른다.
- 순환골재 콘크리트 양생은 KCS 14 20 10에 따른다.
- 순환골재를 사용한 콘크리트의 현장 품질관리는 KCS 14 20 10(3.5)에 따른다.

5.4.2 콘크리트 표준시방서(2016) 제11장 순환골재 콘크리트

KCS 14 20 21(순환골재 콘크리트)와 동일

5.4.3 건축공사 표준시방서(2015) 05120 순환골재 콘크리트 공사

KCS 14 20 21(순환골재 콘크리트)와 동일

5.4.4 LH 전문시방서(공통공사)

1) 용어의 정의

- "순환골재"라 함은 건설폐기물을 물리적 또는 화학적 처리과정 등을 거쳐 "건설폐기물의 재활용 촉진에 관한 법률 제5조5"에 따른 순환골재 품질기준에 맞게 만든 것을 말한다.
- "이물질"이라 함은 도로기층, 구조물 되메우기 및 뒤채움, 콘크리트 등에 포함될 경우 품질에 유해한 영향을 주는 물질로서 유기 이물질과 무기 이물질로 구분하며 목재, 비닐, 천조각, 플라스틱, 종이류 등의 유기 이물질과 폐아스콘, 유리, 슬레이트, 적벽돌, 자기류, 타일류 등의 무기 이물질이 해당된다.

2) 콘크리트용 순환골재의 저장

- 순환골재의 저장은 가능한 골재의 종류, 품종별로 분리하며, 대소의 입자가 분리되지 않도록 한다. 또한, 프리웨팅(Pre-wetting)이 가능하도록 살수설비를 갖춰야 한다.
- 저장설비의 바닥은 콘크리트 등으로 하고 적당한 경사를 두어 배수를 고려하며 순환골재를 사용한 콘크리트의 최대 출하량의 1일분에 해당하는 양의 골재를 저장할 수 있어야 한다.
- 순환골재 사용시 골재의 혼입률을 확인할 수 있는 별도의 계량 및 관리방안을 마련하여야 한다.

- 순환골재의 저장설비 및 저장설비에서 배치 플랜트(Batch plant)까지의 운반설비는 골재를 균일하게 공급할 수 있는 것이어야 한다.
- 순환골재는 완성된 노상 위, 보조기층 또는 길어깨 위, 구조물 위에 저장해서는 안 된다.

3) 콘크리트용 순환골재 일반사항

- 순환골재 생산을 위한 폐콘크리트는 환경에 유해한 화학물질, 악취, 콘크리트 품질에 나쁜 영향을 미치지 않는 것을 사용하여야 한다.
- 순환골재는 알맞은 입도 및 물리적 성질을 가지며 콘크리트의 품질에 나쁜 영향을 미치는 유기 및 이물질을 함유하지 않아야 한다.
- 순환골재를 다른 종류의 골재와 혼합해서 사용하는 경우의 혼합 입도는 KS F 2527에 적합하여야 하고 입도를 제외한 골재의 품질은 해당 KS 표준의 품질규정을 만족시켜야 한다.

4) 콘크리트용 순환골재 품질기준(KS F 2573과 동일)

5) 콘크리트용 순환골재 입도(KS F 2573과 동일)

6) 순환골재의 적용

- 순환골재를 사용한 경우에는 사전에 감독자의 승인을 받아야 한다.
- 순환골재를 사용하여 콘크리트를 제조하는 경우 천연골재와 혼합하여 사용하며, 종류가 다른 골재를 혼합·사용할 경우에는 혼합 전의 골재가 각각의 품질기준을 만족시켜야 한다.
- 순환골재는 일반 콘크리트와 레디믹스트 콘크리트를 제외한 특수콘크리트에 사용해서는 안 된다.
- 순환골재로 만든 콘크리트의 적용 분야는 [표 5.21]을 표준으로 하며, 여기서 제시한 용도 이외의 콘크리트 제품 등에 적용되는 경우는 관련 규격 또는 공사의 설계서에 따르되 해당 분야 기술자 등의 확인을 받아 감독자의 승인을 받아야 한다.

참고문헌

1.1) 전국 폐기물 발생 및 처리현황, 환경부 · 한국환경공단

1.2) 건설폐기물 재활용 통계조사 보고서, 환경부 · 한국환경공단

1.3) 田村雅紀, コンクリート構造物のライフサイクル設計における材料保存ストラテジー, 東京大学博士論文, 2003. 3

1.4) 新版採石, 中井裕, 技術書院, 1990.2

1.5) 宇部産業機会(株)홈페이지

1.6) http://www.ubemachinery.co.jptotalservicecrusherproductsgyratorycrusher.html

1.7) 川崎重工業(株) 홈페이지, https://www.khi.co.jp/news/detail/c3040204-1.html

2.1) 환경부, "건설폐기물의 처리 및 재활용 관련 업무처리 지침", 2012

2.2) 한국표준협회, "KS F 2573 콘크리트용 순환골재", 2014

2.3) 한국표준협회, "KS F 2503 굵은골재 밀도 및 흡수율 시험 방법", 2014

2.4) 한국표준협회, "KS F 2504 잔골재의 밀도 및 흡수율 시험 방법", 2014

2-5) 한국표준협회, "KS F 2508 로스앤젤레스 시험기에 의한 굵은골재 마모 시험", 2007

2.6) 한국표준협회, "KS F 2527 콘크리트용 골재", 2016

2.7) 한국표준협회, "KS F 2507 골재의 안정성 시험 방법", 2007

2.8) 한국표준협회, "KS F 2541 굵은골재 파쇄값 측정을 위한 시험 방법", 2017

2.9) ASTM D 6928-08, "Standard Test Method for Resistance of Coarse Aggregate to Degradation by Abrasion in the Micro-Deval Apparatus", American Standard Test Method, 2008

2.10) 한국표준협회, "KS F 2511 골재에 포함된 잔 입자(0.08mm 체를 통과하는) 시험 방법", 2007

2.11) 한국표준협회, "KS F 2512 골재 중에 함유되어 있는 전토 덩어리 양의 시험 방법", 2012

2.12) 한국표준협회, "KS F 2576 순환골재의 이물질 (Deval) 시험 방법", 2010

2.13) 한국표준협회, "KS F 2502 굵은골재 및 잔골재의 체가름 시험 방법", 2014

2.14) 한국콘크리트학회, "콘크리트 표준시방서", 2009

2.15) 한국콘크리트학회, "최신콘크리트공학", 2001

2.16) 한국콘크리트학회, "콘크리트표준시방서해설", 20011

2.17) 환경부, 순환골재 콘크리트의 구조성능평가 및 사용지침 개발, 2017. 6

2.18) Yang, I. H., and Jeong, J. Y., "Effect of Recycled Coarse Aggregate on Compressive Strength and Mechanical Properties of Concrete", Journal of the Korea Concrete

Institute, Vol.28, No.1, 2016, pp.105~113

2.19) Yang, I. H., and Kim, K. C., "Mechanical Properties and Predictions of Strength of Concrete Containing Recycled Coarse Aggregates", Journal of the Korea Institute for Structural Maintenance and Inspection, Vol.20, No.2, 2016, pp.49~59

2.20) Yang, I. H., An, S.K., Hwang, C.S., "Flexural Strength of Reinforced Concrete Beams Containing Recycled Coarse Aggregate", Journal of the Korea Institute for Structural Maintenance and Inspection, Vol.21, No.1, 2017, pp.30~39

2.21) Yang, I. H., An, S, K., Jeon, B. G., and Kim, K. C., "Structural Behavior of Concrete Members with Recycled Aggregate under Pure Flexure", Proceedings of Korea Concrete Institute, Vol.28, No.1, 2016, pp.233~234

2.22) Yang, I. H., An, S. K., Jeon, B. G., and Kim, K. C., "Evaluation of Flexural Strength of Concrete Beams with Recycled Coarse Aggregate", Proceeding of Korea Concrete Institute, Vol.28, No.2, 2016, pp.143~144

2.23) Yang, I. H., Jeong, J. Y., Kim, K. C., and Yoo. S, W., "Characteristics of Concrete Strength According to Recycled Aggregate Contents", Proceeding of Korean Recycled Construction Resources Institute Spring, 2015, pp.41~42

2.24) 신진학, "촉진 탄산화로 성능 개선한 순환골재를 사용한 콘크리트의 성능 평가", 단국대학교 박사학위 논문, 2016

2.25) J.S Ryou, "Characterization of Recycled Coarse Aggregate (RCA) via a Surface Coating Method" Vol.8, Issue 2, pp.165~172, 2014

2.26) Zhao, Z., Wang, S., Lu, L., Gong, C., "Evaluation of pre-coated recycled aggregate for concrete and mortar", Construction and Building Materials, Vol.43, 2013, pp.191~196

2.27) Anna M. Grabiec, "Modification of recycled concrete aggregate by calcium carbonate biodeposition", Construction and building materials, Vol.34, pp.145~150, 2012

2.28) Jianzhuang Xiao, Wenggui Li, Effects of interfacial transition zones on the stress-strain behavior of modeled recycled aggregate concrete, Cement and concrete research, Vol.52, pp.82~99, 2013

2.29) Denis Damidot, Karine Velez, Characterisation of interstitial transition zone (ITZ) of high performance cement by nanoindentation technique, Conference: 11 th International Congress on the Chemistry of Cement(ICCC), At Durban (South Africa), pp.314~323, 2003

2.30) Wengui Li, Kinzhuang Xiao, Interfacial transition zones in recycled aggregate concrete with different mixing approaches, Construction and Building Materials, Volume 35, pp.1045~1055, 2012

2.31) 김진만, 강철 외 2명, "폐콘크리트 미분말을 사용한 오토클레이브양생 경량기포콘크리트의 특성", 한국폐기물자원순환학회지, Vol.28, no.2, pp.191~199, 2011

2.32) 김진만, “순환자원으로써의 폐콘크리트 재활용 공정부산물인 폐콘크리트 미분의 활용기술”, 한국건설순환학회지, 한국건설순환학회, Vol.8, No.3, 2013

2.33) 이상민 외 5명, “폐콘크리트를 활용한 광물탄산화 공정의 영향인자”, 한국도시환경학회지, Vol.16, NO.2, pp.215~224, 2016

3.1) Poon CS, Kou SC, Wan H-W and Etxeberria M(2009), “Properties of concrete blocks prepared with low grade recycled aggregates”, Waste Management, Vol.29, No.8, pp.2369~2377

3.2) Yang KH, Chung HS and Ashour AF(2008), “Influence of Type and Replacement Level of Recycled Aggregates on Concrete Properties”, ACI Materials Journal/May-June, Vol.M34, No.105, pp.289~296

3.3) Domingo-Cabo A, Lazaro C, Gayarre FL, Serrano MA and Lopez-Colina C(2010), “Long term deformations by creep and shrinkage in recycled aggregate concrete”, Mater Struct, Vol.43, No.8, pp.1147~1160

3.4) Pacheco-Torgal, S. Jalali, J. Labrincha and V.M. John(2013), “Eco-efficient Concrete”, Woodhead Publishing in Materials

3.5) Katz A(2003), “Properties of concrete made with recycled aggregate from partially hydrated old concrete”, Cement Concrete Research, Vol.33, No.5, pp.703~711

3.6) Corinaldesi V and Moriconi G(2010), “Mechanical and elastic behaviour of concretes made of recycled-concrete”, Construction Building Materials, Vol.24, No.9, pp.1616~1620

3.7) Evangelista L and de Brito J(2007), “Mechanical behaviour of concrete made with fine recycled concrete aggregates”, Cement Concrete Compos, Vol.29, No.5, pp.397~401

3.8) Limbachiya MC(2010), “Recycled aggregate: production, properties and value added sustainable applications”, J Wuhan Univ Technol Mater Sci Edition, Vol.27, No.6, pp.1011~1016

3.9) Nagataki S and Iida K(2001), “Recycling of demolished concrete, ACI Special Publication”, Vol.200.Reston, USA, pp.703~711

3.10) Kou S and Poon C(2006), “Compressive strength, pore size distribution and chloride-ion penetration of recycled aggregate concrete incorporating class-F fly ash”, J Wuhan Univ Technol Mater Sci Edition, Vol.21, No.4, pp.130~136

3.11) Chen H-J, Yen T and Chen K-H(2003), “Use of building rubbles as recycled aggregates”, Cement Concrete Research, Vol.33, No.1, pp.125~132

3.12) Buyle-Bodin F and Zaharieva RH(2002), “Influence of industrially produced recycled aggregates on flow properties of concrete”, Mater struct, Vol.35, No.8, pp.504~597

3.13) Ferreira L, de Brito J and Barra M(2011), “Influence of the pre-saturation of recycled concrete aggregates on the mechanical strength and durability of structural concrete", Mag Concrete Research, Vol.63, No.8, pp.617~627

3.14) Poon CS and Chan D(2006), "Paving blocks made with recycled concrete aggregate and compressive strength of concrete made with fine recycled concrete aggregates", Construction Building Materials, Vol.20, No.8, pp.569~577

3.15) Corinaldesi V and Moriconi G(2009), "Influence of mineral additions on the performance of 100% recycle aggregate concrete", Construction Building Materials, Vol.23, No.8, pp.2869~2876

3.16) Gomez-Soberon JMV(2002), "Porosity of recycled concrete with substitution of recycled concrete aggregate: an experimental study", Cement Concrete Research, Vol.32, No.8, pp.1301~1311

3.17) Fonseca N, di Brito J and Evangelista L(2001), "The influence of curing conditions on the mechanical performance of concrete made with coarse recycled concrete aggregates", Cement Concrete Compos, Vol.33, No.6, pp.637~643

3.18) Sagoe-Crentsil KK, Brown T and Taylor AH(2007), "Performance of concrete made with commercially produced coarse recycled concrete aggregate", Cement Concrete Research, Vol.31, No.5, pp.707~712

3.19) Kou SC, Poon CH and Chan D(2008), "Influence of fly ash as a cement addition on the hardened properties of recycled aggregate concrete", Mater and Struct, Vol.41, No.7, pp.1191~1201

3.20) Takakoli M and Soroushian P(1996), "Strength of recycled aggregate concrete made using field demolished concrete as aggregate", ACI Mater J, Vol.93, No.2, pp.178~181

3.21) Oliveira M and Vasquez E(1996), "The influence of retained moisture in aggregates from recycling on the properties of new hardened concrete", Waste Management, Vol.49, No.1-3, pp.113~117

3.22) Ahmed SFU(2011), "Properties of concrete containing recycled fine aggregate and fly ash", Concrete 2011 conference, The concrete Institute of Australia, 2011, Perth

3.23) Soutsos M, Tang K and Millard S(2011), "Use of recycled demolition aggregate in precast products, Phase Ⅱ: concrete paving blocks", Construction Building Materials, Vol.25, No.7, pp.3131~3143

3.24) Park WJ(2014), "Risk Evaluation for Recycled Aggregate Concrete", Korea Institute for Structural Maintenance and Inspection, Vol.18, No.2, pp.32~35

3.25) Lee ST, Swamy RN, Kim SS and Park YG(2008), "Durability of Mortats Made with Recycled fine aggregates Exposed to Sulfate Solutions", J Mater Civ Eng, Vol.20, No.1, pp.63~70

3.26) Olorunsogo FT, Padayachee N(2002), "Performance of recycled aggregate concrete monitored by durability indexes", Cement Concrete Research, Vol.32, No.2, pp.179~185

3.27) Lee J, Lee BC, Sho YK and Jung SH(2016), "Chloride Diffusivity of Concrete using Recycled Aggregate by Strength Levels", Journal of The Korea Institute for Structural Maintenance and Inspection, Vol.22, No.2, pp.102~109

3.28) Choi HB, Shin YS, An SH, Chung HS and Kang KI(2007), "A Properties and Durability of Recycled Aggregate Concrete", Journal of the Architectural Institute of Korea Structure & Construction, Vol.23, No.9, pp.125~132

3.29) Limbachiya MC, Leelawat T and Dhir RK(2000), "Use of recycled concrete aggregate in high-strength concrete", Mater Struct, Vol.33, No.9, pp.574~580

3.30) Park WJ(2012), "A Study on the Relationship between Compressive Strength and Various Properties of Recycled Aggregate Concrete", Journal of the Architectural Institute of Korea Structure & Construction, Vol.28, No.3, pp.43~50

3.31) Yang IH and Kim KC(2016), "Mechanical Properties and Predictions of Strength of Concrete Containing Recycled Coarse Aggregates", Journal of The Korea Institute for Structural Maintenance and Inspection, Vol.20, No.2, pp.49~59

3.32) Park WJ(2014), "Evaluation on Various Properties of Recycled Aggregate Concrete by Statistical Analysis", Korean Recycled Construction Resources Institute, pp.11~14

3.33) Park WP and Noguchi T(2011), "A Study on Design of Mix Proportion for Concrete using Recycled Aggregate", Journal of the Architectural Institute of Korea Structure & Construction, Vol.21 No.11, pp.101~102

3.34) Tam WY, Gao XF, Tam CM(2005), "Microstructural analysis of recycled aggregate concrete produced from two-stage mixing approach", Cement and Concrete Research, Vol.35, pp.1195~1203

3.35) Chung HS, Yang KH and Kim KH(2006), "The Influence of the Quality and the Replacement Level of Recycled Aggregate on the Mechanical Properties of Concrete", Journal of the Architectural Institute of Korea Structure & Construction, Vol.22, No.6, pp.71~78

3.36) De Brito J and Alves F(2008), "Concrete with recycled aggregates: the Portuguese experimental research", Materials Struct, Vol.43, No.1, pp.35~51

3.37) De Brito J and Robles R(2010), "Recycled aggregate concretes methodology for estimating its long term properties", Indian J Eng Mater Sci(Indian Journal of Engineering and Materials Sciences), Vol.17, No.6, pp.499~462

3.38) Gomes M andde Brito J(2009), "Structural concrete with incorporation of coarse recycled concrete and ceramic aggregates: durability performance", Mater Struct,

Vol.42, No.5, pp.663~675

3.39) Gonzalez-Fonteboa B and Martinez-Abella F(2008), "Concretes with aggregates from demolition waste and silica fume: materials and mechanical properties", Building Environment, Vol.43, No.4 pp.429~437

3.40) Hasaba S, Kawamura M, Torli K and Takemoto K(1982), "Drying shrinkage and durability of concrete made from recycled concrete aggregates", Trans Jpn Concrete, Vol.3, pp.55~60

3.41) Kou S and Poon C(2008), "Mechanical properties of 5-year-old concrete prepared with recycled aggregates obtained from three different sources", Mag Concrete Research, Vol.61, No.1, pp.57~64

3.42) Padmini AK, Ramamurthy K and Mathews MS(2009), "Influence of parent concrete on the properties of recycled aggregate concrete", Construction Building Materials, Vol.23, No.2, pp.829~836

3.43) Padmini AK, Ramamurthy K and Mathews MS(2002), "Relative moisture movement through recycled aggregate concrete", Maga Concrete Research, Vol.54, No.5, pp.377~384

3.44) Poon CS and Chan D(2007), "Effects of contaminants on the properties of concrete paving blocks prepared with recycled concrete aggregates", Construction Building Materials, Vol.21, No.1, pp.164~175

3.45) Poon C and Kou S(2010), "Effects of fly ash on the mechanical properties of 10-year-old concrete prepared with recycled concrete aggregates, proceedings", 2nd international conference on waste engineering and management-ICWEM 2010, shanghai, china, pp.46~59

3.46) Poon C, Kou S and Shan D(2006), "Influence of stream curing on hardened properties of recycled aggregate concrete", Magaz Concrete Research, Vol.58, No.5, pp.289~299

3.47) Poon CS and Lam L(2008), "The effect of aggregate-to-cement ratio and types of aggregates on the properties of pre-cast concrete blocks", Cement Concrete Compos, Vol.30, No.4, pp.283~289

3.48) Poon CS, Shui ZH and Lam L(2004a), "Effect of microstructure of ITZ on compressive strength of concrete prepared with recycled aggregates", Construction Building Materials, Vol.18, No.6, pp.461~468

3.49) Poon CS, Shui ZH, Lam L, Fok H and Kou SC(2004b), "Influence of moisture states of natural and recycled aggregates on the slump and compressive strength of concrete", Cement Concrete Research, Vol.34, No.1, pp.31~36

3.50) Poon CS, Kou SC and Lam L(2007), "Influence of recycled aggregate on slump and bleeding of fresh concrete", Mater Struct, Vol.40, No.9, pp.981~986

3.51) Rao CM, Bhattacharyya SK and Barai SV(2001) "Influence of field recycled aggregate on properties of concrete", Mater Struct, Vol.44, No.1, pp.205~220

3.52) Rao KJ and Khan TA(2009), "Suitability of glass fibers in high strength recycled aggregate concrete-of concrete", Mater struct, Vol.10, No.6, pp.681~689

3.53) Rustom R, Taha S, Badarnah A and Barahma H(2007), "Properties of recycled aggregate in concrete and road pavement applications", Islamic Univ J(Ser Nat Stud Eng), Vol.5, No.2, pp.247~264

3.54) Sani D, Moriconi G, Fava G and Corinaldesi V(2005), "Leaching and mechanical behaviour of concrete manufactured with recycled aggregates", Waste Management

3.55) Yang J, Du Q and Bao Y(2011), Concrete with recycle concrete aggregate and crushed clay bricks Construction Building Materials, Vol.25 No.4, pp.1935-1945

4.1) 한국산업규격, KS F 2573 「콘크리트용 순환골재」, 2014.

4.2) 국토교통부, 「순환골재 품질기준」, 2013.

4.3) 구봉근, 라재웅, 신재인, 이재범, 주봉철, "재생 골재를 사용한 철근 콘크리트 보의 휨 및 전단거동 특성," 한국자원리싸이클링학회, V.10, No.1, 2001, pp.7~15

4.4) 이영오, 윤현도, 김선우, 전에스더, 임승철. "순환골재를 사용한 철근콘크리트 보의 휨 및 이음성능 평가에 관한 실험적 연구," V.23, No.5, 2007, pp.29~36

4.5) 지상규, 윤현도, 김선우, 이언영, "지속하중을 경험한 철근콘크리트 보의 골재 종류에 따른 휨거동 특성," 한국구조물진단학회지, V.11, No.5, 2007, pp.135~143

4.6) 송선화, 최기선, 유영찬, 김긍환, 윤현도, "순환골재를 사용한 철근콘크리트 보의 휨거동 특성," 한국콘크리트학회 논문집, V.21, No.4, 2009, pp.431~439

4.7) 여진동, 박태희, 김우석, 강현구, 홍성걸, 곽윤근, "순환골재가 함유된 철근콘크리트보 휨거동의 고찰," 대한건축학회 논문집, V.27, No.9, 2011, pp.3~11

4.8) 김상우, 한동석, 이현아, 고만영, 김길희, "순환 굵은골재 흡수율에 따른 철근콘크리트 보의 구조 성능 평가," 한국구조물진단유지관리공학회 논문집, V.16, No.5, 2012, pp.49~58

4.9) 김우석, 여진동, 곽윤근, 강현구, 홍성걸, "순환골재를 사용한 고강도 철근콘크리트보의 휨거동에 관한 연구," 대한건축학회 논문집, V.28, No.3, 2012, pp.23~30

4.10) 이용택, 홍성욱, 김승훈, 백상기, 조영상, "순환 굵은골재 치환율에 따른 고강도 철근 콘크리트 보의 휨 거동," 한국구조물진단유지관리공학회 논문집, V.18, No.1, 2014, pp.1~9

4.11) Maruyma I., Sogo M., Sogabe T., Sato R. and Kawai K., "Flexural Properties of Reinforced Recycled Concrete Beams," Proceedings of the International RILEM Conference on the Use of Recycled Materials in Buildings and Structures, V.8, No.11, 2004, pp.525~535

4.12) Ivan S., Snežana B., Zoran M. and Aleksandar R., "Flexural behavior of reinforced recycled aggregate concrete beams under short-term loading," Materials and Structures, V.46, No.6, 2013, pp.1045~1059

4.13) 한병찬, 윤현도, 정수영, "전단보강되지 않은 고강도 재생 골재 콘크리트 보의 전단거동," 대한건축학회 논문집, V.18, No.10, 2002, pp.3~10

4.14) 이원석, 윤현도, 김선우, 최기선, 유영찬, 김긍환, "순환 굵은골재 치환율에 따른 전단보강되지 않은 철근콘크리트 보의 전단강도특성," 대한건축학회 논문집, V.23, No.10, 2007a, pp.3~10

4.15) 이원석, 윤현도, "순환골재를 사용한 철근콘크리트 보의 전단성능," 대한건축학회 논문집, V.23, No.4, 2007b, pp.19~26

4.16) 이영오, 윤현도, 유영찬, 김긍환, "혼합순환 굵은골재를 사용한 철근콘크리트 보의 전단성능," 대한건축학회 논문집, V.26, No.4, 2010, pp.39~46

4.17) 김상우, 정찬유, 정창교, 김길희, "순환 굵은골재 치환율에 따른 철근콘크리트 보의 전단거동," 한국콘크리트학회 논문집, V.24, No.2, 2012, pp.157~164

4.18) 이영오, 윤현도, "전단 보강되지 않은 실규모 순환 잔골재 콘크리트 보의 전단성능," 한국콘크리트학회 논문집, V.24, No.3, 2012, pp.225~232

4.19) 백승민, 김우석, 강현구, 곽윤근, "고강도 순환 굵은골재 콘크리트보의 전단거동에 관한 실험적 고찰," 대한건축학회 논문집, V.29, No.4, 2013, pp.27~36

4.20) 이정훈, 김우석, 백승민, 강현구, 곽윤근, "전단보강이 없는 순환골재 철근콘크리트 보의 전단거동에 관한 연구," 한국콘크리트학회 논문집, V.25, No.4, 2013, pp.389~400

4.21) 이호경, 공효명, 백승민, 김우석, 곽윤근, "전단보강이 없는 순환골재 콘크리트보의 크기효과에 대한 실험적 연구," 대한건축학회 논문집, V.31, No.5, 2015, pp.25~32

4.22) ACI Committee 318, Building Code Requirements for Reinforced Concrete(ACI 318M-14), American Concrete Institute, Detroit, 2014

4.23) 한국콘크리트학회, "콘크리트구조기준," 한국콘크리트학회, 2012

4.24) 김윤수, 2008, 중심축력을 받는 순환 굵은골재 콘크리트 기둥의 압축 거동 특성, 대한건축학회지, 24, 4

4.25) 장광수, 2009, 순환 굵은골재를 사용한 철근콘크리트 기둥의 압축 거동 특성, 콘크리트학회논문집, 21, 2

4.26) Choi, (2012) Compressive behavior of reinforced concrete columns with recycled aggregate under uniaxial loading. Eng Struct 4 1258_98_

4.27) Corinaldesi, V., Letelier, V., & Moriconi, G. (2011). Behaviour of beam-column joints made of recycled-aggregate concrete under cyclic loading. Construction and Building

Materials, 25(4), 1877~1882

4.28) Xiao, J., Sun, Y., & Falkner, H. (2006). Seismic performance of frame structures with recycled aggregate concrete. Engineering Structures, 28(1), 1~8

4.29) Wang, C., & Xiao, J. (2013). Study of the seismic response of a recycled aggregate concrete frame structure. Earthquake Engineering and Engineering Vibration, 12(4), 669~680

4.30) 김정호, 백승민, 김우석, & 곽윤근. (2012). 반복하중을 받는 순환골재 철근콘크리트 보-기둥 접합부의 거동에 관한 연구. 대한건축학회 논문집-구조계, 28(7), 19~30

4.31) 하재훈, 하기주, & 신종학. (2015). 순환 굵은골재 치환과 하이브리드섬유 혼입에 따른 철근콘크리트 외부 보-기둥 접합부의 내진성능 평가 및 개선. 한국구조물진단유지관리공학회 논문집, 19(2), 160~169

4.32) Joint ACI-ASCE Committee 352, "Recommendations for Design of Beam-Column Connections in Monolithic Reinforced Concrete Structures (ACI 352R-02)," American Concrete Institute, Farmington Hills, Mich., 2002, p.37

4.33) 이민정, 윤현도, 김선우, 최기선, 유영찬, 김긍환(2008) 철근의 위치에 따른 이형철근과 순환 굵은골재 콘크리트의 부착성능, 대한건축학회논문집 구조계 24권 8호, 29~39

4.34) 島 弘, 周 札良, 岡材 甫 (1987) "マッシブなユンクリートに埋め込まれた異形鐵筋の附着応力-すべり-ひずみ關係," 土木學會論文集 378(6), 165~174

4.35) 전수만, 윤현도, 최기선, 유영찬, 김긍환(2008) 순환골재 콘크리트와 이형철근의 부착특성, 한국콘크리트학회 논문집 20권 2호, 165~173

4.36) 최희복, 강경인(2008) 순환골재콘크리트와 이형철근 사이의 부착성능, 대한건축학회 논문집 구조계 24권 3호, 95~102

4.37) 윤승조, 김성수, 이대교, 윤두희(2009) 순환 굵은골재 치환율에 따른 콘크리트의 부착성능에 관한 실험 연구, 대한건축학회연합논문집 11권 4호, 283~289

4.38) 장용헌, 최기선, 유영찬, 김긍환, 윤현도(2010) 순환 굵은골재의 혼입률에 따른 콘크리트와 이형철근의 부착거동, 한국콘크리트학회 논문집 22권 1호, 123~130

4.39) YJ Kim, JS Kim, and CW Park (2012) Mechanical properties of recycled aggregate concrete with deformed steel re-bar, Journal of Marine Science and Technology 20(3), 274~280

4.40) SW Kim and HD Yun (2013) Influence of recycled coarse aggregates on the bond behavior of deformed bars in concrete, Engineering Structures 48, 133~143

4.41) SW Kim and HD Yun (2014) Evaluation of the bond behavior of steel reinforcing bars in recycled fine aggregate concrete, Cement & Concrete Composites 46, 8~18

4.42) SW Kim, HD Yun, WS Park and YI Jang (2015) Bond strength prediction for deformed steel rebar embedded in recycled coarse aggregate concrete, Materials & Design 83, 257~269

5.1) RILEM (1994) Specifications for concrete with recycled aggregates. TC 121-DRG, Mater Struct 27 : 557~559

5.2) EN 206 (2013) Concrete-Specification, performance, production and conformity. CEN, European Committee for Standardization

5.3) EN 12620 (2013) Aggregates for concrete. CEN, European Committee for Standardization.

5.4) NF EN 206-1/CN (2014) Béton-Partie 1: spécification, performance, production et conformité -Complément national à la norme NF EN 206

5.5) DIN 4226-100 (2002) Aggregates for concrete and mortar - Part100: Recycled aggregates. Deutsches Institut für Normung, Germany

5.6) DAfStb (1998) Guideline of the German Committee for Reinforced Concrete "Concrete with Recycled Aggregates". Deutscher Ausschuss für Stahlbeton, Germany

5.7) CUR (1984) Betonpuingranulaaten als toeslagsmateriaal vor beton (in Dutch). Aanbeveling 4, CUR-VB, The Netherlands

5.8) CUR (1986) Betonpuingranulaaten metselwerkpuins granullat alls toeslagmeterial van beton (in Dutch). Rapport 125, CUR, The Netherlands

5.9) CUR (1994) Metselwerkpuingranulaat als Toeslagsmateriaal vor Beton (in Dutch). Aanbeveling 5, CUR-VB, The Netherlands

5.10) de Brito J, Saikia N (2012) Recycled aggregate in concrete: use of industrial, construction and demolition waste. Springer Science & Business Media

5.11) BS 8500-2 (2006) Concrete. Complementary British Standard to BS EN 206-1. Specification for constituent materials and concrete. British Standards Institution, London (UK)

5.12) GB/T 25177 (2010) Recycled coarse aggregate for concrete. Standardization Administration of China

5.13) GB/T 50743 (2012) Code for recycling of Construction and demolition waste. Standardization Administration of China

5.14) JGJ/T 240 (2011) Technical specification for application of recycled aggregate. Standardization Administration of China

5.15) GB/T 25176 (2010) Recycled fine aggregate for concrete and mortar. Standardization Administration of China

5.16) JIS A 5021 (2011) Recycled aggregate for concrete-Class H. Japanese Standards Association

5.17) JIS A 5022 (2012) Recycled concrete using recycled aggregate class M. Japanese Standards Association

5.18) JIS A 5023 (2012) Recycled concrete using recycled aggregate class L. Japanese Standards Association

5.19) KS F 2573 (2014) Recycled aggregated for concrete. Korean Agency for Technology and Standards

5.20) KS F 2527 (2016) Concrete aggregate. Korean Agency for Technology and Standards

5.21) KCS 14 20 21 (2016) Korean Construction Specification-Recycled Aggregate Concrete. Minister of Land, Infrastructure and Transport

5.22) prEN 1992-1-1 (2010) Eurocode 2: design of concrete structures—Part 1-1. General rules and rules for buildings

KCI-208 대체골재콘크리트위원회

위원장	김진만	공주대학교
간사	최선미	공주대학교
	강석표	우석대학교
	강현구	서울대학교
	박선규	목원대학교
위원	이도헌	공주대학교
	이용수	한국콘크리트시험원
	조영근	한국건설생활환경시험연구원
	최동욱	한경대학교

콘크리트 실무지침

순환골재 콘크리트 실무지침

2019년 12월 20일 1판 1쇄 인쇄
2019년 12월 25일 1판 1쇄 발행

관리주체 사단법인 한국콘크리트학회
서울특별시 강남구 테헤란로7길 22
한국과학기술회관 신관 1009호
TEL. 02)568-5984~7
FAX. 02)568-1918

출판보급처 기 문 당
서울시 성동구 무학봉28길 4-1
TEL. 02)2295-6171(代)~5
FAX. 02)2296-8188

출판등록 1976. 10. 7 (1-44)

홈페이지 http : // www.kimoondang.com

I S B N 978-89-6225-832-5 93530